AF717439

Dieter Nelles, Hartmut Opperskalski

Digitaler Distanzschutz

Verhalten der Algorithmen
bei nichtidealen Eingangssignalen

Dieter Nelles
Hartmut Opperskalski

Digitaler Distanzschutz

Verhalten der Algorithmen bei nichtidealen Eingangssignalen

DUV Springer Fachmedien Wiesbaden GmbH

Die Deutsche Bibliothek — CIP Einheitsaufnahme

Nelles, Dieter:
Digitaler Distanzschutz : Verhalten der Algorithmen bei nichtidealen Eingangssignalen / Dieter Nelles ; Hartmut Opperskalski. — Wiesbaden : Dt. Univ.-Verl., 1991

ISBN 978-3-8244-2022-3 ISBN 978-3-663-14633-9 (eBook)
DOI 10.1007/978-3-663-14633-9

NE: Opperskalski, Hartmut:

Vorwort

Trotz einer großen Innovation auf dem Gebiet des Netz- und Generatorschutzes durch Elektronik und Digitaltechnik haben sich die Grundprinzipien des Selektivschutzes nicht nennenswert gewandelt. Auf dem Markt befindliche Bücher über dieses Thema sind immer noch aktuell /1/. In einigen Teilgebieten des Schutzes wurden jedoch vollständig neue Verfahren vorgestellt. Hierzu zählt der digitale Distanzschutz. Eine Vielzahl von mathematischen Verfahren zur Distanzbestimmung wurde entwickelt, veröffentlicht, diskutiert und auch teilweise miteinander verglichen. Wegen der begrenzten Rechenleistung der verfügbaren Computer stand hierbei der für die Verfahren notwendige Rechenaufwand im Vordergrund.

In der Zwischenzeit scheint bei der Entwicklung von digitalen Distanzschutzalgorithmen eine Beruhigung eingesetzt zu haben, so daß es an der Zeit ist, Bilanz zu ziehen.

Im Rahmen eines Forschungsvorhabens wurden alle bekannten mathematischen Verfahren zusammengestellt und miteinander verglichen. Großer Wert wurde hierbei vor allem auf deren Verhalten bei nichtidealen Eingangssignalen, wie Oberschwingungen, Wandlersättigung und Lichtbogen, gelegt. Der Rechenzeitbedarf tritt demgegenüber in den Hintergrund, da sich herausstellte, daß alle Algorithmen auf den zur Zeit in Entwicklung befindlichen Prozessoren implementiert werden können.

Das Buch richtet sich an den Schutzingenieur, der die Leistungsfähigkeit digitaler Distanzschutzeinrichtungen genau kennen will, und an den Entwicklungsingenieur von neuen Schutzeinrichtungen. Ebenso soll das Buch den Studenten der Elektrotechnik zur Vertiefung dienen, den Energietechnikern, die auf dem Gebiet des Netzschutzes ein gewisses Grundlagenwissen besitzen, und den Digitaltechnikern, die sich mit Anwendungen der digitalen Signalverarbeitung befassen wollen.

Dieses Buch entstand aus einem von der Deutschen Forschungsgemeinschaft geförderten Forschungsprojekt. Ihr gilt ein besonderer Dank. Die Verfasser danken darüberhinaus allen mit der Herstellung dieses Buches befaßten Damen und Herren, insbesondere Frau B. Klein für die Schreibarbeiten, sowie den Herren Dipl.-Ing. D. Lönard und Dipl.-Ing. R. Simon für die kritische Durchsicht.

D. Nelles

H. Opperskalski

Inhaltsverzeichnis

1 Distanzschutz

1.1 Selektivität

Schutzeinrichtungen werden in der Regel einem Betriebsmittel zugeordnet. So soll der Distanzschutz, der am Anfang einer Leitung eingebaut ist, Fehler auf der Leitung erkennen und diese unverzüglich, z. B. nach t_0 = 100 ms (Schnellzeit), abschalten. Für den Fall, daß der Schutz versagt (Schutzversager) bzw. der Auslösebefehl durch einen Fehler im Leistungsschalter nicht ausgeführt wird (Schalterversager), wird ein Reserveschutz benötigt. Während eine Dopplung des Schutzes bei Schutzversagern sehr wirkungsvoll ist, nutzt sie bei Schalterversagern nichts. Es wäre eine Dopplung der Leistungsschalter notwendig. Will man diesen Aufwand nicht treiben, so bleibt nur die Möglichkeit, über den Schutz der vorgelagerten Netzbereiche abzuschalten.

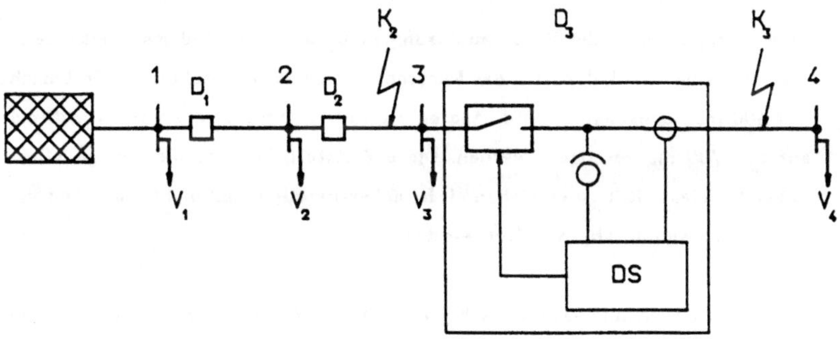

Bild 1.1.1: Schutzabschnitte

D_x:	Distanzschutz
V_x:	Verbraucher
DS:	Distanzschutzeinrichtung
1, 2, 3, 4:	Sammelschienen

Um nicht unnötig viele Betriebsmittel und damit auch Verbraucher bei einem Kurzschluß abzuschalten, muß Selektivität gewährleistet werden. Soll der Kurzschluß K_3 von dem Distanzschutz in der Schaltanlage 3 abgeschaltet werden (Bild 1.1.1), werden auch die Verbraucher V_4, die von der Schaltanlage 4 versorgt werden, unvermeidlich vom Netz getrennt.

Bei einem Kurzschluß K_2 im Leitungsabschnitt 2-3 soll der Schutz D_2 ansprechen. Er schaltet unvermeidlich die Verbraucher V_4 und V_3 ab.

Versagt nun bei einem Kurzschluß K_3 der Schutz D_3, so muß der Schutz D_2 als Reserveschutz den Fehler abschalten. Die Schutzeinrichtung in der Schaltanlage B hat jedoch keine Informationen über die ordnungsgemäße oder nichtordnungsgemäße Funktion des Schutzes in Schaltanlage 3. Um die Selektivität sicherzustellen, muß der Schutz D_2, bevor er abschaltet, dem Schutz D_3 Gelegenheit zur Fehlererkennung geben. Dies bedeutet:

- Der Schutz D_3 schaltet den Fehler K_3 in Schnellzeit nach z. B. t_0 = 100 ms ab.
- Der Schutz D_2 schaltet den Fehler K_3 in der ersten Stufe nach z. B. t_1 = 400 ms ab.

Man verzögert also die Schutzauslösung in D_2 um z. B. 300 ms. Diese Zeitstaffelung hat zur Folge, daß der Kurzschluß K_2 von dem Schutz D_2 erst nach t_1 = 400 ms abgeschaltet wird. Analog muß der Schutz D_1 um weitere 300 ms auf t_2 = 700 ms verzögert werden. Diese Zeitstaffelung ist die einzige Möglichkeit, Selektivität zu erreichen, d. h. sicherzustellen, daß nicht mehr Leitungen als notwendig abgeschaltet werden.

Wenn nun der Schutz D_2 unterscheiden kann, ob ein Kurzschluß auf den Leitungen 2-3 oder 3-4 liegt, so kann er die Fehler K_2 in Schnellzeit t_0 = 100 ms und die Fehler K_3 in der ersten Stufe t_1 = 400 ms abschalten. Aus den Meßgrößen u(t) und i(t) am Einbauort muß deshalb auf die Entfernung des Fehlers geschlossen werden. Dies ist nur mittelbar über die Impedanz zwischen Meßort und Fehlerstelle möglich. Im vorliegenden Buch soll die Ermittlung dieser Kurzschlußimpedanz $\underline{Z}_K = \underline{U}_K/\underline{I}_K$ behandelt werden.

1.2 Verfahren der Distanzmessung

Um von einer festliegenden Meßstelle auf die Lage eines Kurzschlußortes schließen zu können, gibt es verschiedene Verfahren, den Strom i(t) und die Spannung u(t) an der Meßstelle auszuwerten. Dies soll anhand von Bild 1.2.1 erläutert werden.

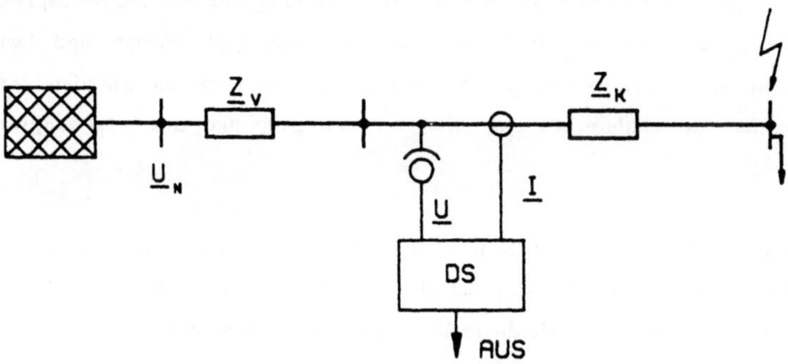

Bild 1.2.1: Distanzschutzkriterien

a) Mit zunehmender Fehlerentfernung, d. h. ansteigender Kurzschlußimpedanz, nimmt die Spannung $\underline{U}$ an der Meßstelle zu

$$\underline{U} = \frac{\underline{Z}_K}{\underline{Z}_K + \underline{Z}_V} \cdot \underline{U}_N \tag{1.2.1}$$

Sind Netzspannung $\underline{U}_N$, Vorimpedanz $\underline{Z}_V$ und Leitungswinkel φ_K bekannt, so kann als Maß für die Kurzschlußimpedanz $Z_K = |\underline{Z}_K|$ die Spannung $U = |\underline{U}|$ verwendet werden. Unterschreitet sie einen Schwellwert U_S, wird ein Signal s_{FU} gesetzt.

$$U < U_S \;\rightarrow\; s_{FU} = 1 \tag{1.2.2}$$

b) Der Strom eignet sich ebenfalls als Kriterium zur Fehlerortsbestimmung:

$$\underline{I} = \frac{\underline{U}_N}{\underline{Z}_K + \underline{Z}_V} \tag{1.2.3}$$

$$I > I_S \quad \rightarrow \quad s_{FI} = 1 \tag{1.2.4}$$

Die Schwellwertentscheide bei Strom und Spannung sind von den Netzspannungen $\underline{U}_N$ und dem Netzschaltzustand (Vorimpedanz $\underline{Z}_V$) abhängig und deshalb nicht sehr scharf. Wegen ihrer Einfachheit verwendet man sie trotzdem, insbesondere zur Fehlererkennung (Überstromanregung und Unterspannungsanregung).

c) Da die Fehlerströme in Schwachlastzeiten kleiner als die Betriebsströme in Starklastzeiten sein können, ist die Überstromanregung kein hinreichendes Kriterium. Man überprüft deshalb gleichzeitig die Spannung.

$$s_F = s_{FU} \wedge s_{FI} \tag{1.2.5}$$

Das so ermittelte Signal s_F wird häufig zur Anregung der eigentlichen Distanzmessung benutzt und als Unterimpedanzanregung bezeichnet, obwohl hier keine Impedanzbestimmung vorliegt.

d) Neben der getrennten Verarbeitung von Spannung und Strom (a und b) sowie der logischen Verknüpfung daraus abgeleiteter Signale (c) kann man Strom und Spannung direkt miteinander verknüpfen und so ein neues, abgeleitetes "Meßsignal" finden.

$$\underline{F} = f(\underline{U}, \underline{I}) \tag{1.2.6}$$

Eine solche Funktion f ist die Impedanzbildung:

$$\underline{Z} = \underline{U}/\underline{I} = R + jX \tag{1.2.7}$$

1.3 Impedanzmessungen

In Schutzeinrichtungen muß die Impedanzbestimmung on line möglichst rasch ablaufen. Bei den elektromechanischen Schutzeinrichtungen geschieht dies durch einen Vergleich magnetischer Kräfte (Bild 1.3.1a).

a)

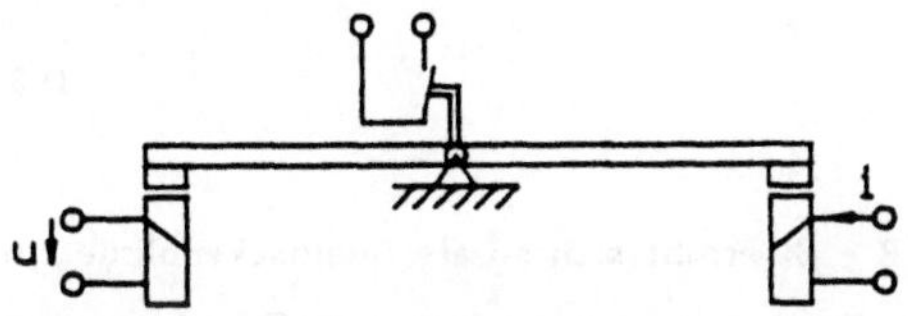

b)

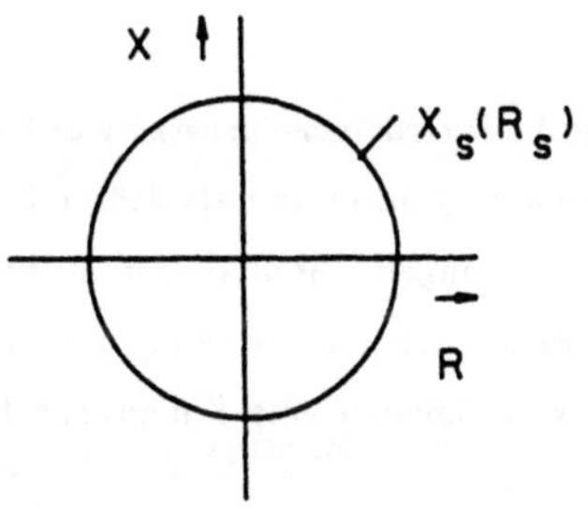

Bild 1.3.1: Elektromechanischer Schutz
a) Geräteschaltbild
b) Auslösekennlinie

Der Strom liefert dabei eine Auslösekraft, für die gilt:

$$F_1 = K_1 \underline{I} \underline{I}^* = K_1 I^2 \tag{1.3.1}$$

Entsprechend ergibt sich für die aus der Spannung resultierende Haltekraft:

$$F_2 = K_2 \underline{U} \underline{U}^* = K_2 U^2 \tag{1.3.2}$$

Eine Auslösung erfolgt somit aufgrund der folgenden Bedingung:

$$F_1 > F_2$$

$$K_1 I^2 > K_2 U^2$$

$$K_1/K_2 = Z_S^2 > U^2/I^2 = Z^2 = R^2 + X^2$$

$$Z_S^2 > Z^2 \qquad (1.3.3)$$

In der Impedanzebene $\underline{Z} = R + jX$ ergibt sich so als Auslösekennlinie ein Kreis $\underline{Z}_S$ entsprechend Bild 1.3.1b. Verringert sich die Impedanz $\underline{Z}$ und unterschreitet dabei die vorgegebene Impedanz $\underline{Z}_S$, so kippt der Waagebalken in Bild 1.3.1a und setzt ein Signal.

Als die mechanischen Bauelemente durch elektronische ersetzt wurden, erwies sich die aus der Kraftbildung resultierende Quadrierung als störend. Die Zählung und damit die Zeit- bzw. Winkelmessungen waren besser zu realisieren. Man überlegte sich Verfahren, bei denen durch die Messung der Phasenverschiebung zwischen Nulldurchgängen von Signalen eine Kippgrenze bestimmt wird /2/ (siehe Bild 1.3.2).

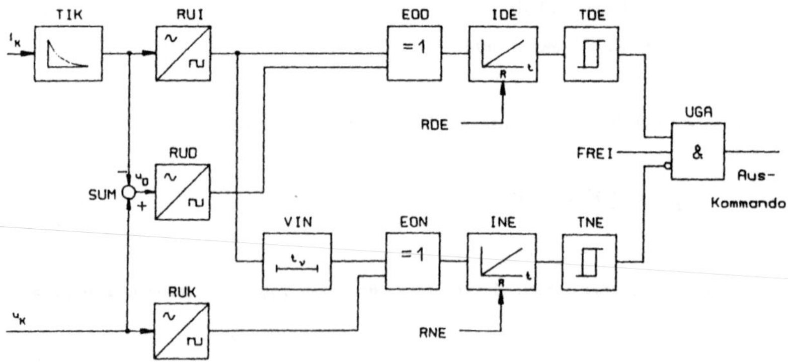

Bild 1.3.2: Elektronischer Schutz

Sowohl die elektromechanischen als auch die elektronischen Schutzeinrichtungen messen nicht die Impedanz und vergleichen sie mit einem vorgegebenen Grenzwert, sondern erzeugen ein Signal beim Überschreiten eines Schwellwertes. Dies ist bei digitalen Netzschutzeinrichtungen anders. Hier wird eine Impedanz $\underline{Z}_M = R_M + jX_M$ bestimmt und mit einem vorgegebenen Sollwert $\underline{Z}_S = R_S + jX_S$ verglichen. Die Möglichkeiten zur Festlegung von Kippgrenzen sind damit groß geworden. Will man die Genauigkeit eines digitalen Algorithmus testen, ist es nicht notwendig, eine Auslösekennlinie nachzumessen, sondern man muß lediglich feststellen, wie groß der Fehler zwischen einer vorgegebenen Impedanz $\underline{Z}_S$ und der gemessenen Impedanz $\underline{Z}_M$ ist. Dabei wird es jedoch unerläßlich, verschiedene Verhältnisse R/X zu untersuchen, um das gesamte Verhalten des Algorithmus kennenzulernen.

1.4 Auslösegenauigkeit

Will man die Auslösekennlinie einer bestehenden Distanzschutzeinrichtung ermitteln, so kann ein auf dem Markt angebotenes Prüfgerät benutzt werden. Diese Prüfgeräte stellen jedoch in der Regel nur sinusförmige Eingangssignale zur Verfügung. In /3/ wurde die Entwicklung einer Prüfeinrichtung beschrieben, die auch für beliebige Signalverläufe eine systematische Prüfung ermöglicht (Bild 1.4.1). Voraussetzung für eine derartige Prüfung ist jedoch, daß der Schutzalgorithmus in einem Gerät realisiert ist.

Im allgemeinen sind die digitalen Distanzschutzalgorithmen jedoch nicht in Hardware-Einrichtungen implementiert. Deshalb ist es nur möglich, den Algorithmus in einem Prüfprogramm zu testen, so daß für eine vorgegebene Impedanz $\underline{Z}_S$ die vom Algorithmus errechnete Impedanz $\underline{Z}_M$ direkt ermittelt wird. Um einen besseren Vergleich zu den konventionellen Relais zu erhalten, wird eine konkrete Auslösekennlinie $X_S(R_S)$ in Form eines Polygons vorgegeben.

Bild 1.4.1: Netzschutzprüfeinrichtung

Gegenüber der Prüfeinrichtung, die lediglich das Auslösesignal registriert, liefert die Computer-Simulation zusätzlich den zeitlichen Verlauf der errechneten Impedanz und gibt damit auch noch ein Maß für die Stabilität des Schutzkriteriums. Dies ist allerdings auch nur möglich, wenn der Algorithmus aus einer Impedanzbestimmung und keinem Kippkriterium besteht.

1.5 Anregung

Die Notwendigkeit einer Anregung stammt vom einsystemigen Schutz. Dort wird aus der Messung der drei Leiterströme entschieden, ob ein Fehler vorliegt (Fehlerentscheid), die Zeitmessung getriggert und entschieden, um welche Art von Fehler es sich handelt (Fehlertyperkennung). So ist es möglich, dem nur einfach vorhandenen Meßwerk den geeigneten Strom und die geeignete Spannung zuzuführen (Auswahlschaltung). Wenn keine der Impedanzstufen in der für sie vorgesehenen Zeit auslöst und die Anregung immer noch ansteht, so löst die Schutzeinrichtung in der "gerichteten" oder "ungerichteten" Endzeit aus. Beim 6systemigen Schutz werden für alle 6 Schleifen (RE, SE, TE, RS, ST, TR) die Impedanzen permanent gemessen. Erkennt eines der Meßsysteme einen Fehler, wird die Zeit getriggert, will eines der Meßsysteme auslösen, erfolgt Auslösung. Somit ist keine Anregung für den 6systemigen Schutz notwendig. Um der Gefahr von Überfunktionen zu begegnen, werden die Auslösekanäle der einzelnen Meßsysteme jedoch teilweise logisch verknüpft und so eine Art Anregung nachgeholt. Außerdem ist umstritten, ob die Endzeitauslösung durch eine zusätzliche Impedanzstufe oder eine der Anregung entsprechende Verknüpfung von Unterspannung und Überstrom analog zur Unterimpedanzanregung herbeigeführt wird.

Da in dem vorliegenden Buch die Distanzschutzalgorithmen untersucht werden sollen, kann auf die ausführliche Diskussion der Anregung verzichtet werden.

2 Nichtideale Eingangssignale

Werden die untersuchten Distanzschutzalgorithmen mit rein sinusförmigen Strom- und Spannungsverläufen beaufschlagt, so bestimmen sie im Rahmen der Rechengenauigkeiten die Impedanz exakt. Somit stellen rein sinusförmige Größen ideale Eingangssignale dar. In der Realität sind den Grundschwingungen von Strom und Spannung jedoch Störanteile überlagert, die zum Teil zu starken Signalverfälschungen führen. Die Ursachen dieser Verfälschungen lassen sich in drei Gruppen unterteilen:

- nichtideale Eingangssignale aufgrund von Netzeigenschaften,
- nichtideale Eingangssignale aufgrund von Übertragungsfehlern zwischen Meßstelle und Schutzeinrichtung,
- nichtideale Eingangssignale, die durch die Hardware bedingt sind.

Auf die Fehler, die durch die Hardware bedingt sind, soll im Rahmen der folgenden Betrachtungen nicht näher eingegangen werden.

2.1 Nichtideale Eingangssignale aufgrund von Netzeigenschaften

Tritt bei dem in Bild 2.2.1a dargestellten Netz an der Stelle K_1 ein metallischer Kurzschluß ($\underline{Z}_F = 0$) auf, so liegt die dazugehörige Impedanz $\underline{Z}$ auf der Geraden 0-A (Bild 2.1.1b). Ist der Kurzschluß jedoch impedanzbehaftet ($\underline{Z}_F \neq 0$), so weitet sich der Impedanzpunkt K_1 zu einer Fläche Z_F auf. Dadurch ist aus Messungen am Abgang 0 keine eindeutige Fehlerortbestimmung mehr möglich. Bei rein ohmschen Fehlern, z. B. Lichtbogenkurzschlüssen, kann über die Reaktanzmessung eine Lokalisierung vorgenommen werden. Ähnliche Probleme gibt es in der ersten Staffelstufe (Bild 2.1.1c), wenn der Fehler bei K_2 liegt und eine Zwischeneinspeisung vorhanden ist. Durch die Einspeiseleistung $\underline{S}_E$ weitet sich der Fehlerpunkt K_2 zu der Fläche Z_E aus. Dieser Effekt läßt sich auch so interpretieren, daß die Auslösekennlinie zu einer netzbedingten Auslösefläche wird (Bild. 2.1.1d). Die Ausweitung der Auslösekennlinie Z_S zur Auslösefläche Z_{SE} ist unabhängig von der verwendeten Schutzeinrichtung und auch durch Auswertung der Meßsignale am Abgang 0 nicht zu erkennen. Somit stellen die durch einen solchen Kurzschluß verursachten Signale keine nichtidealen Eingangssignale für den Distanzschutz dar und werden auch im folgenden nicht weiter behandelt.

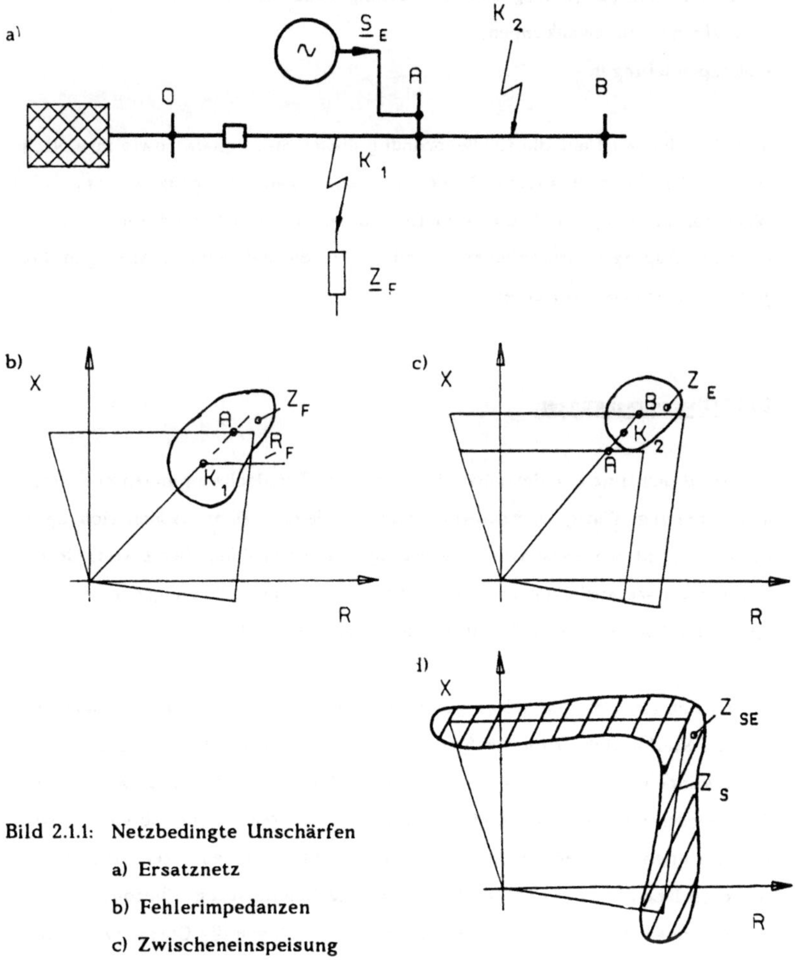

Bild 2.1.1: Netzbedingte Unschärfen

a) Ersatznetz

b) Fehlerimpedanzen

c) Zwischeneinspeisung

d) Unschärfefläche

Die größte Anzahl der Eingangssignalverfälschungen wird durch die Netzeigenschaften hervorgerufen und beeinflußt somit das Auslöseverhalten einer Schutzeinrichtung. In dieser Gruppe lassen sich die folgenden Störgrößen zusammenfassen:

- Oberschwingungen,
- Gleichstromglieder,
- Lichtbogenspannungen,
- Ausgleichsvorgänge aufgrund von Leitungskapazitäten,
- Netzfrequenzschwankungen,
- Netzpendelungen.

Im folgenden wird auf die Größenordnung dieser Störsignale sowie ihre Nachbildung für die sich anschließenden Betrachtungen eingegangen. Dabei wird Wert darauf gelegt, daß die Modelle möglichst einfach sind und verallgemeinerte Aussagen ermöglichen. Somit gelten die gefundenen Aussagen losgelöst von speziellen Netzen.

2.1.1 Oberschwingungen

Aufgrund nichtlinearer Betriebsmittel sind den Grundschwingungen von Strom und Spannung häufig Oberschwingungen überlagert. Dabei lassen sich Spannungs- und Stromoberschwingungserzeuger unterscheiden. Der ersten Gruppe gehören im wesentlichen die Generatoren an, die je nach Baugröße zwischen 0,5 % und 2 % der 5. und 7. Harmonischen erzeugen /3/.

Wesentlich größere Oberschwingungsamplituden werden von leistungselektronischen Stelleinrichtungen im Strom produziert. Bei 6-Pulsbrücken beispielsweise können die Amplituden der 5. bzw. 7. Harmonischen ca. 20 % bzw. 15 % des Nennstromes betragen. Da jedoch für derartige Verbraucher ab einer gewissen Leistung von seiten der Energieversorgungsunternehmen Filtereinrichtungen vorgeschrieben werden und darüber hinaus die Nennleistung - bezogen auf die gesamte übertragene Leistung - relativ gering ist, liegen die Oberschwingungsamplituden im Strom am Meßort einer Schutzeinrichtung bei maximal 2 %.

Die zulässigen Werte für den Oberschwingungsgehalt in der Spannung werden in VDE 0160 angegeben. Danach müssen elektronische Betriebsmittel den folgenden Anforderungen genügen:

a) Der Oberschwingungsgehalt in der Spannung darf 10 % nicht überschreiten.

b) Die Amplitude einer einzelnen Oberschwingung darf als Dauerwert 5 %, als kurzzeitigen Wert 9 % (ungeradzahlige Harmonische) nicht überschreiten.

c) Der größte periodische Augenblickswert der Netzwechselspannung liegt höchstens um 20 % über dem jeweiligen Scheitelwert der Grundschwingung.

Diese Anforderungen gelten für den Normalbetrieb. Da bei Kurzschlüssen die Oberschwingungsströme der Verbraucher nicht ansteigen, gehen sie, bezogen auf den Kurzschlußstrom, zurück. Eine Diskussion der zu erwartenden Werte soll hier unterbleiben.

Um eine Aussage über das Auslöseverhalten der einzelnen Algorithmen machen zu können, wird ein einfaches Leitungsmodell 1. Ordnung ohne Berücksichtigung eines Vornetzes zugrunde gelegt (Bild 2.1.2). Die starre Spannungsquelle liefert hierbei für t < 0 eine rein sinusförmige Spannung. Zum Zeitpunkt t = 0 werden dann die unterschiedlichen Oberschwingungen zugeschaltet.

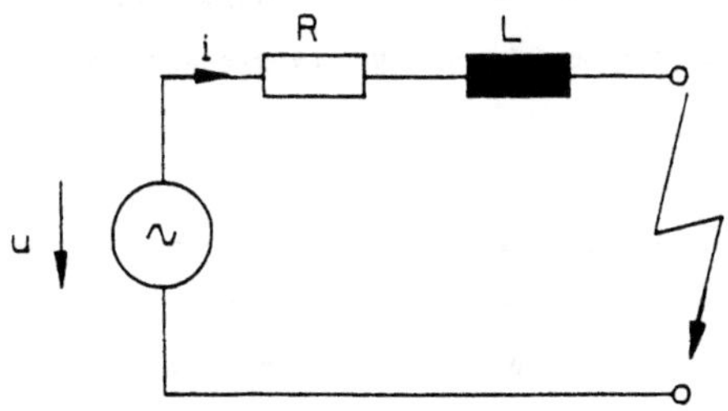

Bild 2.1.2: Einfaches Modellnetz zur Untersuchung der Oberschwingungseinflüsse

Für den zeitlichen Verlauf der Spannung ergibt sich folgende Beziehung:

$$u(t) = \sum_{\nu=1}^{n} \hat{u}_\nu \cdot \sin(2\pi\nu f_N t + \varphi_{u\nu}) \tag{2.1.1}$$

mit f_N: Netzfrequenz (50 Hz)

ν: Ordnung der Harmonischen

$\hat{u}_\nu$: Amplitude der ν-ten Harmonischen

$\varphi_{u\nu}$: Phasenlage der ν-ten Harmonischen bezüglich der Grundschwingung

Entsprechend gilt für den Strom:

$$i(t) = \sum_{\nu=1}^{n} \hat{i}_\nu \cdot \sin(2\pi\nu f_N t + \varphi_{u\nu} - \varphi_{i\nu}) \tag{2.1.2}$$

mit

$$\hat{i}_\nu = \frac{\hat{u}_\nu}{\sqrt{R^2 + (2\pi\nu f_N \cdot L)^2}}$$

$$\varphi_{i\nu} = \arctan \frac{2\pi\nu f_N \; L}{R}$$

Bei den folgenden Betrachtungen wird für die Oberschwingungen eine maximale Amplitude von 10 % angesetzt, um auch die in den VDE-Bestimmungen angegebenen kurzzeitigen Spitzenwerte zu erfassen. Da sich aus einem 10 %igen Anteil der 5. Harmonischen in der Spannung selbst bei einem Leitungswinkel von 80^0 (z. B. 220 kV-Freileitung) ein noch 2 %iger Oberschwingungsanteil im Strom ergibt, sind auch die für Stromoberschwingungserzeuger angegebenen Maximalwerte abgedeckt.

Die 3. Harmonische wird mit Anteilen von 5 % und 10 % angesetzt, um erkennen zu können, ob der Zusammenhang zwischen Oberschwingungsamplitude und dem daraus resultierenden Fehler linear ist. Weiterhin wird der Einfluß einer 5. Harmonischen mit 10 % und der Einfluß eines Frequenzgemisches untersucht, das aus jeweils 10 % der 3. und 5. Harmonischen besteht.

Daß auch in der Realität die genannten Oberschwingungsamplituden nicht überschritten werden, wird durch die in /4/ beschriebenen Oberschwingungsmessungen in einem Regionalnetz bestätigt.

2.1.2 Gleichstromglieder

Bei Schaltvorgängen, insbesondere bei Kurzschlüssen, treten aufgrund der in den Induktivitäten gespeicherten Energie Ausgleichsvorgänge im Strom auf. Die Amplitude dieses exponentiell abklingenden Gleichanteils hängt vom Kurzschlußzeitpunkt ab und kann gegenüber dem stationären Kurzschlußstrom zu einem fast doppelt so großen Momentanwert führen.

Die Zeitkonstante der Exponentialfunktion wird durch das Verhältnis der beteiligten Widerstände und Induktivitäten festgelegt. Bei den Untersuchungen erfolgt die Wahl des Schaltzeitpunktes so, daß das Gleichstromglied maximal wird. Auch hier dient das einfache Modellnetz 1. Ordnung zur Berechnung der Abtastwerte von Strom und Spannung, jedoch unter Berücksichtigung eines Vornetzes in Form einer Serienschaltung von Widerstand und Induktivität.

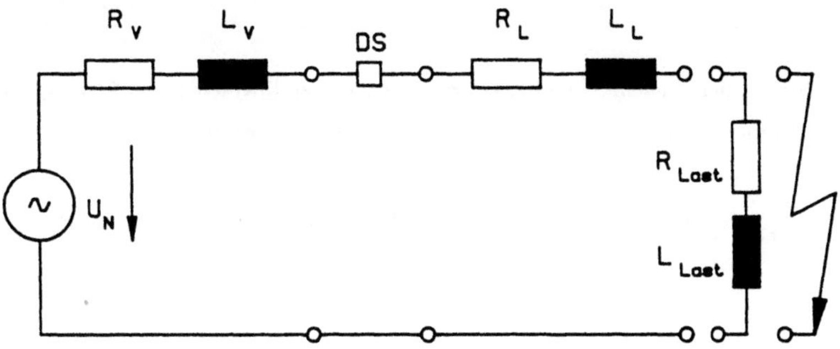

Bild 2.1.3: Einfaches Modellnetz zur Untersuchung des Einflusses von Gleichstromgliedern auf das Auslöseverhalten (DS= Schutzeinrichtung)

R_V = 0,666 Ω	R_L = 6 Ω	R_{Last} = 280 Ω
L_V = 108 mH	L_L = 102 mH	L_{Last} = 32,4 mH

Für die Simulation der Kurzschlußvorgeschichte wird am Leitungsende eine Lastimpedanz $\underline{Z}_{Last} = R_{Last} + j\,X_{Last}$ berücksichtigt (Bild 2.1.3). Im Kurzschlußfall tritt an die Stelle der Last ein metallischer Kurzschluß. Der Betrag der Last errechnet sich hierbei aus dem vorgegebenen Verhältnis von Last- zu Kurzschlußstrom. Für den Kurzschlußstromverlauf gilt:

$$i(t) = \hat{i}_K \cdot \left[\sin(\omega t + \varphi_u - \varphi_i) - \sin(\varphi_u - \varphi_i) \cdot e^{-t/T}\right] + i(0^-) \cdot e^{-t/T} \qquad (2.1.3)$$

mit $\hat{i}_K$ Amplitude des Kurzschlußstromes

φ_u: Phasenwinkel der Spannung

$$\varphi_i = \arctan \frac{X_V + X_L}{R_V + R_L}$$

$$T = \frac{L_V + L_L}{R_V + R_L}$$

Als Bedingung für ein maximales Gleichstromglied läßt sich daraus ableiten:

$$\sin(\varphi_u - \varphi_i) = 1$$

$$\rightarrow \quad \varphi_u = \frac{\pi}{2} + \varphi_i \qquad (2.1.4)$$

Aufgrund des Gleichstromgliedes tritt auch in der Spannung ein Gleichglied auf, dessen zeitlicher Verlauf sich wie folgt beschreiben läßt:

$$u(t) = \hat{u} \cdot \left[\sin(\omega t + \varphi_u - \varphi_i - \varphi_L) + \frac{\sin(\varphi_i - \varphi_L)}{\sin \varphi_i} \cdot \sin(\varphi_u - \varphi_i) \cdot e^{-t/T}\right]$$
$$+ u(0^-) \cdot e^{-t/T} \qquad (2.1.5)$$

mit $\varphi_L = \arctan \frac{X_L}{R_L}$ (Leitungswinkel)

Aus Gleichung (2.1.5) ist ersichtlich, daß die Größe des Gleichgliedes in der Spannung von dem Unterschied der R/X-Verhältnisse bei Vornetz und Leitung abhängig ist. Sind diese gleich, tritt kein exponentiell abklingender Anteil in der Spannung auf. Dies trifft näherungsweise für Hochspannungsnetze zu, in denen alle Betriebsmittel stark induktiv sind. Werden die R/X-Verhältnisse aber sehr unterschiedlich, kommt es auch in der Spannung zu ausgeprägten Gleichgliedern.

Zur Simulation dient als Schutzobjekt eine 100 km lange 220 kV-Freileitung mit vorgeschaltetem 200 MVA-Transformator (Bild 2.1.3). Für sie ergibt sich eine Gleichstromzeitkonstante von ca. 35 ms. Als Vorbelastung wird der Nennstrom des Transformators eingesetzt, der 20 % des Kurzschlußstromes beträgt.

2.1.3 Lichtbogenspannungen

Eingangs wurde erwähnt, daß auf netzstrukturelle Eigenschaften, wie Zwischeneinspeisungen und Fehlerimpedanz, nicht eingegangen werden soll. Obwohl der Lichtbogenwiderstand prinzipiell auch hierzu zählt, wird in den Betrachtungen dennoch der Einfluß von lichtbogenbehafteten Kurzschlüssen analysiert. Dabei ist weniger der Grundschwingungsanteil der Lichtbogenspannung von Bedeutung, vielmehr interessieren die Oberschwingungen und die stochastischen Frequenzanteile. Auf diese Weise erhält man indirekt eine Aussage über den Einfluß von verrauschten Eingangssignalen auf das Auslöseverhalten des jeweiligen Algorithmus.

Der Lichtbogen kann als ein zeitvarianter, ohmscher Fehlerwiderstand, der vom Strom getriggert wird, aufgefaßt werden. Er führt näherungsweise zu einer mit dem Strom in Phase liegenden Rechteckspannung, die der Spannung am Einbauort der Schutzeinrichtung additiv überlagert ist. Eine genauere Analyse des zeitlichen Verlaufs zeigt, daß dem Rechteck zusätzlich Löschspitzen und ein bandbegrenztes weißes Rauschen überlagert sind.

Als Abschätzung für den Lichtbogenwiderstand gilt nach /5/:

$$R_{LB} \approx \frac{28\ 700 \cdot l_{LB}}{I_{LB}^{1.4}}\ \Omega \tag{2.1.6}$$

mit l_{LB} : Lichtbogenlänge [in m]

I_{LB} : Strom [in kA]

Diese Stromabhängigkeit wird bei den Betrachtungen in modifizierter Form berücksichtigt.

Entsprechend den bereits erwähnten charakteristischen Merkmalen wird für die Nachbildung von Lichtbogenfehlern eine rechteckförmige Ersatzspannungsquelle eingeführt, die mit dem Strom in Phase liegt und der Löschspitzen sowie weißes Rauschen überlagert sind.

Für den zeitlichen Verlauf der Lichtbogenspannung ergibt sich dann die folgende Beziehung:

$$u_{LB}(t) = \left[\hat{u}_r + \hat{u}_s \frac{\hat{i}_s}{i_s(t)}\right] \cdot \left[1 + \alpha \cdot \text{rnd}\,(f_{gr})\right] \cdot \text{sgn}\left[i(t)\right] \tag{2.1.7}$$

mit $\hat{u}_r$: Amplitude der Rechteckspannung

$\hat{u}_s$: Löschspitze

$\hat{i}_s$: Begrenzung der Löschspitzen

$$i_s(t) = \begin{cases} \hat{i}_s & \text{für } |i(t)| \le \hat{i}_s \\ |i(t)| & \text{für } |i(t)| > \hat{i}_s \end{cases}$$

α : Amplitude des Rauschens

$\text{rnd}\,(f_{gr})$: Zufallsfunktion [-0.5 ... 0.5]

f_{gr} : Bandbegrenzung des Rauschens

Die Spannungen $\hat{u}_r$ und $\hat{u}_s$ werden auf den Scheitelwert der Spannung bezogen, die sich am Meßort des Schutzes einstellt, wenn nur die Vor- und Leitungsreaktanzen entsprechend Bild 2.1.3 wirksam sind.

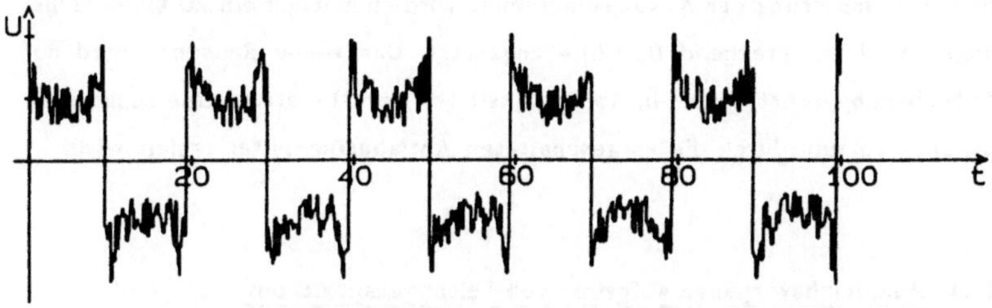

Bild 2.1.4: Exemplarischer Zeitverlauf der Lichtbogenspannung

$\hat{u}_r / \hat{u} = 0.2 \quad \hat{u}_s / \hat{u} = 0.2 \quad \hat{i}_s / \hat{i} = 0.2$

$\alpha = 0.8 \quad f_{gr} = 2\ \mathrm{kHz}$

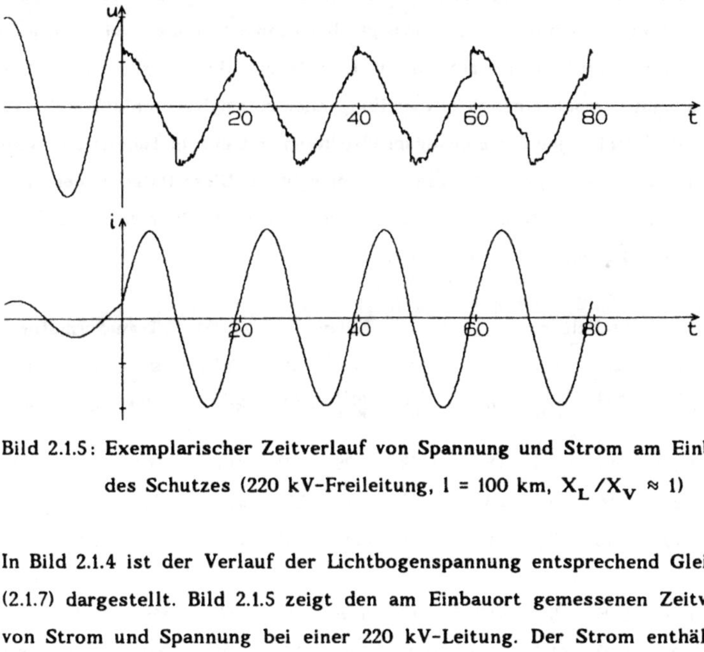

Bild 2.1.5: Exemplarischer Zeitverlauf von Spannung und Strom am Einbauort des Schutzes (220 kV-Freileitung, l = 100 km, $X_L / X_V \approx 1$)

In Bild 2.1.4 ist der Verlauf der Lichtbogenspannung entsprechend Gleichung (2.1.7) dargestellt. Bild 2.1.5 zeigt den am Einbauort gemessenen Zeitverlauf von Strom und Spannung bei einer 220 kV-Leitung. Der Strom enthält fast kein Rauschen, und auch der Rechteckanteil in der Spannung wirkt sich auf den Strom kaum aus. Dies hat zwei Ursachen: Das Verhältnis von Strom- zu Spannungsoberschwingungen nimmt aufgrund der Induktivität mit wachsender Frequenz ab. Außerdem wächst aufgrund des Spannungsteilerverhältnisses der Einfluß der Lichtbogenspannung an, wenn die Meßstelle in Richtung Fehlerort wandert.

Bei der Generierung der Auslösediagramme wird einheitlich ein 20 %iger Lichtbogenanteil entsprechend Bild 2.1.4 angesetzt. Das weiße Rauschen wird auf 2 kHz bandbegrenzt, wobei in Abhängigkeit von der Abtastrate eine zusätzliche Bandbegrenzung durch die vorgeschalteten Antialiasing-Filter erzielt wird.

2.1.4 Ausgleichsvorgänge aufgrund von Leitungskapazitäten

Eine große Anzahl der in der Literatur veröffentlichten Distanzschutzalgorithmen geht bei der Berechnung der Leitungsimpedanz von einem Leitungsmodell 1. Ordnung (Serienschaltung von R und L) aus. Dabei werden die stets vorhandenen Leitungskapazitäten vernachlässigt. Insbesondere Kabel weisen jedoch recht hohe Kapazitätsbeläge auf, so daß es aufgrund der Ausgleichsvorgänge in der Spannung nach einer Schalthandlung oder einem Kurzschlußeintritt zu starken Verfälschungen der Eingangsgrößen kommen kann. In Tabelle 2.1.1 sind die Leitungsbeläge einiger Leitungen zusammengefaßt. Diese Daten dienen auch als Grundlage für die folgenden Betrachtungen. Aus den Werten für 220 kV ergeben sich die Impedanzen in Bild 2.1.3.

	Freileitung				**Kabel**				**Transformator**		
Ebene	R'	L'	C'	l	R'	L'	C'	l	S	R	L
kV	$\frac{\Omega}{km}$	$\frac{mH}{km}$	$\frac{nF}{km}$	km	$\frac{\Omega}{km}$	$\frac{mH}{km}$	$\frac{nF}{km}$	km	MVA	Ω	mH
10	0.594	1.01	10.0	≤10	0.53	0.35	250	≤10	20	0.030	0.95
20	0.234	1.08	10.4	≤10	0.15	0.40	370	≤10	30	0.073	2.54
30	0.193	1.10	10.2	≤10	0.13	0.43	320	≤10	50	0.081	4.58
110	0.121	1.20	9.25	≤100	0.12	0.58	270	≤50	135	0.317	37.1
220	0.06	1.02	11.50	≤100	0.05	0.80	270	≤50	200	0.666	108.0
380	0.03	0.89	13.00	≤100	0.04	1.00	250	≤50	500	0.693	156.0

Tabelle 2.1.1: Leitungsbeläge und Transformatordaten verschiedener Spannungsebenen

Um den Einfluß von Leitungskapazitäten in die Betrachtungen mit einbeziehen zu können, wird für die Leitung die π-Ersatzschaltung verwendet. Das daraus resultierende Modellnetz ist in Bild 2.1.6 dargestellt.

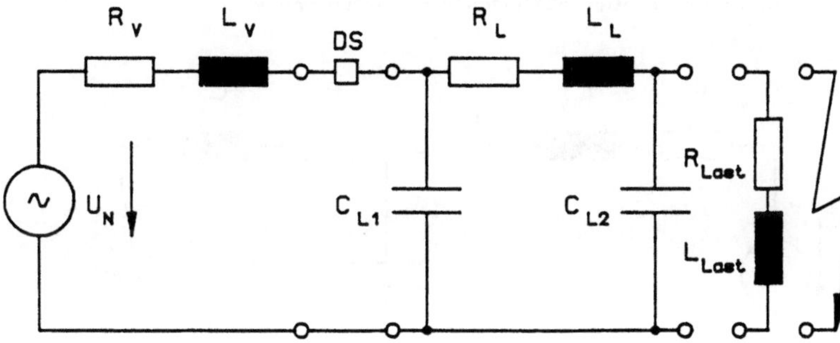

Bild 2.1.6: Modellnetz unter Berücksichtigung von Leitungskapazitäten

Für die beiden Kapazitäten gilt:

$$C_{L1} = C_{L2} = \frac{C_b}{2} \tag{2.1.8}$$

C_b: Betriebskapazität

Die in Bild 2.1.6 dargestellte π-Ersatzschaltung hat bis zu einer Leitungslänge von ca. 200 km Gültigkeit /6/. Bei längeren Leitungen muß eine entsprechend größere Anzahl von π-Gliedern zur Approximation der Leitung verwendet werden. Da jedoch besonders bei Kabeln aufgrund der großen Kapazitätsbeläge die Ausgleichsvorgänge entsprechend stark ausgeprägt sind und in der Realität die Länge der in der Hochspannungsebene eingesetzten Kabel 30 km kaum übersteigt, genügt ein π-Glied zur Nachbildung.

Betrachtet man einen metallischen Kurzschlußfall für das in Bild 2.1.6 dargestellte Modell, so entfällt die Kapazität C_{L2}. Man erhält ein System 3. Ordnung (Bild 2.1.7).

Die Kennfrequenz dieses Netzes wird durch die beiden Induktivitäten L_V und L_L sowie die Kapazität $C_{L1} = C_L$ bestimmt. Die Dämpfung liegt durch die Größe der Widerstände R_V und R_L fest. Im Kurzschlußfall überlagert sich somit der Grundschwingung und dem exponentiell abklingenden Gleichglied eine ebenfalls exponentiell abklingende Sinusschwingung.

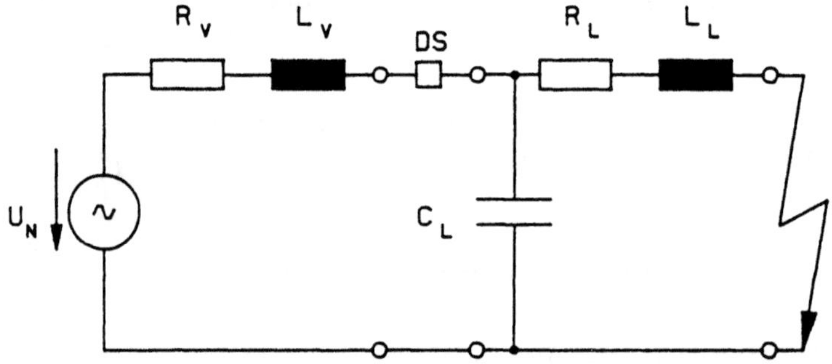

Bild 2.1.7: Modellnetz für einen metallischen Kurzschluß unter Berücksichtigung von Leitungskapazitäten

Für den zeitlichen Verlauf der Spannung am Meßort erhält man:

$$u(t) = \hat{u}_g \cdot e^{-\alpha t} + \hat{u}_N \cdot \sin(\omega_N t + \varphi_N) + \hat{u}_0 \cdot \sin(\omega_e t + \varphi_0) \cdot e^{-\delta t} \quad (2.1.9)$$

mit ω_e: Eigenkreisfrequenz

δ : Abklingkonstante

Ein entsprechender Ansatz gilt für den Stromverlauf.

Die maximale Amplitude des i. a. gegenüber der Netzfrequenz höherfrequenten Ausgleichsvorgangs in der Spannung erhält man für einen Schaltwinkel der Spannung von $\varphi_K = 90^0$, da dann die im Kondensator gespeicherte Energie am größten ist. Bild 2.1.8 zeigt den simulierten Verlauf von Spannung und Strom bei einer 100 km langen 110 kV-Freileitung.

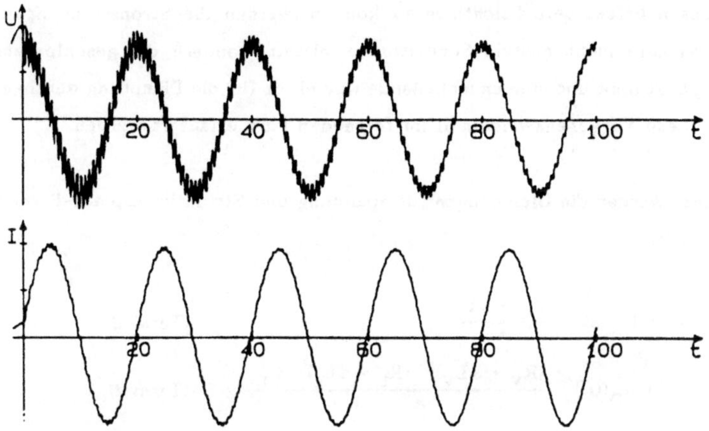

Bild 2.1.8: Exemplarischer Spannungs- und Stromverlauf am Einbauort der Schutzeinrichtung (Freileitung, 110 kV, l = 100 km)

Die geringe Dämpfung des Ausgleichsvorgangs ist auf die vernachlässigte Frequenzabhängigkeit des Widerstands zurückzuführen. Sie ist jedoch insbesondere aufgrund des Skineffektes erheblich /7/:

$$R_f = R_n \left[1 + a \cdot \left(\frac{f}{f_n} - 1 \right)^b \right] \tag{2.1.10}$$

Für 110 kV-Freileitungen gelten Werte von a = 0.1 und b = 0.9. Daraus folgt für eine Eigenfrequenz von 1000 Hz das Verhältnis $R_f / R_n = 1.72$. Die hochfrequenten Ausgleichsvorgänge klingen deshalb schneller ab (Bild 2.1.9).

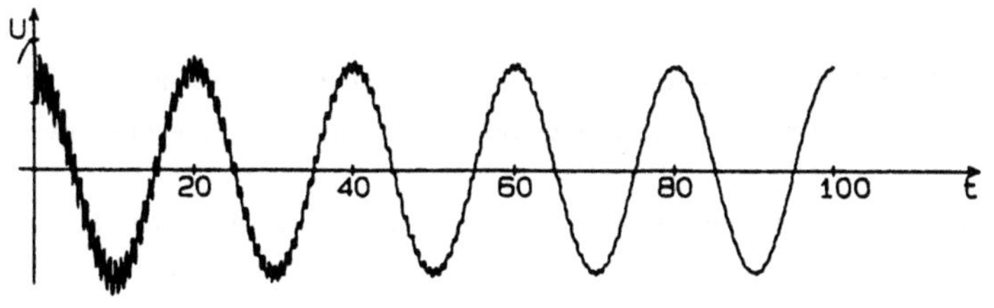

Bild 2.1.9: Verlauf der Spannung unter Berücksichtigung der Frequenzabhängigkeit des Leitungswiderstandes

Um diesen Effekt berücksichtigen zu können, werden die Strom- und Spannungsverläufe nicht mittels Simulation ermittelt, sondern die geschlossene Lösung bestimmt und eine anschließende Korrektur für die Dämpfung durchgeführt. Diese Vorgehensweise soll im folgenden kurz erläutert werden.

Zunächst werden die Gleichungen für Spannung und Strom im Laplace-Bereich aufgestellt:

$$\begin{aligned} U(s) &= U_N(s) \cdot \frac{R_L + s\,L_L}{A} && \text{(Term 1)} \\ &+ u_D(0^-) \cdot \frac{(R_V + s\,L_V) \cdot (R_L + s\,L_L) \cdot C_L}{A} && \text{(Term 2)} \\ &- i_V(0^-) \cdot \frac{(R_V + s\,L_V) \cdot L_V}{A} && \text{(Term 3)} \\ &- i_L(0^-) \cdot \frac{(R_V + s\,L_V) \cdot L_L}{A} && \text{(Term 4)} \end{aligned} \tag{2.1.11}$$

$$\begin{aligned} I(s) &= U_N(s) \cdot \frac{1 + s\,R_L C_L + s^2 L_L C_L}{A} && \text{(Term 1)} \\ &- u_D(0^-) \cdot \frac{(R_L + s\,L_L) \cdot C_L}{A} && \text{(Term 2)} \\ &+ i_V(0^-) \cdot \frac{(1 + s\,R_L C_L + s^2 L_L C_L)\,L_V}{A} && \text{(Term 3)} \\ &+ i_L(0^-) \cdot \frac{L_L}{A} && \text{(Term 4)} \end{aligned} \tag{2.1.12}$$

mit $A = R_V + R_L + s\,(L_V + L_L + R_V R_L C_L) + s^2\,(R_V L_L C_L + R_L L_V C_L) + s^3 L_V L_L C_L$

Die Anfangswerte $u_D(0^-)$, $i_V(0^-)$ und $i_L(0^-)$ können bei vorgegebenen Impedanzen aus den Amplituden von Last- und Kurzschlußstrom berechnet werden.

Der Nenner ist 3. Ordnung, liefert also einen Exponential- und einen Schwingungsterm.

$$\frac{1}{a_0 + a_1 s + a_2 s^2 + a_3 s^3} = \frac{k}{(s+\alpha)\,(s^2 + 2d\,\omega_0 s + \omega_0^2)} \qquad (2.1.13)$$

mit ω_0: Nennfrequenz

d : Dämpfung

Setzt man für die treibende Netzspannung $U_N(s)$ die Laplacetransformierte einer Sinusanregung ein, so erhält man mittels Partialbruchzerlegung und Rücktransformation in den Zeitbereich für die Spannung:

$$\begin{aligned} u(t) = {} & (\hat{u}_{e1} + \hat{u}_{e2} + \hat{u}_{e3} + \hat{u}_{e4}) \cdot e^{-\alpha t} \\ & + \hat{u}_N \cdot \sin(\omega_N t + \varphi_N) \\ & + e^{-\delta t} \cdot \Big[\hat{u}_{sin_1} \cdot \sin(\omega_e t + \varphi_1) \\ & \qquad + \hat{u}_{sin_2} \cdot \sin(\omega_e t + \varphi_2) \\ & \qquad + \hat{u}_{sin_3} \cdot \sin(\omega_e t + \varphi_3) \\ & \qquad + \hat{u}_{sin_4} \cdot \sin(\omega_e t + \varphi_4) \Big] \end{aligned} \qquad (2.1.14)$$

Die Indizes 1-4 beziehen sich auf die einzelnen Terme der Spannung im Laplace-Bereich (Gl. 2.1.11). Die Gleichung für den zeitlichen Verlauf des Stromes kann analog zu der beschriebenen Vorgehensweise hergeleitet werden.

Das geschilderte Verfahren zur Berechnung der Meßgrößen unter Berücksichtigung der Frequenzabhängigkeit ist in Bild 2.1.10 als Ablaufdiagramm nochmals verdeutlicht. Werden aus den gegebenen Modellnetzparametern R_V, L_V, R_L, L_L, C_L die Eigenwerte und damit die Eigenkreisfrequenz ω_e ermittelt, so kann mittels Gleichung (2.1.10) der für diese Frequenz gültige Leitungswiderstand berechnet werden. Bestimmt man für den neuen Widerstandswert über eine erneute Eigenwertberechnung die Dämpfung d_{neu}, so erhält man daraus die für den Ausgangsvorgang gültige Dämpfung δ und die Eigenkreisfrequenz ω_e.

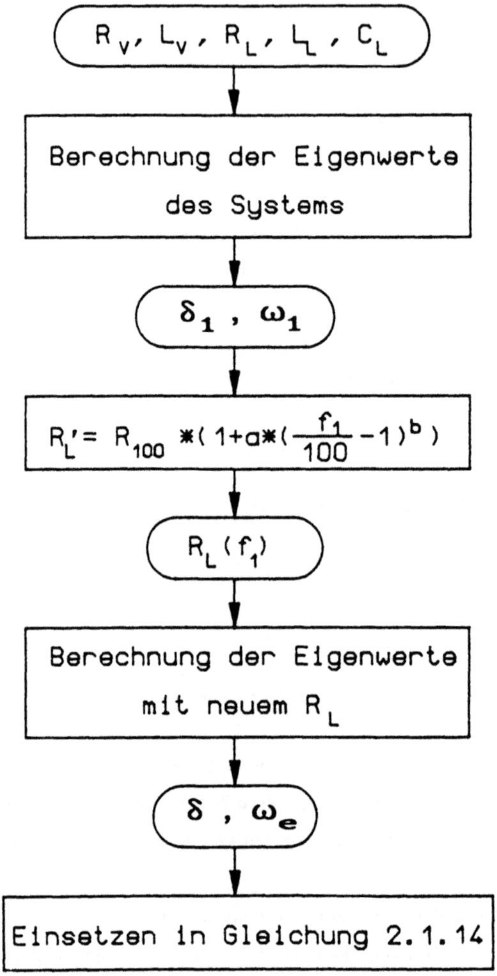

Bild 2.1.10: Ablaufdiagramm zur Bestimmung der Dämpfung bei Berücksichtigung der Frequenzabhängigkeit des Leitungswiderstandes

Da aufgrund des Tiefpaßverhaltens des Netzes die hochfrequenten Ausgleichsvorgänge in der Spannung wesentlich stärker ausgeprägt sind als im Strom, werden bei der folgenden Gegenüberstellung verschiedener Spannungsebenen (Bild 2.1.11 - 2.1.14) nur die Spannungsverläufe dargestellt.

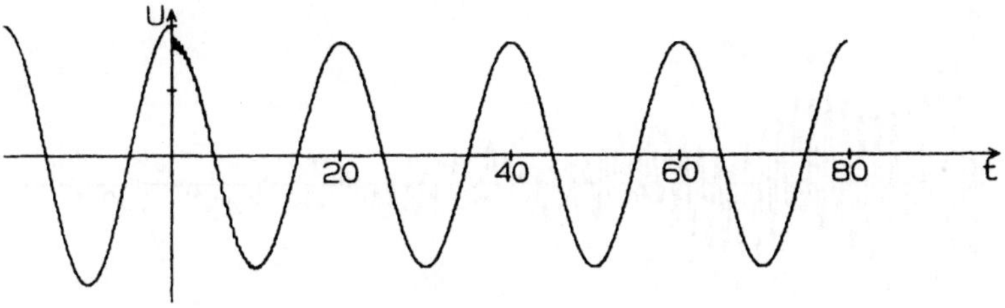

Bild 2.1.11: Spannungsverlauf u(t) bei einer 20 kV-Freileitung

l = 10 km, φ_k = 90°

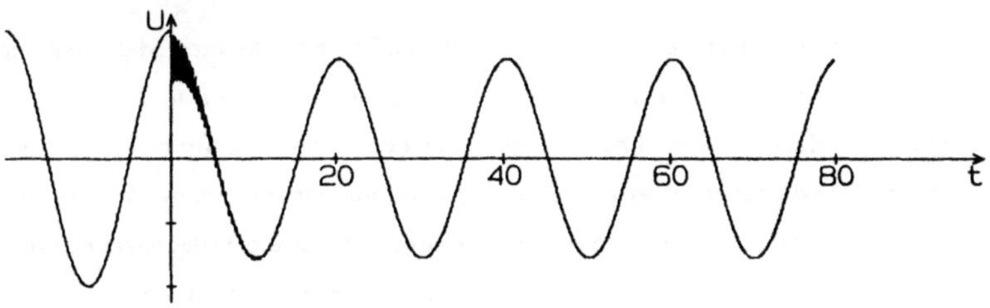

Bild 2.1.12: Spannungsverlauf u(t) bei einem 20 kV-Kabel

l = 10 km, φ_K = 90°

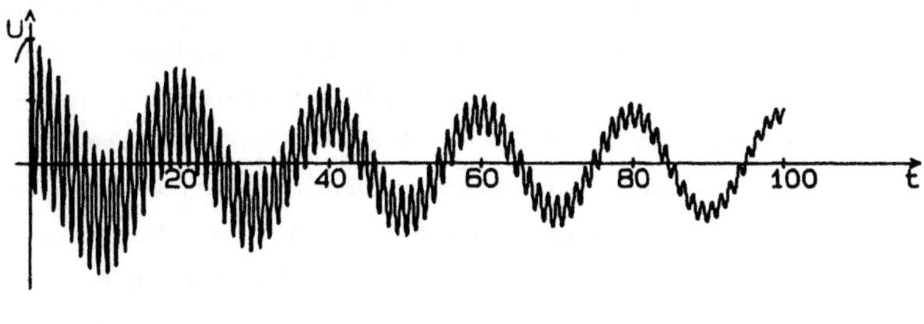

Bild 2.1.13: Spannungsverlauf u(t) bei einer 380 kV-Freileitung

l = 100 km, φ_K = 90°

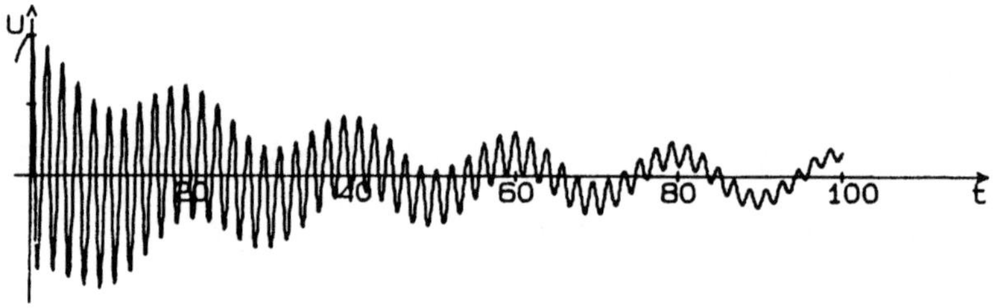

Bild 2.1.14: Spannungsverlauf u(t) bei einem 380 kV-Kabel
$l = 30$ km, $\varphi_K = 90^o$

Aus diesen exemplarischen Spannungsverläufen ist zu erkennen, daß sich die Leitungskapazitäten im wesentlichen in Hochspannungsnetzen, und hier überwiegend bei Kabeln, bemerkbar machen. Bei den Mittelspannungsnetzen sind die Ausgleichsvorgänge aufgrund der kurzen Leitungslängen und der kleinen Induktivitätsbeläge sehr hochfrequent und klingen durch die Frequenzabhängigkeit des Leitungswiderstandes rasch ab. Darüber hinaus werden sie in Schutzeinrichtungen aufgrund ihrer hohen Frequenz von den Analogfiltern am Eingang der A/D-Wandler unterdrückt.

Um die denkbar ungünstigsten Verhältnisse nachzubilden, werden für die Betrachtungen des Auslöseverhaltens der einzelnen Algorithmen die Daten eines 30 km langen 380 kV-Kabels verwendet. Das Modell liefert aber auch Informationen über das Verhalten der Algorithmen bei Netzen mit Blindstromkompensatoren. Für das zugrunde gelegte Kabel ergibt sich eine Eigenfrequenz der Ausgleichsvorgänge von ca. 490 Hz. Durch die Wahl dieser Frequenz kann gleichzeitig eine Aussage über den Einfluß nichtganzzahliger Oberschwingungen getroffen werden. Sie ergänzt die Informationen, die aus den stochastischen Anregungen durch den Lichtbogen folgen. Aufgrund der Höhe dieser Frequenz kann jedoch nur das Verhalten der Algorithmen, die eine Abtastrate von $h \geq 20$ Werten pro Netzperiode ($f_{gr} \geq 500$ Hz) aufweisen, untersucht werden, da sonst das Abtasttheorem verletzt wird.

2.1.5 Netzfrequenzschwankungen

In den Energieversorgungsnetzen weicht die Netzfrequenz von der Sollfrequenz (50 Hz) nur geringfügig ab. Daher geht man bei der Implementierung eines Distanzschutzalgorithmus in der Regel von einem festen Wert aus, so daß kein zusätzlicher Rechenaufwand für Frequenzmessungen investiert werden muß. Dennoch führen die Frequenzabweichungen zu Berechnungsfehlern bei der Bestimmung der Leitungsimpedanz.

Um über das Auslöseverhalten bei Netzfrequenzschwankungen eine Aussage machen zu können, werden wiederum über ein einfaches R-L-Gebilde (Leitungsmodell 1. Ordnung) Strom und Spannung in Abhängigkeit von der Frequenz f bestimmt. Der Leitungswinkel bei Nennfrequenz $\varphi_L(f = 50\text{ Hz}) = \varphi_N$ wird entsprechend einer 220 kV- Freileitung auf 80° festgelegt. Zur einfachen Darstellung werden sowohl die Spannungsamplitude $\hat{u}$ als auch der Leitungsimpedanzbetrag Z_N zu 1 gewählt. Somit ergeben sich als Berechnungsgleichungen für Strom und Spannung:

$$i(t) = \hat{i}_f \cdot \sin(2\pi f t - \varphi_f) \qquad (2.1.15)$$

$$u(t) = \sin(2\pi f t) \qquad (2.1.16)$$

mit

$$R_f = Z_N \cdot \cos(\varphi_N) = \cos(\varphi_N)$$

$$X_N = Z_N \cdot \sin(\varphi_N) = \sin(\varphi_N)$$

$$X_f = X_N \cdot f/50\text{ Hz} = \sin(\varphi_N) \cdot f/50\text{ Hz}$$

$$\varphi_f = \arctan \frac{X_f}{R_f}$$

$$\hat{i}_f = \frac{1}{Z_f} = \frac{1}{\sqrt{R_f^2 + X_f^2}}$$

Die Frequenz wird im Bereich 47.5 Hz bis 52.5 Hz in Schritten von 0.5 Hz variiert, so daß praktisch alle in der Realität auftretenden Netzfrequenzschwankungen abgedeckt sind /8/. Aus den Eingangssignalen Strom und Spannung lassen sich mit Hilfe der Algorithmen der Widerstand R_f und die Reaktanz X_f der Leitung bestimmen und daraus der Impedanzbetrag Z_f berechnen. Die Funktion $Z_f(f)$ liefert den Frequenzgang der Distanzschutzverfahren (Bild 2.1.16). Die Differenz $F = |Z_f(f)| - |Z_f(f = 50)|$ wird als Impedanzfehler bezeichnet.

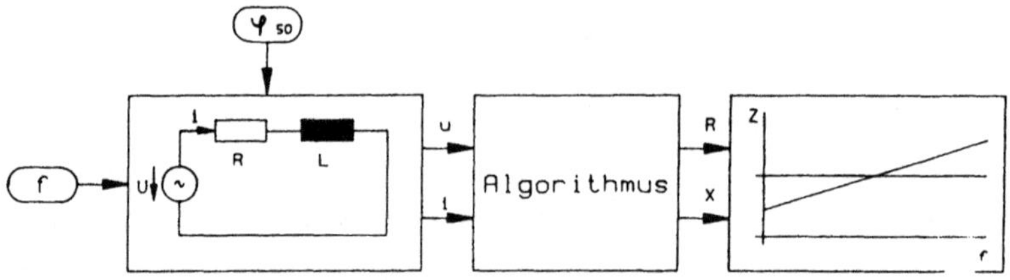

Bild 2.1.16: Bestimmung des Übertragungsverhaltens

2.1.6 Netzpendelungen

Bei Schalthandlungen und Kurzschlüssen im Netz kommt es zu niederfrequenten, elektromechanischen Ausgleichsvorgängen, die als Netzpendelungen bezeichnet werden. Dabei handelt es sich um einen periodischen Austausch von Energie zwischen den rotierenden Massen der Generatoren. Die Frequenz dieser Pendelungen liegt i. a. zwischen 0.5 Hz und 2.5 Hz. Dieser niederfrequente Vorgang bedeutet für die Schutzalgorithmen quasistationäre Strom- und Spannungsänderungen, die zu falschen Impedanzmessungen führen.

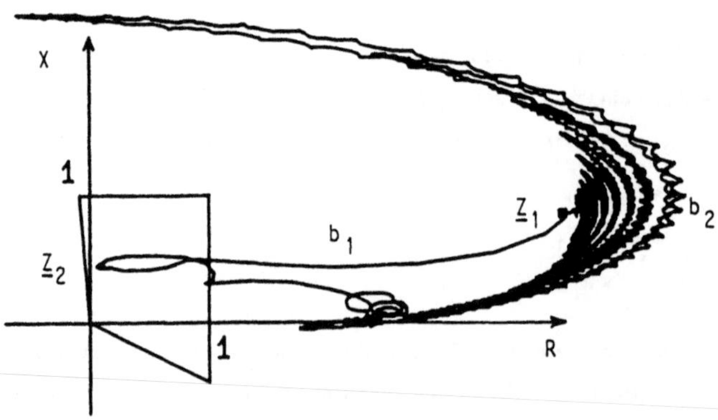

Bild 2.1.17: Impedanzverlauf bei einem Kurzschluß von 200 ms und den sich danach einstellenden Pendelungen

In Bild 2.1.17 ist der Verlauf der Impedanz vor, während und nach einem Kurzschluß mit den entsprechenden Pendelvorgängen dargestellt. Die Impedanz $\underline{Z}$ läuft vom stationären Zustand $\underline{Z}_1$ bei einem Kurzschluß auf der Trajektorie b_1 in den Punkt $\underline{Z}_2$. Wird der Kurzschluß nach 200 ms wieder abgeschaltet, so bewegt sich die Impedanz von $\underline{Z}_2$ entlang der Trajektorie b_2 wieder auf $\underline{Z}_1$ zu, wobei sich b_2 durch die Pendelungen ergibt.

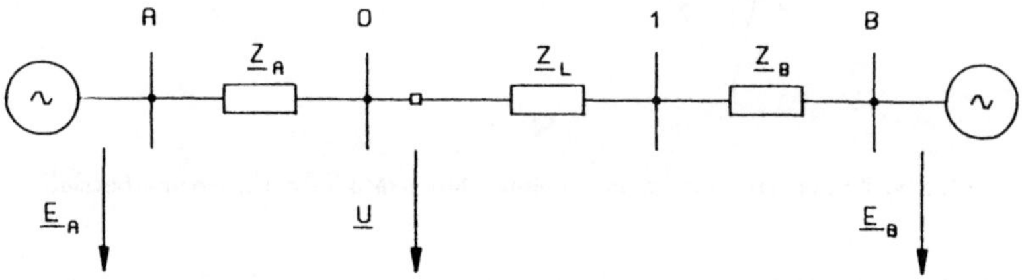

Bild 2.1.18: Zweimaschinen-Modellnetz zur Nachbildung von Netzpendelungen

Im allgemeinen können diese Vorgänge durch ein Zweimaschinen-Modellnetz nachgebildet werden (Bild 2.1.18). Dabei sind für die Pendelungen das Verhältnis $\varkappa$ der beiden Polradspannungen $|\underline{E}_A|$ und $|\underline{E}_B|$, der Winkel ϑ zwischen $\underline{E}_A$ und $\underline{E}_B$ sowie die Vornetzimpedanz $\underline{Z}_A$, die Leitungsimpedanz $\underline{Z}_L$ und die Nachnetzimpedanz $\underline{Z}_B$ von Bedeutung. Für den Strom am Einbauort des Schutzes gilt:

$$\underline{I} = \frac{\underline{E}_A - \underline{E}_B}{\underline{Z}_g} \qquad (2.1.17)$$

mit $\underline{Z}_g = \underline{Z}_A + \underline{Z}_L + \underline{Z}_B$

Entsprechend gilt für die Spannung:

$$\underline{U} = \underline{E}_A - \underline{I} \cdot \underline{Z}_A \qquad (2.1.18)$$

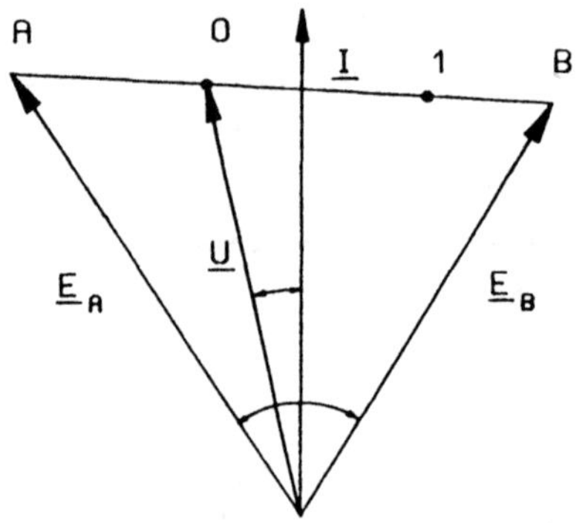

Bild 2.1.19: Zeigerdiagramm zum Zweimaschinen-Modellnetz, Normalbetrieb

Aus dem Zeigerdiagramm in Bild 2.1.19 geht hervor, daß die Spannung $\underline{U}$ am Einbauort des Schutzes 0 mit zunehmendem Winkel ϑ abnimmt und für ϑ = 180° sogar zu Null werden kann. Der Strom erreicht bei diesem Winkel sein Maximum /9/.

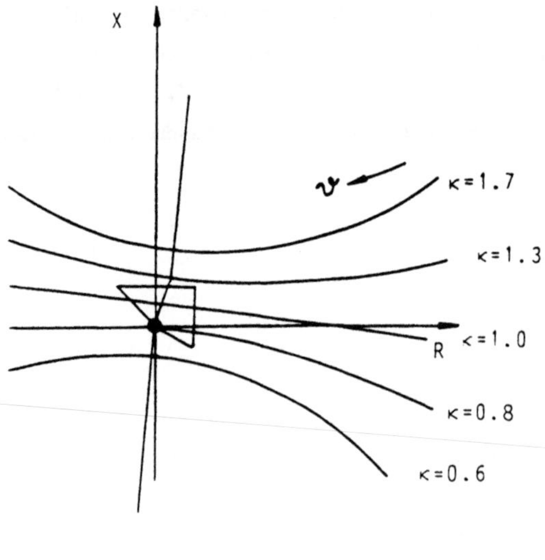

Bild 2.1.20: Am Schutzeinbauort gemessene Impedanz

In Bild 2.1.20 sind die Impedanztrajektorien für verschiedene Verhältnisse x der Polradspannungsbeträge dargestellt. Sind die Beträge der Zeiger $\underline{E}_A$ und $\underline{E}_B$ gleich groß, so ergibt sich eine Gerade, für alle anderen Fälle bewegen sich die Impedanzen während der Pendelungen auf Kreisabschnitten.

Für die Simulation der Netzpendelungen wird zunächst ein Kurzschluß an der Sammelschiene 1 angenommen. Während des Kurzschlusses werden die Generatoren in Abhängigkeit vom Betriebspunkt, der Anlaufzeitkonstanten usw. unterschiedlich beschleunigt, so daß nach Abschalten des Kurzschlusses ein Winkel ϑ_0 vorliegt, der vom stationären Wert abweicht.

Der Einfachheit halber werden ungedämpfte Pendelungen mit der Amplitude ϑ_1 um den Winkel ϑ_0 betrachtet. Für die Ermittlung des zeitlichen Verlaufs am Einbauort der Schutzeinrichtung läßt sich dann das Modellnetz mit den folgenden beiden Differentialgleichungen beschreiben:

$$e_A - e_B = R_g \cdot i + L_g \cdot \dot{i} \qquad (2.1.19)$$

$$u = e_A - R_A \cdot i - L_A \cdot \dot{i} \qquad (2.1.20)$$

Durch numerisches Lösen der Differentialgleichungen ergibt sich der in Bild 2.1.21 exemplarisch dargestellte Strom- und Spannungsverlauf.

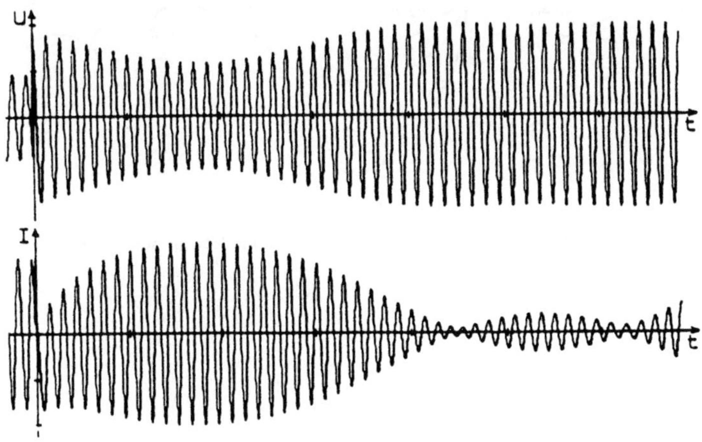

Bild 2.1.21: Strom- und Spannungsverlauf am Meßort des Schutzes bei Netzpendelungen

Den Betrachtungen des Auslöseverhaltens bei Netzpendelungen werden die Transformatoren R_T = 0.666 Ω, X_T = 34 Ω und wiederum eine 100 km lange 220 kV-Freileitung (R_L = 6 Ω, X_L = 32 Ω, Bild 2.1.18) zugrunde gelegt. Der sich stationär einstellende Polradwinkel wird zu $\vartheta_0 = 50^\circ$, die Amplitude der Pendelungen zu $\vartheta_1 = 70^\circ$ gewählt. Die Pendelfrequenz beträgt f_P = 1 Hz und das Amplitudenverhältnis der beiden Polradspannungen $\underline{E}_A$ und $\underline{E}_B$ sei $\varkappa$ = 0,9. Aufgrund dieser Datenwahl erreicht die am Einbauort des Schutzes zu messende Impedanz genau die Grenzlinie der Auslösefläche (= Auslösekennlinie, Bild 2.1.22). Somit besteht die Möglichkeit, eine Aussage zu treffen, ob ein Algorithmus bei Netzpendelungen zur Überfunktion neigt oder nicht.

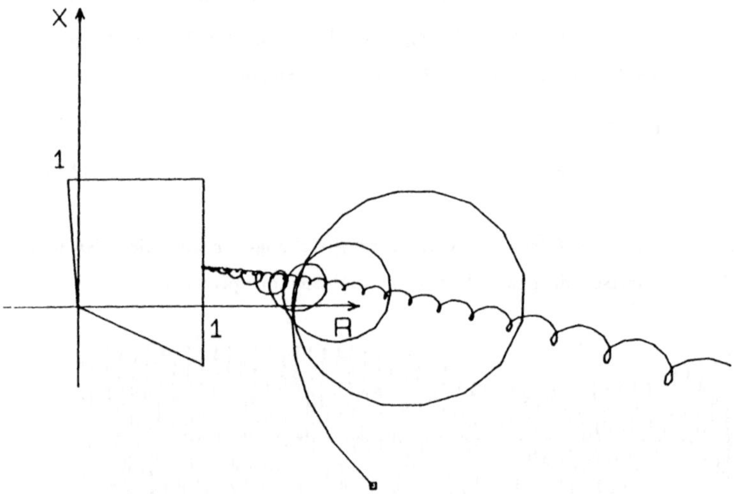

Bild 2.1.22: Impedanztrajektorie eines Algorithmus bei Netzpendelungen

2.2 Nichtideale Eingangssignale aufgrund von Übertragungsfehlern

Neben den Abweichungen von der Sinusform aufgrund der Netzeigenschaften kann es auch auf dem Übertragungsweg zwischen Meßstelle (Hochspannungsseite der primären Strom- und Spannungswandler) und den Klemmen der Schutzeinrichtung zu Signalverfälschungen kommen. Ursache hierfür sind in erster Linie nichtlineare Eigenschaften der Stromwandler (Wandlersättigung) und Ausgleichsvorgänge von kapazitiven Spannungswandlern. Auf die Auswirkung der Störeinstreuungen in den Signalleitungen wird nicht eingegangen.

2.2.1 Stromwandler

Stromwandler sind Transformatoren, die aus dem großen Netzstrom mit wenigen Windungen - oft nur einer - im Eisenkern ein Magnetfeld erzeugen, das wiederum über viele Windungen auf der Sekundärseite einen kleinen Strom erzwingt (Bild 2.2.1a).

Da der Spannungsabfall auf der Primärseite des Wandlers für das Übertragungsverhalten unerheblich ist, können im Ersatzschaltbild der Wicklungswiderstand R_1 und die Streureaktanz $X_{\sigma 1}$ entfallen. Weiterhin werden die Eisenverluste und damit der Widerstand R_{Fe} vernachlässigt. Faßt man zudem die Impedanz der Sekundärwicklung $R_2 + jX_{\sigma 2}$ mit der Bürde $R_B + jX_B$ zu der Impedanz $R + jX$ zusammen, so ergibt sich die Schaltung nach Bild 2.2.1b. Dies wird durch die folgenden Differentialgleichungen beschrieben:

$$u = R\, i_2 + L \frac{di_2}{dt} \tag{2.2.1}$$

$$u = L_h \frac{di_h}{dt} \tag{2.2.2}$$

$$i_h = i_1 - i_2 \tag{2.2.3}$$

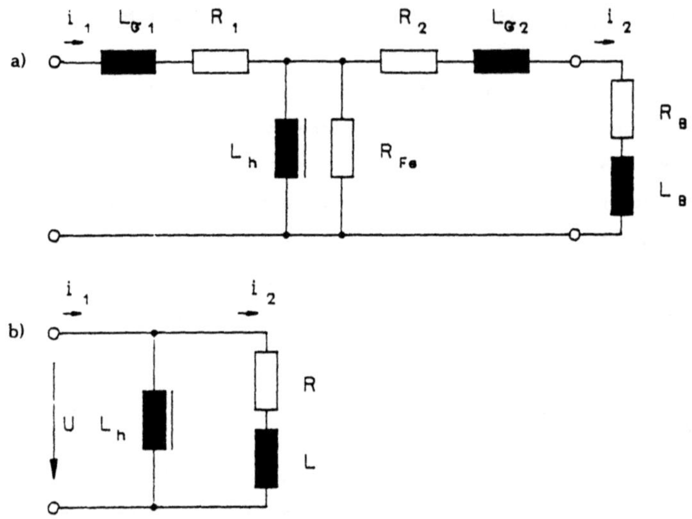

Bild 2.2.1: Ersatzschaltbild für Wandler

a) Transformatorschaltbild

b) Stromwandlerschaltbild

Gleichung (2.2.2) ist nichtlinear, da die Hauptinduktivität L_h aufgrund der Eisensättigung vom Strom i_h abhängig ist (Bild 2.2.2).

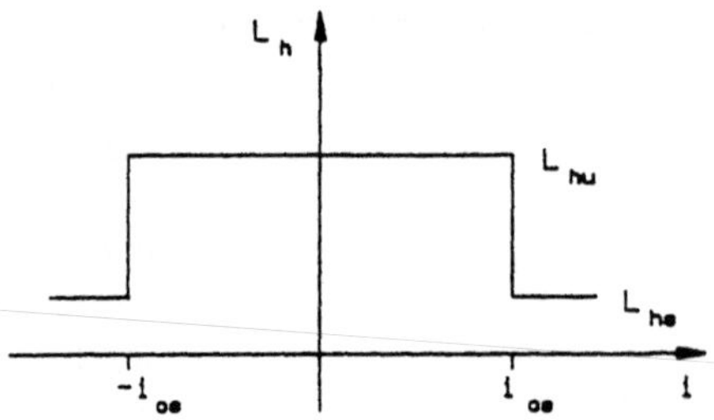

Bild 2.2.2: Im Modell realisierte Magnetisierungskennlinie

(Index u = ungesättigt, s = gesättigt)

Aus den Gleichungen (2.2.1) bis (2.2.3) soll der Ausgangsstrom i_2 bestimmt werden. Es ist jedoch auch notwendig, bei der Integration des Gleichungssystems den Strom i_h zu ermitteln, um die benötigte Induktivität L_h berechnen zu können. Hierzu wird Gleichung (2.2.3) differenziert und in Gleichung (2.2.2) eingesetzt. Mit Gleichung (2.2.1) ergibt sich dann:

$$u = L_h \frac{di_1}{dt} - L_h \frac{di_2}{dt} = R\, i_2 + L \frac{di_2}{dt}$$

$$\frac{di_2}{dt} = \frac{1}{L + L_h(i_h)} \left[L_h \frac{di_1}{dt} - R\, i_2 \right] \qquad (2.2.4)$$

Die Gleichungen (2.2.4) und (2.2.3) bilden entsprechend dem Blockschaltplan nach Bild 2.2.3 die Rechenanweisung zur Ermittlung des Sekundärstromes.

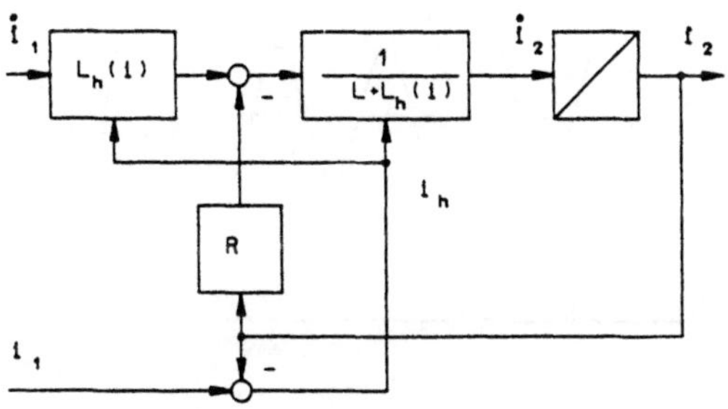

Bild 2.2.3: Blockschaltbild für einen Stromwandler

Das Verhalten eines Stromwandlers bei Sättigung ist aus Bild 2.2.4 zu erkennen. Die dort unter a) dargestellten Zeitverläufe geben den stationären Zustand bei sinusförmigem Primärstrom ohne Gleichstromglied wieder. Man erkennt im Magnetisierungsstrom i_h deutlich die Stromkuppen, die während der Sättigung entstehen. Dieser Strom fehlt dem Sekundärstrom. Setzt man voraus, daß der Wandler durch den stationären Strom nicht gesättigt wird, sondern nur durch das Gleichstromglied, das beim Kurzschlußeintritt entsteht, so ergibt sich der Zeitverlauf nach Bild 2.2.4b. Hier wird bei Beginn des Kurzschlusses der Strom nicht voll übertragen. Nach dem Abklingen des Ausgleichsvorgangs stellt sich aber der korrekte Stromverlauf ein.

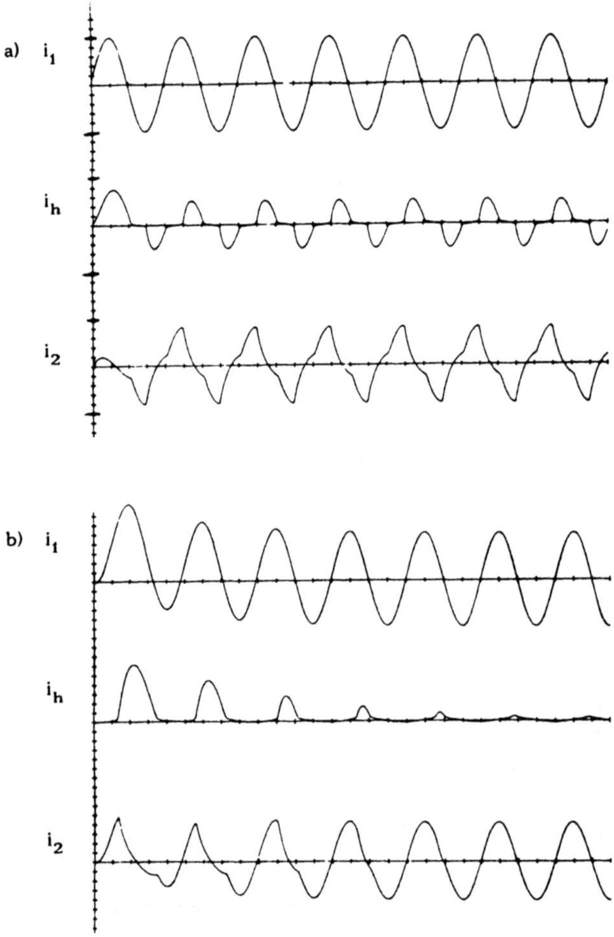

Bild 2.2.4: Stromwandlersättigung

i_1 : Kurzschlußstrom

i_h : Magnetisierungsstrom

i_2 : Bürdenstrom

a) Sättigung durch Wechselanteil

b) Sättigung durch Gleichanteil

Durch die Verfälschung des Kurzschlußstromes bei Wandlersättigung neigen Schutzeinrichtungen zur Fehlfunktion. Erfolgt die Sättigung durch den Wechselanteil des Primärstromes, so liegt quasistationär eine Unterfunktion vor. Treibt dagegen nur das Gleichstromglied den Eisenkern in die Sättigung, so ist die Fehlfunktion auf die Zeitdauer des Ausgleichsvorgangs begrenzt.

Ein besonders interessanter Fall stellt sich ein, wenn das Gleichstromglied des Primärstromes nur sehr langsam abklingt. Dann kann es vorkommen, daß die ersten Netzperioden nach Fehlereintritt vollständig richtig übertragen werden, danach aber die Sättigung einsetzt und so der Ausgangsstrom i_2 kleiner wird (Bild 2.2.5).

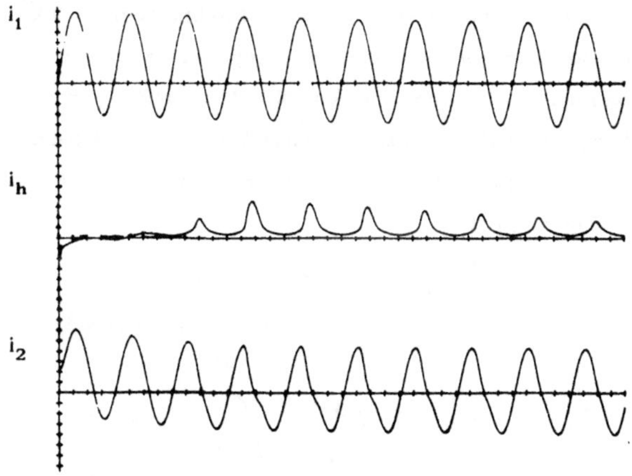

Bild 2.2.5: Stromwandlersättigung durch Gleichstromglied mit großer Zeitkonstante

Um die Empfindlichkeit der Distanzschutzalgorithmen gegenüber Sättigungseinflüssen in Stromwandlern darzustellen, werden zunächst der primäre Strom- und Spannungsverlauf u_K, i_K am Meßort der Schutzeinrichtung mit Hilfe des einfachen Modellnetzes (Bild 2.1.2) berechnet. Der Strom i_K dient als Eingang für das Stromwandlermodell (Bild 2.2.1), das den Sekundärstrom i'_K bestimmt. Die so ermittelten Strom- und Spannungswerte i'_K und u_K werden dem Algorithmus zugeführt (Bild 2.2.6).

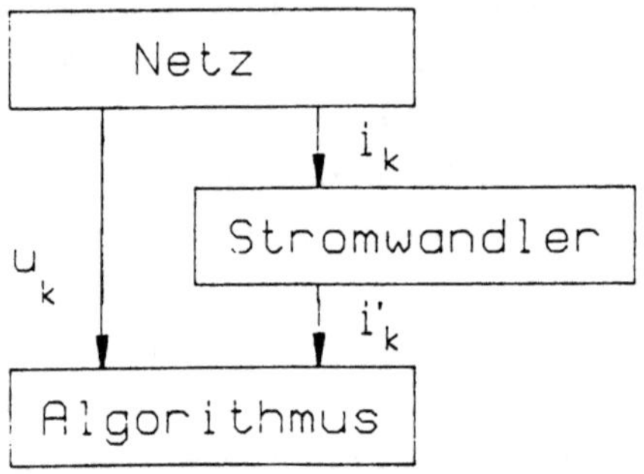

Bild 2.2.6: Einbindung des Stromwandlermodells in die Untersuchungen

Als Leitungsimpedanz werden wiederum die Daten einer 100 km langen 220 kV-Freileitung mit einem Transformator /10/ als Vornetzimpedanz verwendet. Die Stromwandlerdaten wurden /11/ entnommen (R = 18Ω, L = 10mH, L_{hu} = 1.2H, L_{hs} = 0.2H). Bild 2.2.7 zeigt exemplarisch den zeitlichen Verlauf des sekundären Stromes, unter der Voraussetzung, daß der Stromwandler allein durch das Gleichstromglied in Sättigung geht.

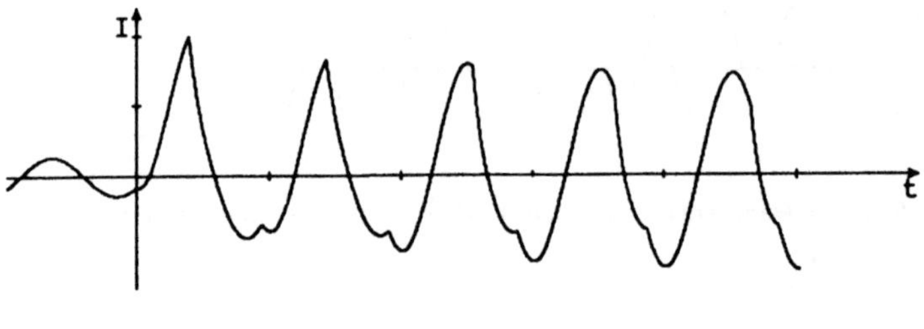

Bild 2.2.7: Sekundärstromverlauf des simulierten Wandlers

2.2.2 Kapazitiver Spannungswandler

So wie es aufgrund von Stromwandlersättigung zu stark verfälschten Sekundärstromverläufen kommen kann, können die Ausgleichsvorgänge bei kapazitiven Spannungswandlern zu sekundären Spannungsverfälschungen führen.

In Bild 2.2.8 ist das Prinzipschaltbild eines passiven kapazitiven Spannungswandlers dargestellt. Bild 2.2.9 zeigt das daraus abgeleitete Ersatzschaltbild. Die Kupferverluste des induktiven Wandlers sind in der Impedanz der Resonanzdrossel $\underline{Z}_D = R_D + j\omega L_D$ berücksichtigt.

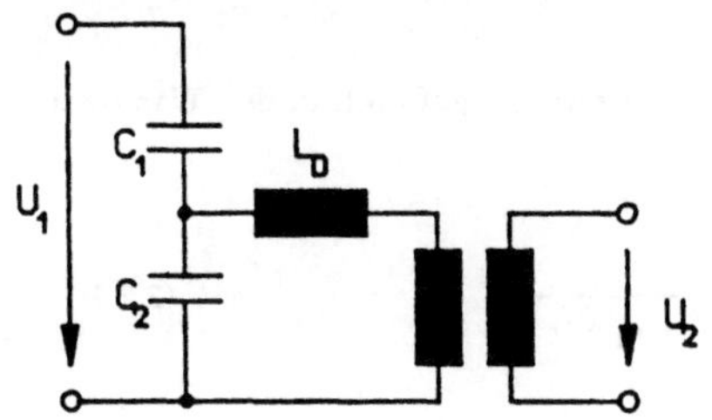

Bild 2.2.8: Schaltbild eines kapazitiven Spannungswandlers

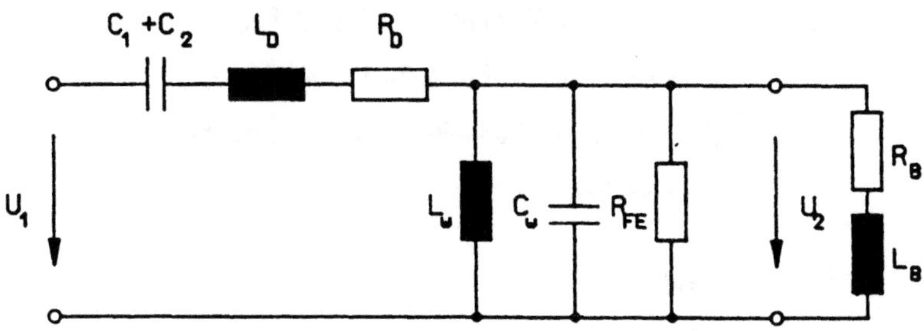

Bild 2.2.9: Ersatzschaltbild eines kapazitiven Wandlers unter Berücksichtigung von Verlusten und Streukapazitäten

Hierbei finden in Bild 2.2.9 die folgenden Abkürzungen Verwendung:

$C = C_1 + C_2$: Ersatzkapazität des Teilers

L_D: Induktivität der Resonanzdrossel

R_D: Verlustwiderstand der Primärwicklung des induktiven Wandlers und der Resonanzdrossel

C_W: Wicklungskapazität des Zwischenspannungswandlers

L_W: Hauptinduktivität des Zwischenspannungswandlers

R_{FE}: Eisenverlustwiderstände des Zwischenspannungswandlers

L_B: Induktivität der Bürde

R_B: ohmscher Anteil der Bürde.

Aus dem Ersatzschaltbild folgt für die Übertragungsfunktion des Wandlers:

$$G(s) = \frac{b_3 s^3 + b_2 s^2}{a_5 s^5 + a_4 s^4 + a_3 s^3 + a_2 s^2 + a_1 s + a_0} \qquad (2.2.5)$$

mit

$$a_0 = R_{FE} R_B$$

$$a_1 = C R_D R_{FE} R_B + L_B R_{FE} + L_W (R_{FE} + R_B)$$

$$a_2 = L_D C R_{FE} R_B + L_W C R_{FE} R_B + L_B C R_D (R_{FE} + R_B) + L_W L_B + L_W C_W R_{FE} R_B$$

$$a_3 = L_D L_B C R_{FE} + L_D L_W C (R_{FE} + R_B) + L_W L_B C R_{FE}$$
$$+ L_W L_B C R_D + L_W C_W C R_D R_{FE} R_B + L_W L_B C_W R_{FE}$$

$$a_4 = L_D L_B L_W C + L_D L_W C C_W R_{FE} R_B + L_W L_B C C_W R_{FE} R_D$$

$$a_5 = L_D L_B L_W C C_W R_{FE}$$

$$b_2 = L_W C R_{FE} R_B$$

$$b_3 = L_W L_B C R_{FE}$$

Diese Übertragungsfunktion kann unmittelbar in die Zustandsdarstellung überführt werden. Die daraus resultierenden fünf Differentialgleichungen 1. Ordnung werden mit einem numerischen Integrationsverfahren gelöst.

Einen großen Einfluß auf den Verlauf der Sekundärspannung hat die Bürde, wie Bild 2.2.10 für einen vollständigen Spannungszusammenbruch zeigt. Bei Nennbürde stellt sich nach einem Überschwingen von 5 % und einer Dauer von 10 ms der richtige Endpunkt Null ein (Bild 2.2.10a). Unterbürdung führt zu zwei überlagerten Ausgleichsvorgängen (nieder- und höherfrequent), wie Bild 2.2.10b zeigt.

a)

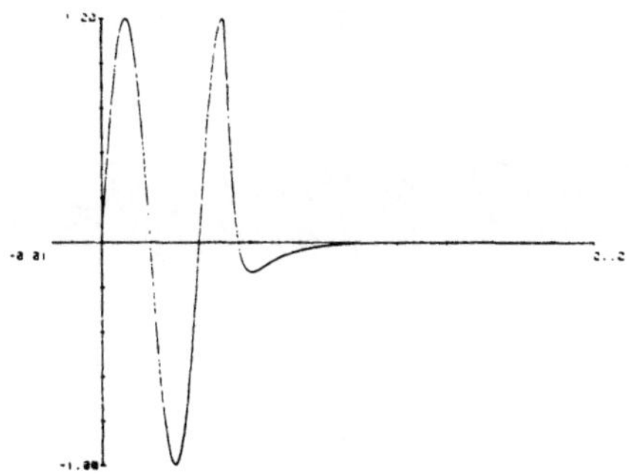

b)

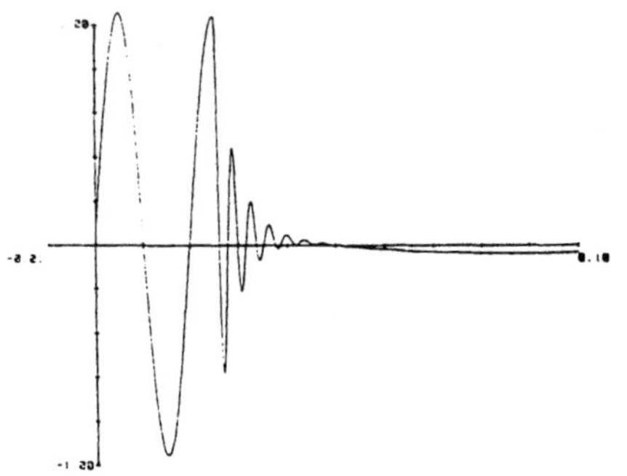

Bild 2.2.10: Einfluß der Bürde auf den Verlauf der Ausgangsspannung des Spannungswandlers

a) Nennbebürdung $R_B = 2\,M\Omega$, $L_B = 1.6\,mH$

b) kleine Bürde: $R_B = 20\,M\Omega$, $L_B = 16\,mH$

Den hier vorgestellten Untersuchungen des Auslöseverhaltens der einzelnen Algorithmen liegt die Nennbebürdung des kapazitiven Spannungswandlers zugrunde (im Beispiel 400 VA, $\cos\varphi = 0.8$).

3 Auslöseverhalten von Distanzschutzalgorithmen bei nichtidealen Eingangssignalen

Distanzschutzalgorithmen sind Rechenvorschriften, die angeben, wie aus einer Anzahl von n Abtastwerten des Stromes und der Spannung die Impedanz zu berechnen ist. Sie sind Bestandteil von digitalen Distanzschutzeinrichtungen. Mann kann daher das Verhalten von Distanzschutzalgorithmen gesondert oder Distanzschutzeinrichtungen als ganze Einheit untersuchen. Dabei ergeben sich erhebliche Unterschiede, da in einer Distanzschutzeinrichtung die berechneten Impedanzen noch geglättet werden. Dies geschieht z.B. indem man zwei oder drei zeitlich nacheinanderliegende Werte auf Stabilität überprüft, wie es in Kapitel 4 beschrieben wird. Diese Verknüpfungen können auf sehr unterschiedliche Art und Weise erfolgen. Deshalb sollen im folgenden nur die Algorithmen in ihrem Verhalten untersucht werden, da nur so allgemeingültige Aussagen möglich sind.

Handelt es sich um rein sinusförmige Eingangssignale, so erhält man bei allen in der Literatur angegebenen Verfahren Impedanzwerte, die mit dem wahren Wert recht genau übereinstimmen. Sind Strom und Spannung durch Störgrößen verfälscht, so kommt es u. U. zu erheblichen Berechnungsfehlern. Um einen wertenden Vergleich zwischen den einzelnen Algorithmen durchführen zu können, werden diese mit den im vorherigen Kapitel beschriebenen nichtidealen Eingangssignalen beaufschlagt. Anhand des Auslöseverhaltens kann so eine Aussage gemacht werden, bei welchen Störgrößen sie sich fehlertolerant verhalten und bei welchen nicht. Das Verfahren zur Ermittlung eines Auslösediagramms soll im folgenden beschrieben werden.

Für die Betrachtungen wird jeweils aus einer vorgegebenen Auslösekennlinie ein Punkt als wahrer Impedanzwert einer Leitung $\underline{Z}_L = R_L + j\omega L_L$ herausgegriffen. Mit dieser Impedanz werden anhand von Modellnetzen, die die Signalverfälschungen beinhalten, die Abtastwerte von Strom und Spannung (i_K, u_K) berechnet. Diese Werte werden dem zu untersuchenden Algorithmus als Eingangsdaten vorgegeben (Bild 3.1). In Abhängigkeit von der Abtastrate kann so jedem diskreten Zeitpunkt aus je n-1 zurückliegenden Abtastwerten von Strom und Spannung eine Impedanz zugeordnet werden (Bild 3.2).

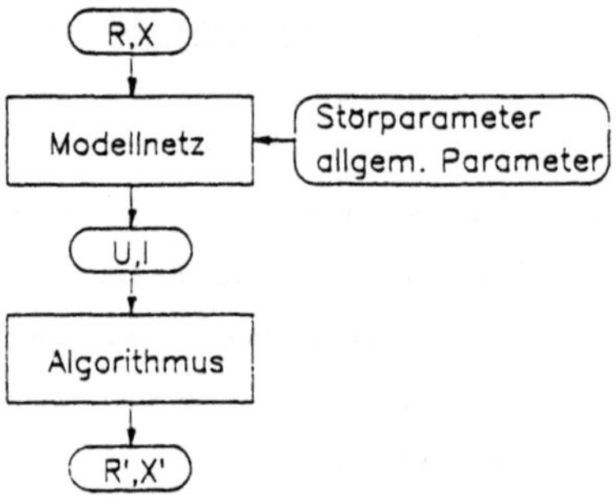

Bild 3.1: Untersuchung des Auslöseverhaltens

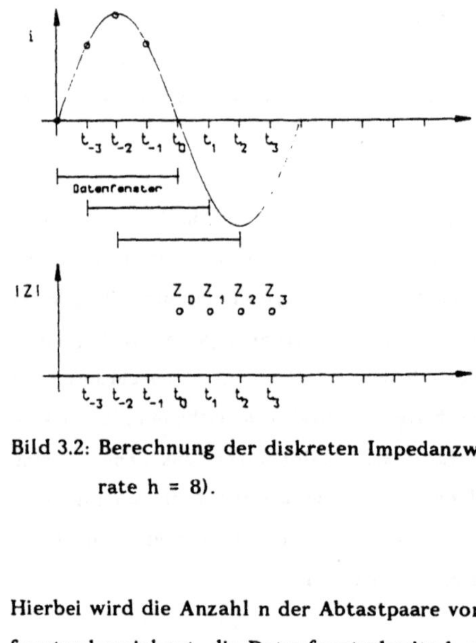

Bild 3.2: Berechnung der diskreten Impedanzwerte (Datenfenster n = 4, Abtastrate h = 8).

Hierbei wird die Anzahl n der Abtastpaare von Strom und Spannung als Datenfenster bezeichnet, die Datenfensterbreite b ergibt sich aus der Multiplikation des Datenfensters mit dem Abtastintervall Δt. Als Abtastrate h wird die Anzahl der Abtastwerte pro Netzperiode festgelegt. Für Bild 3.2 gilt dann n = 4, Δt = 2.5 ms, b = 4·2.5 ms = 10 ms, h = 8.

Da das Datenfenster in Zeitschritten von Δt fortschreitet (Bild 3.2), erhält man zum Impedanzverlauf $\underline{Z}_L(t)$ eine Folge $\underline{Z}_L(k)$, deren Werte in Abhängigkeit von der Störgröße und dem verwendeten Algorithmus um den wahren Wert $\underline{Z}_L(t)$ streuen (Bild 3.3).

Der erste Impedanzwert $\underline{Z}_L(k)$, der nur Informationen aus der Kurzschlußphase enthält, liegt eine Fensterbreite b nach dem Kurzschlußeintritt vor. Dieser und die folgenden Impedanzwerte werden in die Impedanzebene eingetragen. Als wahre Impedanz soll hier die Impedanz zwischen Meßstelle und Fehlerort gelten; sie ist somit konstant ($\underline{Z}_L(t)$ = konst).

Die Simulationen werden nach sechs Netzperioden abgebrochen, da dann die relevanten transienten Ausgleichsvorgänge abgeklungen sind. Bei Netzpendelung müssen dagegen die Betrachtungen auf eine Pendelperiode ausgedehnt werden.

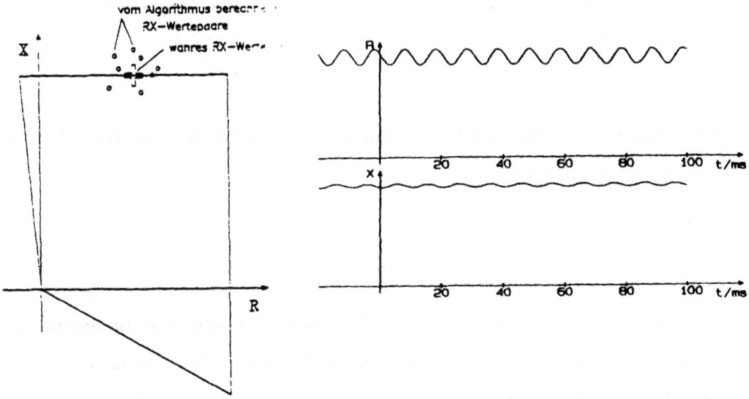

Bild 3.3: Exemplarische Auslösekennlinie und der dazugehörige Zeitverlauf von R und X

Da die behandelten Algorithmen unterschiedliche Datenfensterbreiten haben, liefern sie unterschiedlich rasch nach Kurzschlußeintritt einen ersten Impedanzwert. Dies veranschaulicht Bild 3.4 für Algorithmen mit den Datenfensterbreiten 10 ms und 20 ms. Ein objektiver Vergleich zwischen zwei derartigen Verfahren ist somit nur schwer möglich. Man könnte für beide Algorithmen die Impedanzpunkte erst ab 20 ms nach Kurzschlußeintritt ausgeben und miteinander vergleichen. Dabei geht jedoch Information verloren. Auch ließe sich durch zusätzliche Filter der schnellere Algorithmus langsam und genauer machen.

Hier sollen alle Algorithmen in der ihnen eigenen Reaktionszeit dargestellt werden. Dies hat zur Folge, daß rasche Verfahren auf den ersten Blick zu ungenau erscheinen.

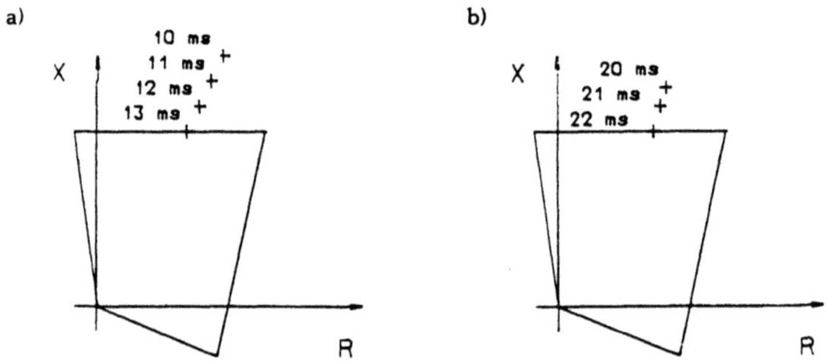

Bild 3.4: Auslöseverhalten von Algorithmen mit unterschiedlichem Datenfenster

a) Datenfensterbreite = 10 ms

b) Datenfensterbreite = 20 ms

Soll nicht nur eine Aussage über die Meßsignale einer einzigen Impedanz getroffen werden, sondern über das Auslöseverhalten entlang einer Kennlinie, so kann für äquidistante Punkte auf dieser Kennlinie eine Folge von 'Istimpedanzen' berechnet und in das Diagramm gemeinsam eingetragen werden (Bild 3.5). Verbindet man die inneren und äußeren Punkte, so ergibt sich eine Unschärfefläche, die das Verhalten des Algorithmus bei dem untersuchten nichtidealen Eingangssignal beschreibt (Bild 3.6). Da die Impedanzen, die innerhalb der Auslösefläche liegen, zu einer Überfunktion führen können, soll dieser Bereich im folgenden als Überfunktionsbereich bezeichnet werden. Analog wird die Fläche außerhalb der Auslösefläche als Unterfunktionsbereich benannt. Für die maximalen Abweichungen werden dementsprechend die Begriffe des Überfunktionsfehlers $f_{ü}$ und des Unterfunktionfehlers f_u eingeführt.

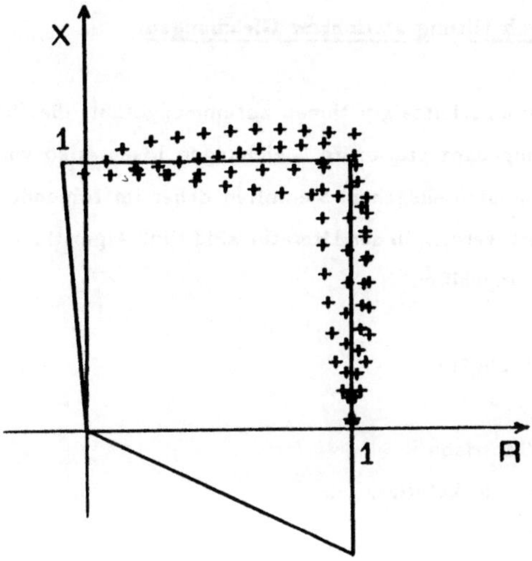

Bild 3.5: Auslöseverhalten eines Algorithmus für Leitungswinkel zwischen 0° und 90°

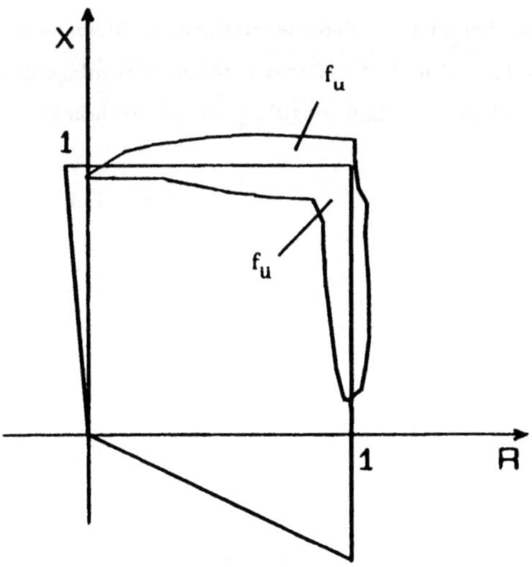

Bild 3.6: Über- und Unterfunktionsbereiche

3.1 Impedanzbestimmung durch Lösung stationärer Gleichungen

In dieser Gruppe sind die Distanzschutzalgorithmen zusammengefaßt, die für die Berechnung der Leitungsimpedanz stationäre Gleichungen lösen, also von rein sinusförmigen Eingangssignalen ausgehen. Sie sollen daher im folgenden als Sinusalgorithmen bezeichnet werden. In der Literatur sind fünf Algorithmen angegeben, die dieser Gruppe angehören:

- Algorithmus von Gilbert/Shovlin,
- T2-Methode von Lobos,
- Algorithmus von Mann/Morrison,
- Algorithmus von Gilcrest/Rockefeller,
- Größenvergleichsverfahren.

3.1.1 Algorithmus von Gilbert/Shovlin

Ausgangspunkt für die Impedanzberechnung sind die stationären Gleichungen der sinusförmigen Eingangsgrößen i(t) und u(t). Dabei wird die Phasenlage des Stromes zu Null angenommen, ohne die Allgemeingültigkeit einzuschränken.

$$i(t) = \hat{i}\,\sin(\omega t) \tag{3.1.1}$$

$$u(t) = \hat{u}\,\sin(\omega t + \varphi) \tag{3.1.2}$$

In komplexer Form gilt:

$$\underline{I} = j\,\frac{\hat{i}}{\sqrt{2}} \tag{3.1.3}$$

$$\underline{U} = j\,\frac{\hat{u}}{\sqrt{2}}\,e^{j\varphi} \tag{3.1.4}$$

$$\underline{Z} = \frac{\underline{U}}{\underline{I}} = \frac{\hat{u}}{\hat{i}}\,e^{j\varphi} = \frac{\hat{u}}{\hat{i}}\cos\varphi + \frac{\hat{u}}{\hat{i}}\sin\varphi = R + jX \tag{3.1.5}$$

Der Koeffizientenvergleich liefert:

$$R = \frac{\hat{u}}{\hat{i}} \cos(\varphi) \tag{3.1.6}$$

$$X = \frac{\hat{u}}{\hat{i}} \sin(\varphi) \tag{3.1.7}$$

Um die Scheitelwerte und den Phasenwinkel von Strom und Spannung bestimmen zu können, benötigt der Algorithmus jeweils drei äquidistante Abtastwerte von i(t) und u(t) (Datenfenster n = 3):

$$i_1 = \hat{i} \sin(\omega t_3 - 2\Delta) \tag{3.1.8a}$$

$$i_2 = \hat{i} \sin(\omega t_3 - \Delta) \tag{3.1.8b}$$

$$i_3 = \hat{i} \sin(\omega t_3) \tag{3.1.8c}$$

$$u_1 = \hat{u} \sin(\omega t_3 + \varphi - 2\Delta) \tag{3.1.9a}$$

$$u_2 = \hat{u} \sin(\omega t_3 + \varphi - \Delta) \tag{3.1.9b}$$

$$u_3 = \hat{u} \sin(\omega t_3 + \varphi) \tag{3.1.9c}$$

mit $\Delta = \omega \Delta t$

Damit sind sechs nichtlineare Gleichungen mit den vier Unbekannten $\hat{i}$, $\hat{u}$, t_3 und φ gegeben. Aufgrund der Überbestimmtheit des Systems ist es möglich, die nichtlinearen Gleichungen geschlossen zu lösen, indem man durch aufwendige trigonometrische Umformung entsprechend Kap. 7.1 t_3 eliminiert und nach den Gleichungen (3.1.6) und (3.1.7) auflöst /12/. Ein Fehlerausgleich, der bei der Überbestimmtheit möglich wäre, wird nicht durchgeführt.

$$R = \frac{u_2 i_2 - 0.5 \cdot (u_3 i_1 + u_1 i_3)}{i_2^2 - i_1 i_3} \tag{3.1.10}$$

$$X = \frac{u_2 i_3 - u_3 i_2}{i_2^2 - i_1 i_3} \cdot \sin(\Delta) \tag{3.1.11}$$

Die Abtastrate wird entsprechend den Untersuchungen in /2/ zu h = 8 Werten pro Periode gewählt.

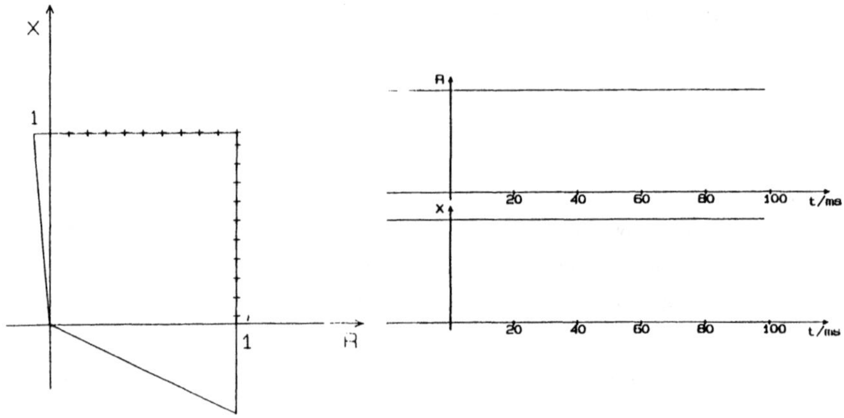

Bild 3.1.1: Algorithmus von Gilbert/Shovlin
sinusförmige Eingangssignale

In Bild 3.1.1 ist das Auslöseverhalten als Vergleich zu den folgenden Untersuchungen bei rein sinusförmigen Eingangssignalen dargestellt. Da im Ansatz des Algorithmus keine Näherungen getroffen werden, erfolgt die Impedanzbestimmung für alle Leitungswinkel exakt, d. h. alle nach Kurzschlußeintritt berechneten Impedanzen stimmen mit dem jeweiligen wahren Wert exakt überein.

Zum besseren Verständnis wird in Bild 3.1.1 zusätzlich der zeitliche Verlauf von R und X für einen Leitungswinkel von $\varphi_L = 80^0$ gezeigt. Diese Darstellungsweise wird auch für alle weiteren Auslösediagramme beibehalten.

Gilbert/Shovlin - Oberschwingungen

Bild 3.1.2 zeigt das Auslöseverhalten bei Vorgabe eines 5 %igen Anteils der 3. Harmonischen in der Spannung. Die Phasenlage zwischen Grund- und Oberschwingung wird hierbei - wie auch bei allen folgenden Betrachtungen - so gewählt, daß die Abweichungen maximal werden. Hierbei ergibt sich sowohl ein Über- als auch ein Unterfunktionsbereich, wobei die Abweichungen maximal f_u = 12 % bzw. f_u = 15 % erreichen.

Verdoppelt man gegenüber Bild 3.1.2 den Anteil der 3. Harmonischen, so ergibt sich das Auslösediagramm in Bild 3.1.3. Aufgrund der Tatsache, daß sowohl die Über- als auch die Unterfunktionsbereiche doppelt so groß sind, kann auf einen annähernd linearen Zusammenhang zwischen Oberschwingungsamplitude und daraus resultierendem Fehler geschlossen werden.

Der Einfluß der 5. Harmonischen kann bei diesem Algorithmus sinnvollerweise nicht betrachtet werden, da nach dem Abtasttheorem bei einer Abtastrate von 8 Werten pro Periode bereits vor der Analog/Digital-Wandlung alle Frequenzen, die größer als 200 Hz sind, herausgefiltert werden müssen (Antialiasing-Filter). Wegen der vielfältigen Möglichkeiten, derartige Filter zu realisieren, läßt sich keine algorithmenspezifische Aussage über die Kombination Algorithmus mit Filter treffen.

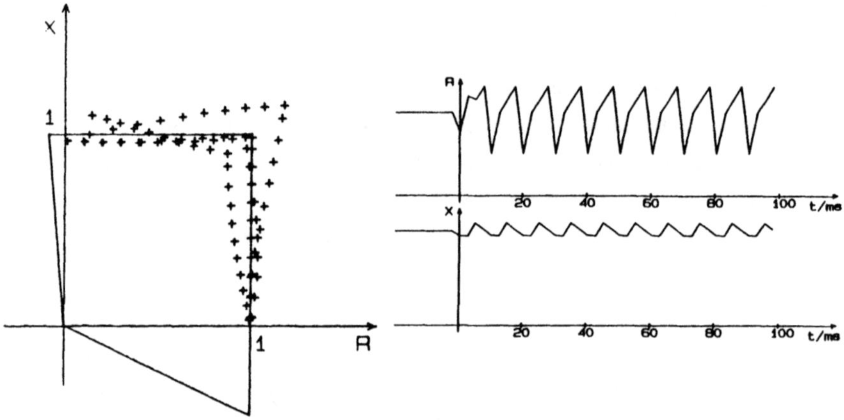

Bild 3.1.2: Algorithmus von Gilbert/Shovlin
oberschwingungsbehaftete Eingangssignale (3. Harmonische, 5 %)

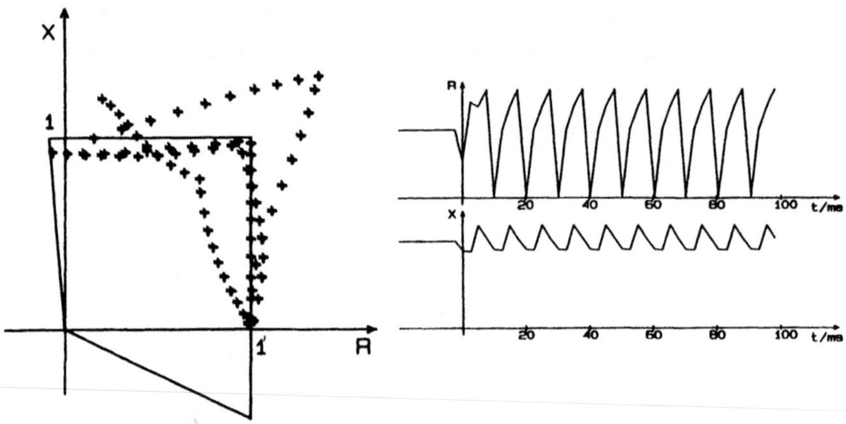

Bild 3.1.3: Algorithmus von Gilbert/Shovlin
oberschwingungsbehaftete Eingangssignale (3. Harmonische, 10 %)

Gilbert/Shovlin - Gleichstromglieder

Damit das Verhalten des Algorithmus bei der Überlagerung von Gleichstromgliedern bewertet werden kann, wird der Kurzschlußzeitpunkt so gewählt, daß der exponentiell abklingende Gleichanteil im Strom maximal wird. Wie Bild 3.1.4 zeigt, ergeben sich auch hier ein Über- und Unterfunktionsbereich, wobei die Abweichungen vom Sollwert mit zunehmendem Leitungswinkel und somit ansteigender Zeitkonstante größer werden. Der Bereich der Überfunktion erreicht ca. f_u = 12 %, der Maximalwert des Unterfunktionsbereiches liegt bei f_u = 35 %. Charakteristisch ist hierbei, daß nur der erste nach Kurzschlußeintritt (KS) berechnete Wert einen maximalen Fehler von + 35 % erreicht. Dieser steht bei einer Abtastrate von h = 8 Werten pro Periode und einem Datenfenster von n = 3 Werten nach einer Zeit von b = 7.5 ms nach Kurzschlußeintritt zur Verfügung. Ab dem vierten Impedanzwert (3/4 Netzperiode) streuen die Werte um weniger als 10 % um den wahren Wert. Der anfänglich große Fehler ist auf den Ansatz der Bestimmungsgleichungen zurückzuführen, die Gleichstromglieder nicht berücksichtigen. Das Vorschalten eines Transaktors oder digitaler Filter zur Unterdrückung des Gleichanteils kann hier ein verbessertes Auslöseverhalten bringen.

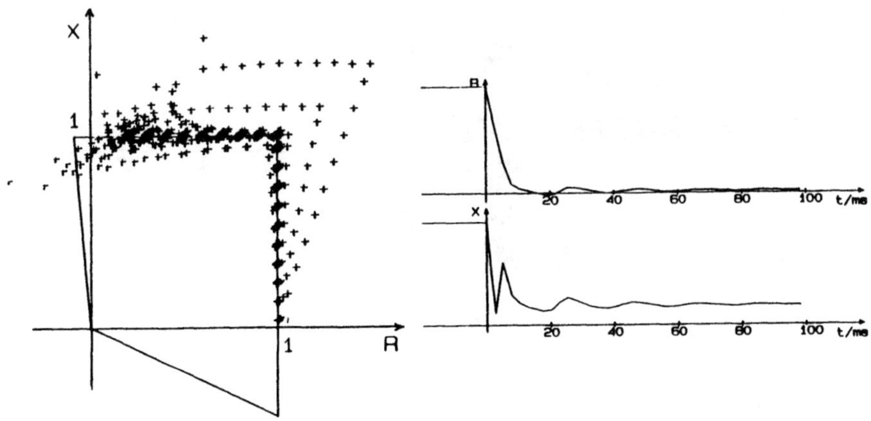

Bild 3.1.4: Algorithmus von Gilbert/Shovlin

Eingangssignale mit überlagertem Gleichstromglied

Gilbert/Shovlin - Lichtbogenspannungen und Kabelkapazitäten

Ist der am Einbauort der Schutzeinrichtung zu messenden Spannung ein Lichtbogenanteil von 20 % überlagert, so erfolgt aufgrund des daraus für den Algorithmus resultierenden ohmschen Fehlerwiderstandes eine Verschiebung aller berechneten Impedanzen in R-Richtung. Aufgrund der stochastischen Frequenzanteile kommt es darüber hinaus zu einem Streuen der berechneten Impedanzwerte. Die Breite der Streuungen liegt bei ca. 20 %, was dem Anteil des weißen Rauschens in etwa entspricht (Bild 3.1.5). Auch hier werden die Spektralanteile zur Erfüllung des Abtastheorems mittels eines vorgeschalteten Tiefpasses auf 200 Hz bandbegrenzt.

Die Auswirkung der Ausgleichsvorgänge aufgrund von Kabelkapazitäten können - wie bereits erwähnt - beim Algorithmus von Gilbert/Shovlin nicht betrachtet werden, da sich aus der Abtastrate von h = 8 eine Grenzfrequenz von f_{Gr} = 200 Hz ergibt, die Ausgleichsvorgänge jedoch eine Frequenz von 490 Hz aufweisen.

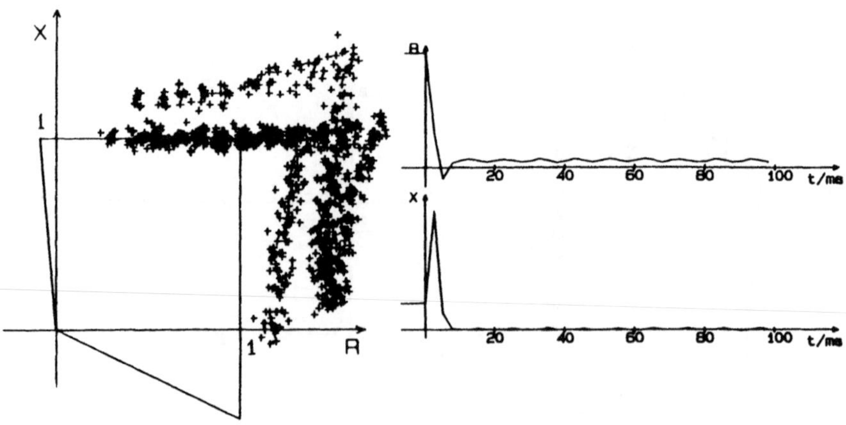

Bild 3.1.5: Algorithmus von Gilbert/Shovlin
Eingangssignale mit überlagerter Lichtbogenspannung (20 %)

Gilbert/Shovlin - Frequenzschwankungen

Variiert man die Grundfrequenz der Eingangssignale im Bereich von 47.5 Hz bis 52.5 Hz (siehe Kapitel 2.1.5), so ergibt sich der in Bild 3.1.6 dargestellte Frequenzgang. Die Abweichungen vom 50 Hz-Sollwert liegen weit unter 1 %, so daß dieser Algorithmus gegenüber Netzfrequenzschwankungen als unempfindlich zu klassifizieren ist. Sie werden dabei ausschließlich durch die Berechnungen der Reaktanz hervorgerufen, bei der im frequenzabhängigen Term $\sin(\Delta) = \sin(2\pi f \cdot \Delta t)$ der Sollwert von 50 Hz (siehe Gleichung 3.1.11) und nicht die tatsächliche Frequenz eingesetzt wird.

Nach dem Abschalten eines Kurzschlusses ergibt sich aufgrund der Netzpendelungen der in Bild 3.1.7 dargestellte Impedanzverlauf. Gemäß dem in Kapitel 2.1.6 beschriebenen Modell liegt nach der Kurzschlußabschaltung ein Polradwinkel von $\vartheta_0 = 50^\circ$ vor, die Winkelamplitude der Pendelungen beträgt $\vartheta_1 = 70^\circ$. Als Verhältnis der Polradspannungen der beiden Generatoren wurde $x = 0.9$ gewählt. Wie das Bild zeigt, erreicht die Impedanztrajektorie nach dem Abklingen der anfänglich starken Streuungen aufgrund von Ausgleichsvorgängen exakt die Auslösekennlinie, so daß aufgrund der Netzpendelungen keine durch den Algorithmus bedingte Überfunktion zu verzeichnen ist. Der weitere Verlauf der Trajektorie weist dennoch eine relativ hohe Welligkeit auf.

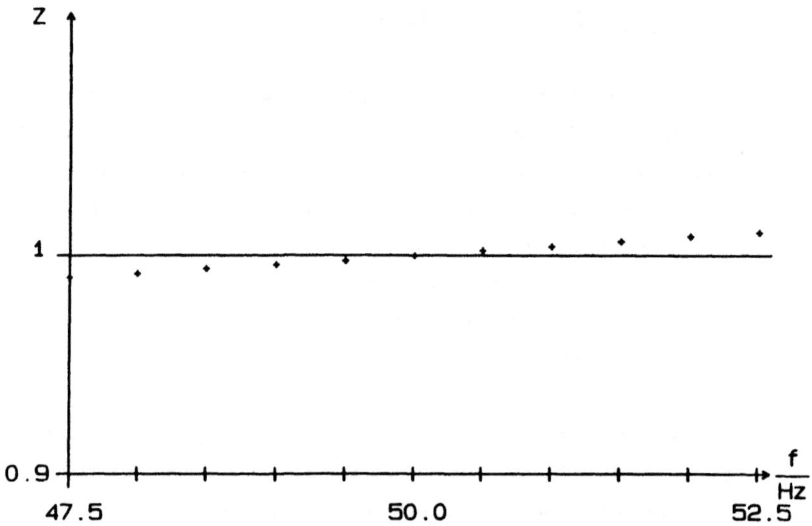

Bild 3.1.6: Algorithmus von Gilbert/Shovlin

Netzfrequenzschwankungen

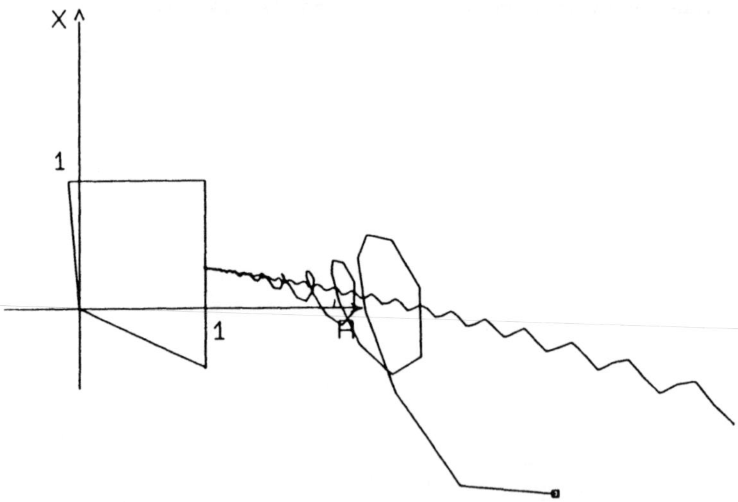

Bild 3.1.7: Algorithmus von Gilbert/Shovlin

Netzpendelungen

Gilbert/Shovlin - Wandlerverhalten

Wie in Kapitel 2.2 bereits geschildert, kann neben Netzeigenschaften das Übertragungsverhalten von Wandlern eine Ursache für die Entstehung nichtidealer Eingangssignale sein. Tritt aufgrund des Gleichstromgliedes im Kurzschlußstrom Stromwandlersättigung auf, so ergibt sich das Auslösediagramm in Bild 3.1.8. Hierbei sind große Über- und Unterfunktionsbereiche zu erkennen, wobei der Fehler f_u = 70 % bzw. f_u = 100 % beträgt. Der Algorithmus von Gilbert/Shovlin weist somit eine hohe Empfindlichkeit bezüglich Wandlersättigung auf.

Aufgrund der Ausgleichsvorgänge bei kapazitiven Spannungswandlern tritt beim Algorithmus von Gilbert/Shovlin im wesentlichen ein Unterfunktionsbereich auf (f_u = 20 %), wobei die größten Fehler bei kleinen Leistungswinkeln auftreten (Bild 3.1.9). Der zu einer Überfunktion führende Fehler erreicht dagegen nur ca. f_u = 7 %.

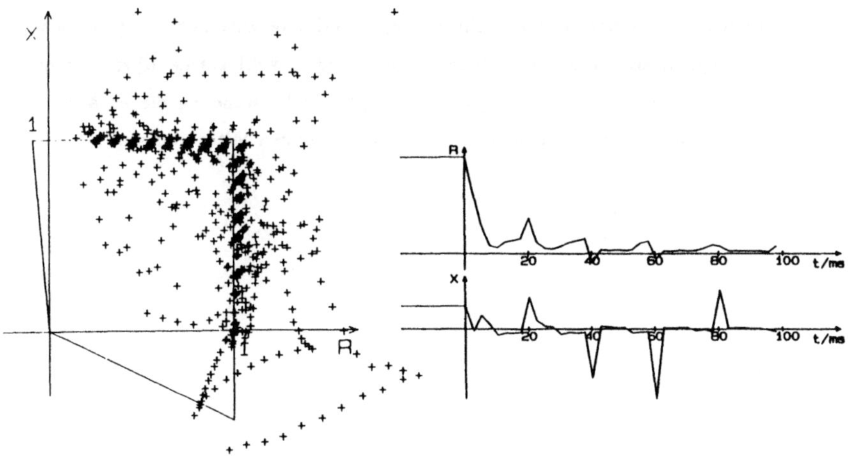

Bild 3.1.8: Algorithmus von Gilbert/Shovlin
Stromwandlersättigung

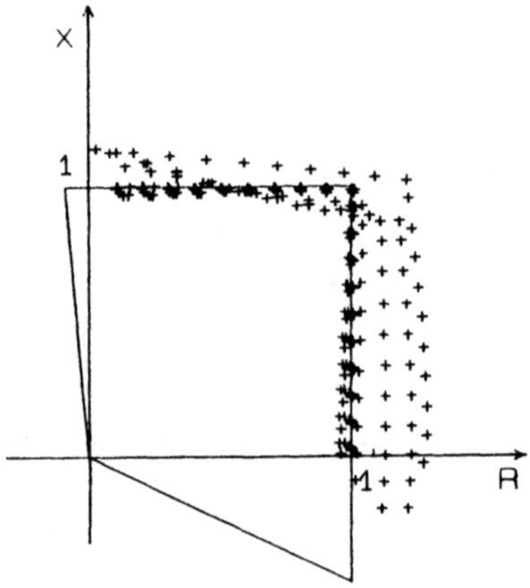

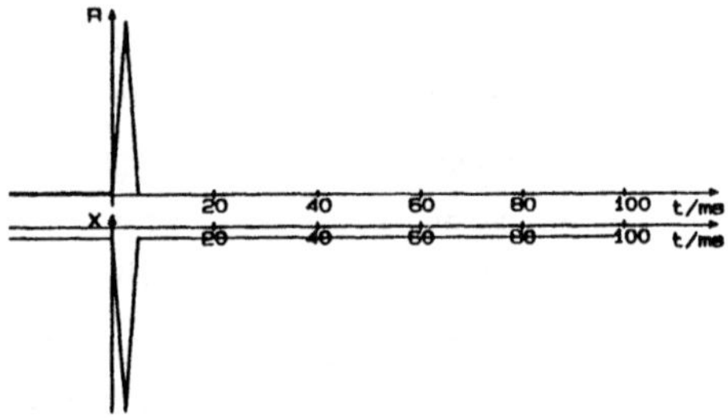

Bild 3.1.9: Algorithmus von Gilbert/Shovlin
Ausgleichsvorgänge aufgrund kapazitiver Spannungswandler

Gilbert/Shovlin - Zusammenfassung

Zusammenfassend ist zu sagen, daß der Algorithmus von Gilbert/Shovlin mit Ausnahme von Netzfrequenzschwankungen auf alle untersuchten nichtidealen Eingangssignale sehr empfindlich reagiert und sowohl starke Über- als auch Unterfunktion für alle Leitungswinkel zeigt. Die Verwendung dieses Algorithmus ist somit nur beim Einsatz von schmalbandigen Filtern sinnvoll.

3.1.2 T2-Methode von Lobos

Die T2-Methode von Lobos benötigt für die Impedanzbestimmung je zwei Abtastwerte von Strom und Spannung. Ausgehend vom Leitungsmodell 1. Ordnung gilt für die Spannung:

$$u(t) = R\, i(t) + L \frac{di(t)}{dt} \tag{3.1.12}$$

Somit ergibt sich für die Abtastwerte im stationären Zustand /13/:

$$i_1 = \hat{i} \sin(\omega t_1) \tag{3.1.13a}$$

$$i_2 = \hat{i} \sin(\omega t_1 + \Delta) \tag{3.1.13b}$$

$$u_1 = R\hat{i} \sin(\omega t_1) + L\omega\hat{i} \cos(\omega t_1) = \hat{i}\cdot\left(R \sin(\omega t_1) + X \cos(\omega t_1)\right) \tag{3.1.14a}$$

$$u_2 = \hat{i}\cdot\left(R \sin(\omega t_1 + \Delta) + X \cos(\omega t_1 + \Delta)\right) \tag{3.1.14b}$$

mit $\Delta = \omega \Delta t$

Durch Division erhält man:

$$\frac{u_1}{i_1} = R + X \cdot \frac{\cos(\omega t_1)}{\sin(\omega t_1)} \tag{3.1.15a}$$

$$\frac{u_2}{i_2} = R + X \cdot \frac{\cos(\omega t_1 + \Delta)}{\sin(\omega t_1 + \Delta)} \tag{3.1.15b}$$

Entsprechend Kap. 7.2 führen trigonometrische Umformungen der Gleichungen (3.1.15a und b) auf die Berechnungsgleichungen für den Widerstand und die Reaktanz:

$$R = \frac{u_1 \cdot \left(i_2 \cos(\Delta) - i_1\right) + u_2 \cdot \left(i_1 \cos(\Delta) - i_2\right)}{i_1 \cdot \left(i_2 \cos(\Delta) - i_1\right) + i_2 \cdot \left(i_1 \cos(\Delta) - i_2\right)} \tag{3.1.16}$$

$$X = \frac{u_2 i_1 - u_1 i_2}{i_1 \cdot \left(i_2 \cos(\Delta) - i_1\right) + i_2 \cdot \left(i_1 \cos(\Delta) - i_2\right)} \cdot \sin(\Delta) \tag{3.1.17}$$

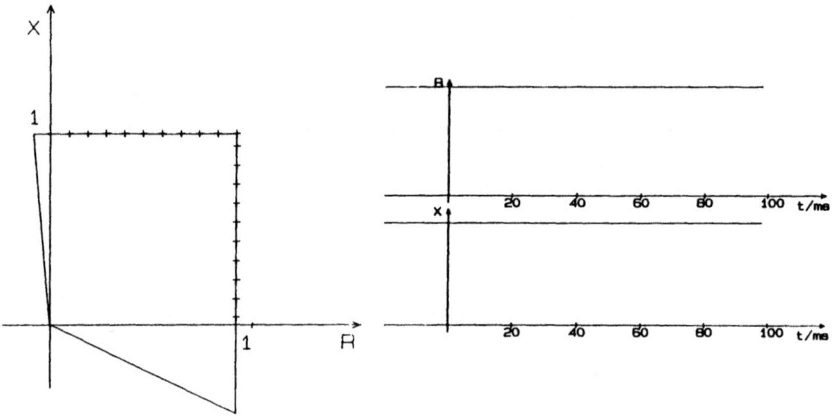

Bild 3.1.10: T2-Methode von Lobos
sinusförmige Eingangssignale

Bei rein sinusförmigen Eingangsgrößen wird die Impedanz für alle Leitungswinkel exakt berechnet (Bild 3.1.10), da bei diesem Algorithmus keine Näherungen zur Lösung der stationären Gleichungen durchgeführt werden.

Lobos T2 - Oberschwingungen

Das Auslöseverhalten bei einem 5 %igen Anteil der 3. Harmonischen in der Spannung ist in Bild 3.1.11 wiedergegeben. Hierbei ergeben sich in etwa gleich große Über- und Unterfunktionsbereiche (f_u = f_u = 10 %). Somit zeigt die T2-Methode eine etwas geringere Oberschwingungsempfindlichkeit als der zuvor betrachtete Algorithmus von Gilbert/Shovlin.

Wird die Spannungsamplitude der 3. Oberschwingung auf 10 % verdoppelt, steigen auch die Fehler auf f_u = f_u = 20 % an (Bild 3.1.12). Somit gilt auch bei diesem Algorithmus ein in etwa linearer Zusammenhang zwischen Oberschwingungsamplitude und Fehler.

Wie schon beim Algorithmus von Gilbert/Shovlin wird das Auslöseverhalten bei einem Oberschwingungsanteil der 5. Harmonischen nicht betrachtet, da bei einer Abtastrate von 8 Werten pro Periode Frequenzen, die über 200 Hz liegen, bereits vor der Analog-/Digitalwandlung mittels eines analogen Filters unterdrückt werden müssen.

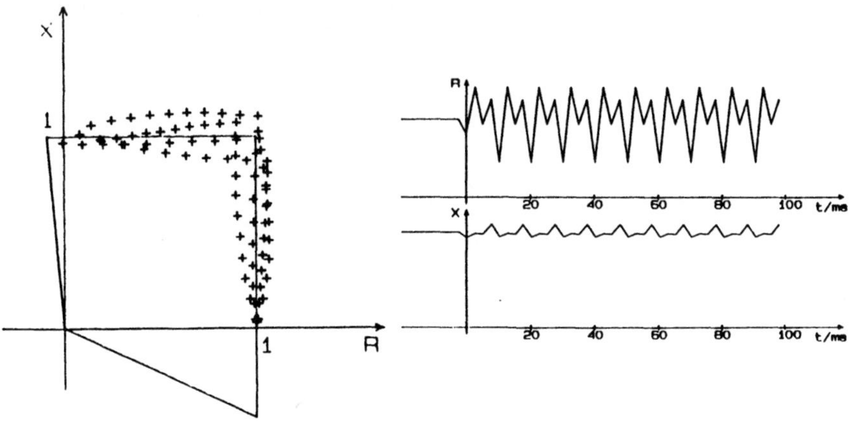

Bild 3.1.11: T2-Methode von Lobos
oberschwingungsbehaftete Eingangssignale (3. Harmonische, 5 %)

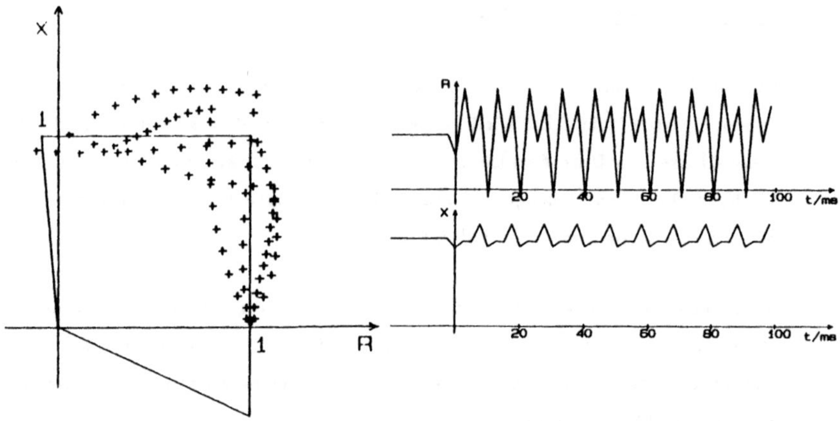

Bild 3.1.12: T2-Methode von Lobos

oberschwingungsbehaftete Eingangssignale (3. Harmonische, 10 %)

Lobos T2 - Gleichstromglieder

Sind den Eingangssignalen anstatt Oberschwingungen Gleichstromglieder überlagert, so verschlechtert sich auch das Auslöseverhalten dieses Algorithmus. Es tritt eine maximale Überfunktion von ca. 50 % auf, die Unterfunktion erreicht sogar 85 % (Bild 3.1.13). Somit reagiert die T2-Methode auf Gleichstromglieder wesentlich empfindlicher als der Algorithmus von Gilbert/Shovlin.

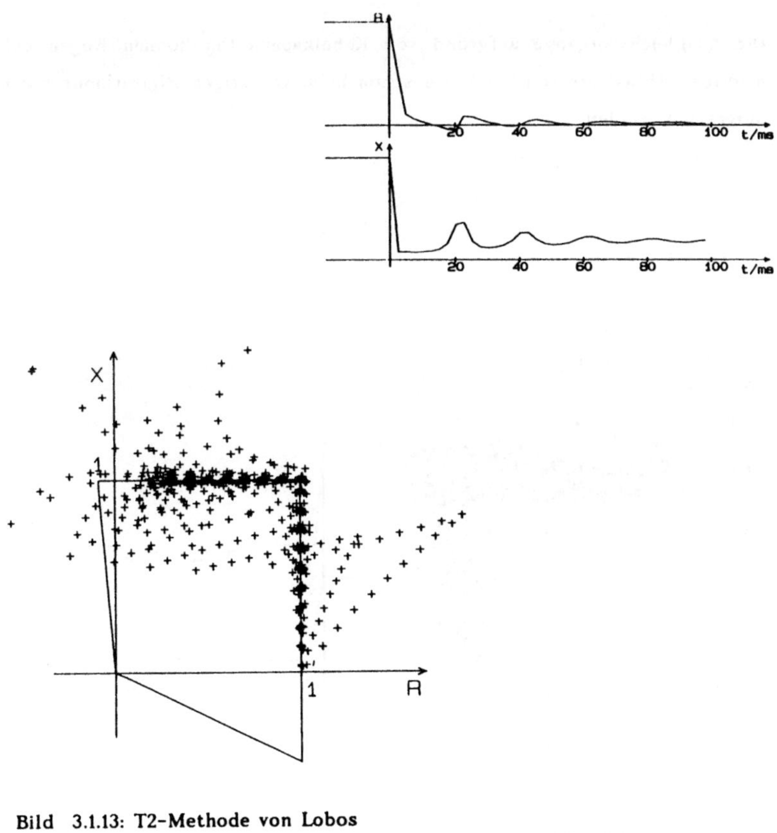

Bild 3.1.13: T2-Methode von Lobos

Eingangssignale mit überlagertem Gleichstromglied

Lobos T2 - Lichtbogen und Kabelkapazitäten

Die Überlagerung der Lichtbogenspannung und des somit wirksamen ohmschen Anteils des Lichtbogenfehlers führt - wie bei den anderen Algorithmen - zu einer Verschiebung der Auslösekennlinie in R-Richtung (Bild 3.1.14). Die berechneten Impedanzwerte streuen ca. ± 20 % um diese verschobene Kennlinie, hervorgerufen durch den etwa 20 %igen Rauschanteil in der Lichtbogenspannung. Somit ergibt sich auch hier wieder ein annähernd linearer Zusammenhang zwischen Störgröße und Fehler.

Die Ausgleichsvorgänge aufgrund von Kabelkapazitäten können wegen der niedrigen Abtastrate von h = 8 wie schon beim vorherigen Algorithmus nicht untersucht werden.

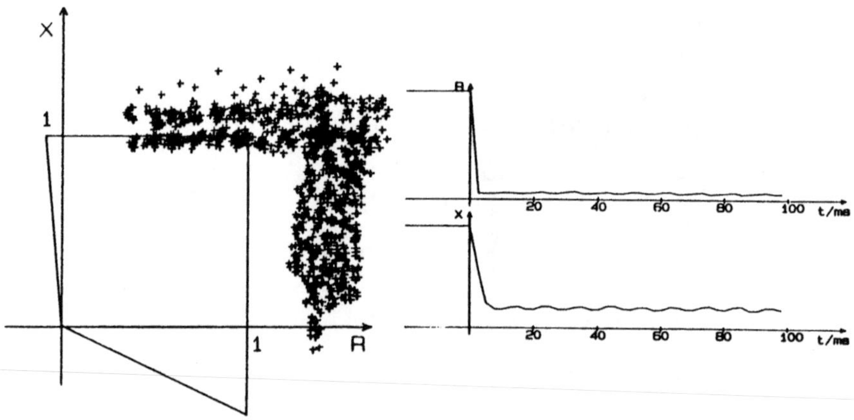

Bild 3.1.14: T2-Methode von Lobos

Eingangssignale mit überlagertem Lichtbogen (20 %)

Lobos T2 - Frequenzschwankungen

Wie aus dem Frequenzgang in Bild 3.1.15 ersichtlich ist, tritt bei einer um 5 % kleineren Frequenz (47.5 Hz) eine Abweichung von -5 % vom Sollwert auf. Bei einer Frequenzerhöhung um den gleichen Betrag (52.5 Hz) ergibt sich entsprechend ein um +5 % zu großer Wert. Diese Abweichung resultiert aus der Frequenzabhängigkeit der Reaktanz. Da den Untersuchungen ein Leitungswinkel von 80° zugrunde liegt, ist der Fehler im Impedanzbetrag annähernd genauso groß wie in der Reaktanz. In Abhängigkeit von der Datenfensterlage streuen die Werte um den angegebenen Mittelwert, so daß der maximale Fehler im untersuchten Frequenzbereich bei ca. 10 % liegt. Diese Streuungen sind auf die Frequenzabhängigkeit der cos(Δ)-Terme in den Gleichungen (3.1.16) und (3.1.17) zurückzuführen.

Die unmittelbar nach Kurzschlußabschaltung auftretenden Ausgleichsvorgänge verursachen bei der T2-Methode größere Impedanzstreuungen als beim Algorithmus von Gilbert/Shovlin (Bild 3.1.16). Dieser Sachverhalt resultiert aus der großen Gleichstromglied-Empfindlichkeit des Algorithmus. Eine Überfunktion ist jedoch nicht feststellbar. Die Welligkeit der Trajektorie entspricht ebenfalls in etwa der des zuvor betrachteten Algorithmus.

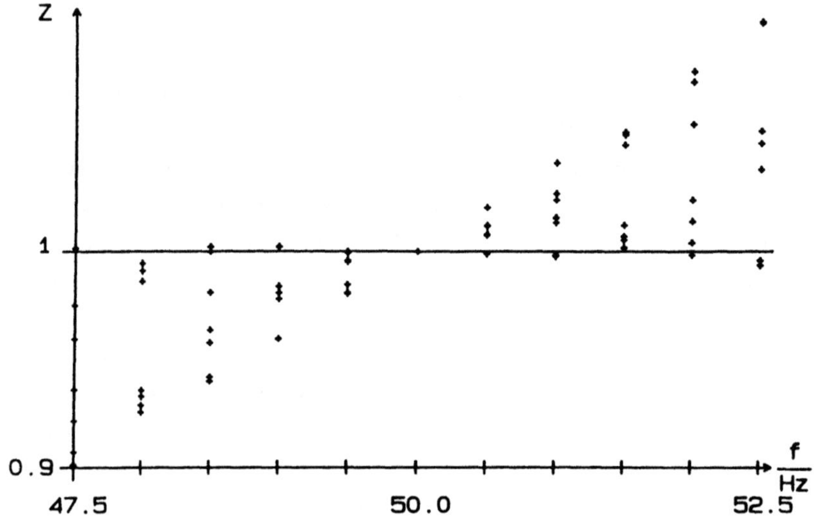

Bild 3.1.15: T2-Methode von Lobos

Netzfrequenzschwankungen

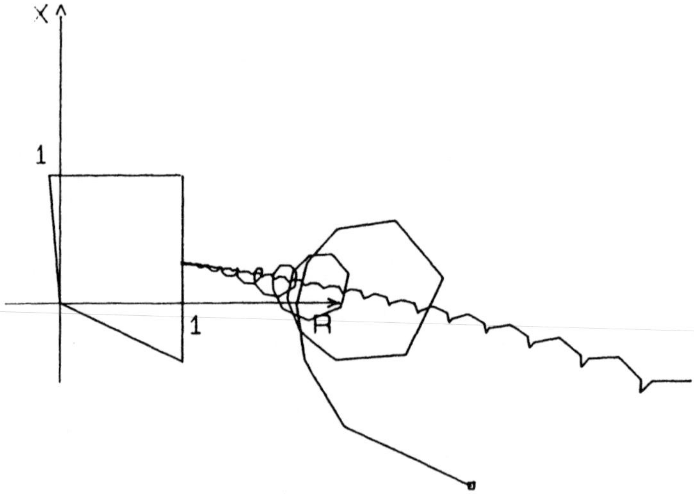

Bild 3.1.16: T2-Methode von Lobos

Netzpendelungen

Lobos T2 - Wandlerverhalten

Die Verfälschung des Sekundärstromes der Stromwandler durch Sättigung führt ebenfalls zu sehr großen Berechnungsfehlern (Bild 3.1.17). Sowohl die Über- als auch die Unterfunktion übersteigen hierbei 50 %. Grund hierfür ist wiederum der große Anteil der 2. Harmonischen, der sich durch die Sättigung ergibt.

Die Unterfunktion aufgrund der Ausgleichsvorgänge bei kapazitiven Spannungswandlern übersteigt mit f_u = 30 % die Werte des zuvor betrachteten Algorithmus (Bild 3.1.18). Die Überfunktion erreicht mit f_u = 8 % vergleichbare Werte.

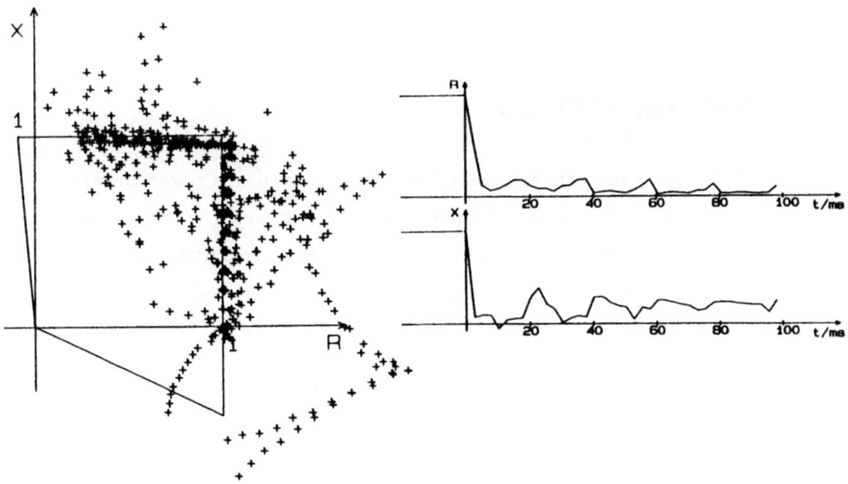

Bild 3.1.17 : T2-Methode
Stromwandlersättigung

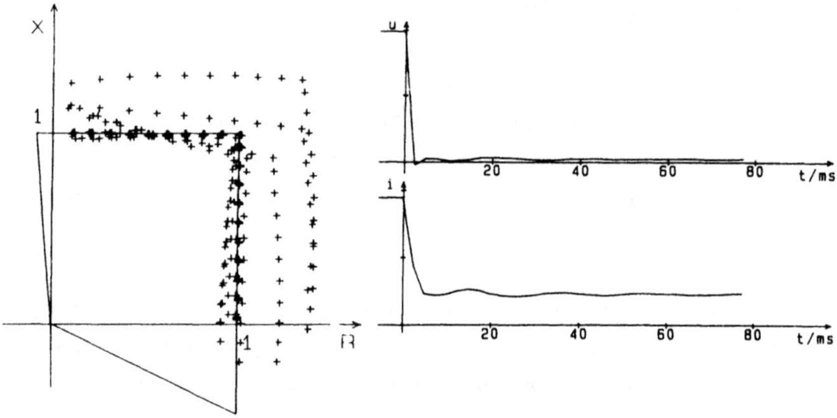

Bild 3.1.18: T2-Methode von Lobos

Ausgleichsvorgänge bei kapazitiven Spannungswandlern

Lobos T2 - Zusammenfassung

Die T2-Methode von Lobos ist bezüglich Oberschwingungen etwas unempfindlicher als der Algorithmus von Gilbert/Shovlin. Für beide Verfahren besteht ein linearer Zusammenhang zwischen Oberschwingungsamplitude und dem daraus resultierenden Fehler. Auf Gleichstromglieder, Wandlerfehler und Netzfrequenzschwankungen reagiert die T2-Methode von Lobos empfindlicher als der Algorithmus von Gilbert/Shovlin.

3.1.3 Algorithmus von Mann/Morrison

Ausgangspunkt der Berechnung sind wiederum die stationären Strom- und Spannungsgleichungen:

$$i(t) = \hat{i} \sin(\omega t) \qquad (3.1.18)$$

$$u(t) = \hat{u} \sin(\omega t + \varphi) \qquad (3.1.19)$$

Bildet man die ersten Ableitungen von Strom und Spannung, so erhält man /14/:

$$\dot{i}(t) = \omega \hat{i} \cos(\omega t) \qquad (3.1.20)$$

$$\dot{u}(t) = \omega \hat{u} \cos(\omega t + \varphi) \qquad (3.1.21)$$

Quadrieren und Addieren der Gleichungen (3.1.18) bis (3.1.21) liefert:

$$\hat{u}^2 = u^2 + \left(\frac{\dot{u}}{\omega}\right)^2 \qquad (3.1.22)$$

$$\hat{i}^2 = i^2 + \left(\frac{\dot{i}}{\omega}\right)^2 \qquad (3.1.23)$$

Für den Impedanzbetrag gilt damit:

$$|\underline{Z}| = \sqrt{\frac{\hat{u}^2}{\hat{i}^2}} = \sqrt{\frac{u^2 + \left(\frac{\dot{u}}{\omega}\right)^2}{i^2 + \left(\frac{\dot{i}}{\omega}\right)^2}} \qquad (3.1.24)$$

Zur Bestimmung des Phasenwinkels φ werden die Gleichungen (3.1.18) und (3.1.20) sowie (3.1.19) und (3.1.21) paarweise geteilt.

$$\tan(\omega t) = \frac{i}{\dot{i}/\omega} \tag{3.1.25}$$

$$\tan(\omega t + \varphi) = \frac{u}{\dot{u}/\omega} \tag{3.1.26}$$

Daraus folgt:

$$\varphi = \arctan\left(\frac{u}{\dot{u}/\omega}\right) - \arctan\left(\frac{i}{\dot{i}/\omega}\right) \tag{3.1.27}$$

$$\varphi = \arctan\left(\frac{\omega u}{\dot{u}}\right) - \arctan\left(\frac{\omega i}{\dot{i}}\right) \tag{3.1.28}$$

Die Momentanwerte von Strom und Spannung sowie die Momentanwerte ihrer ersten Ableitungen lassen sich aus zwei im Abstand Δt gemessenen Abtastwerten gemäß den beiden folgenden Gleichungen approximieren:

$$u \approx \frac{u_1 + u_2}{2} \tag{3.1.29}$$

$$\dot{u} \approx \frac{u_1 - u_2}{\Delta t} \tag{3.1.30}$$

Somit erhält man für Impedanzbetrag und Phasenwinkel:

$$|\underline{Z}| = \sqrt{\frac{\left(\frac{u_1 + u_2}{2}\right)^2 + \left(\frac{u_1 - u_2}{\Delta}\right)^2}{\left(\frac{i_1 + i_2}{2}\right)^2 + \left(\frac{i_1 - i_2}{\Delta}\right)^2}} \tag{3.1.31}$$

$$\varphi = \arctan\left(\frac{\Delta}{2} \cdot \frac{u_1 + u_2}{u_1 - u_2}\right) - \arctan\left(\frac{\Delta}{2} \cdot \frac{i_1 + i_2}{i_1 - i_2}\right) \tag{3.1.32}$$

mit $\Delta = \omega \Delta t$

Für die Impedanzbestimmung reichen somit je zwei Abtastwerte von Strom und Spannung aus. Im Gegensatz zum Verfahren von Gilbert/Shovlin ist hier keine Überbestimmtheit notwendig, um die Impedanz zu berechnen.

Den Widerstand und die Induktivität erhält man aus den Gleichungen (3.1.31) und (3.1.32) als:

$$R = |\underline{Z}| \cdot \cos(\varphi) \tag{3.1.33}$$

$$X = |\underline{Z}| \cdot \sin(\varphi) \tag{3.1.34}$$

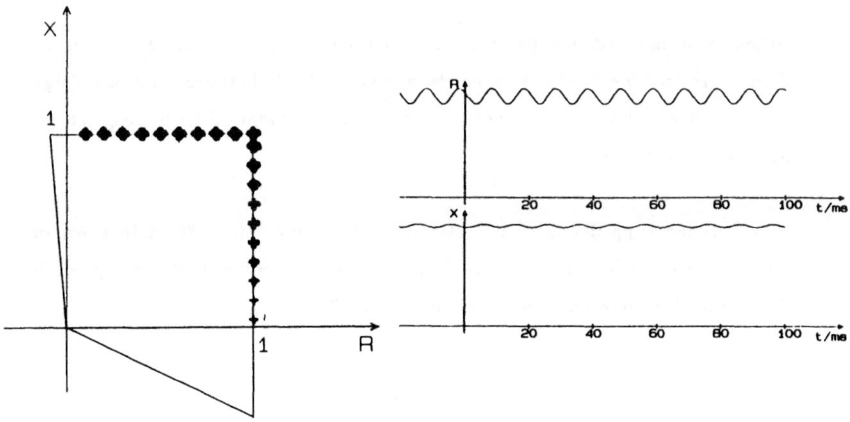

Bild 3.1.19: Algorithmus von Mann/Morrison sinusförmige Eingangssignale

Wie aus Bild 3.1.19 ersichtlich ist, treten bereits bei rein sinusförmigen Eingangssignalen geringe Fehler von ca. 2 % in der Impedanzbestimmung auf. Der Grund hierfür liegt in der Approximation der Differentiationen durch Differenzen sowie der Interpolation der Strom- und Spannungswerte.

Mann/Morrison - Oberschwingungen

Ein Oberschwingungsanteil der 3. Harmonischen von 5 % führt - wie schon bei den zuvor betrachteten Sinusalgorithmen - zu Über- und Unterfunktionsbereichen, in denen die Fehler maximal $f_U = f_u = 15$ % erreichen (Bild 3.1.20). Somit ist die Oberschwingungsempfindlichkeit annähernd genauso groß wie beim Algorithmus von Gilbert/Shovlin.

Die Verdopplung der Oberschwingungsamplitude auf 10 % führt in etwa auch zu einer Verdopplung der Abweichungen vom Sollwert (Bild 3.1.21), also zu Über- und Unterfunktionsfehlern $f_U = f_u = 30$ %. Somit ist auch bei diesem Algorithmus ein in etwa linearer Zusammenhang zwischen Amplitude der Harmonischen und Fehler gegeben.

Erhöht man die Ordnung der Harmonischen auf 5 (Bild 3.1.22), so werden die Fehler größer. Die Fehler können dabei bis zu 50 % betragen. Daraus folgt, daß der Algorithmus auf höherfrequente Anteile empfindlicher reagiert als auf niederfrequente.

Eine Überlagerung der 3. und 5. Harmonischen (Bild 3.1.23) führt in etwa zu einer additiven Überlagerung der Fehler bei der Impedanzbestimmung, d. h. die maximalen Abweichungen erreichen fast 80 %.

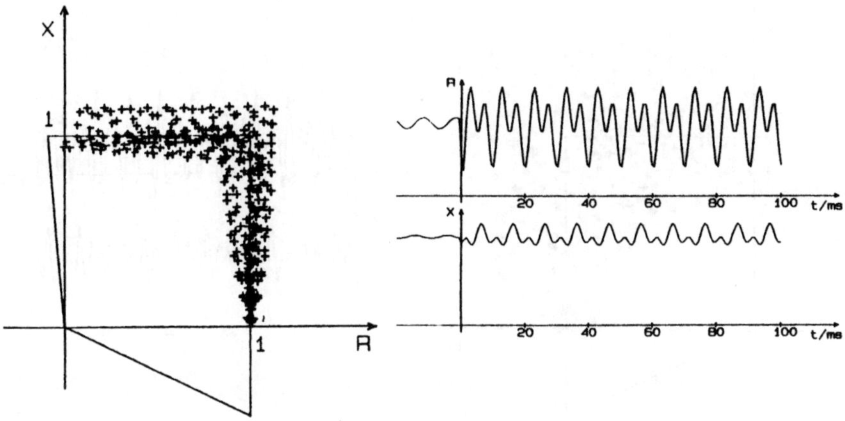

Bild 3.1.20: Algorithmus von Mann/Morrison
oberschwingungsbehaftete Eingangssignale (3. Harmonische, 5 %)

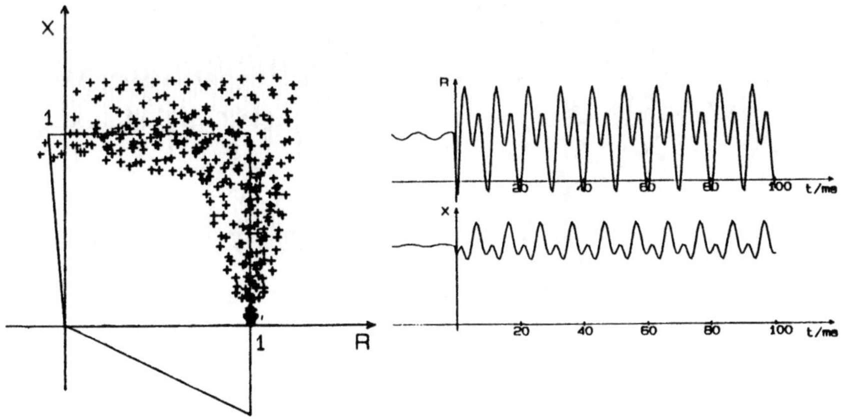

Bild 3.1.21: Algorithmus von Mann/Morrison
oberschwingungsbehaftete Eingangssignale (3. Harmonische, 10 %)

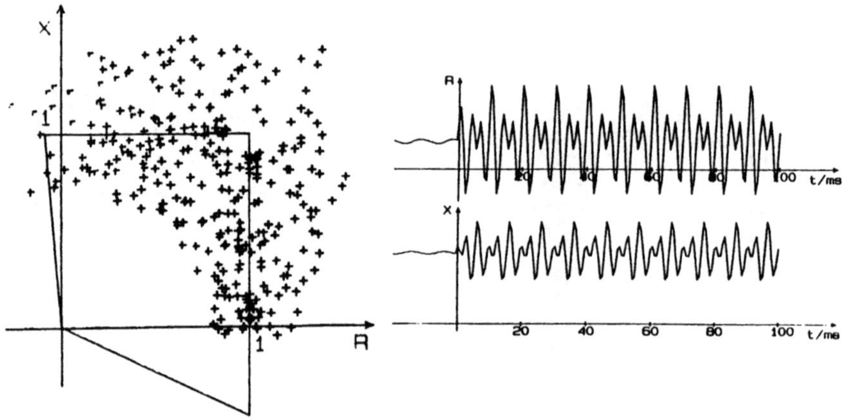

Bild 3.1.22: Algorithmus von Mann/Morrison
oberschwingungsbehaftete Eingangssignale (5. Harmonische, 10 %)

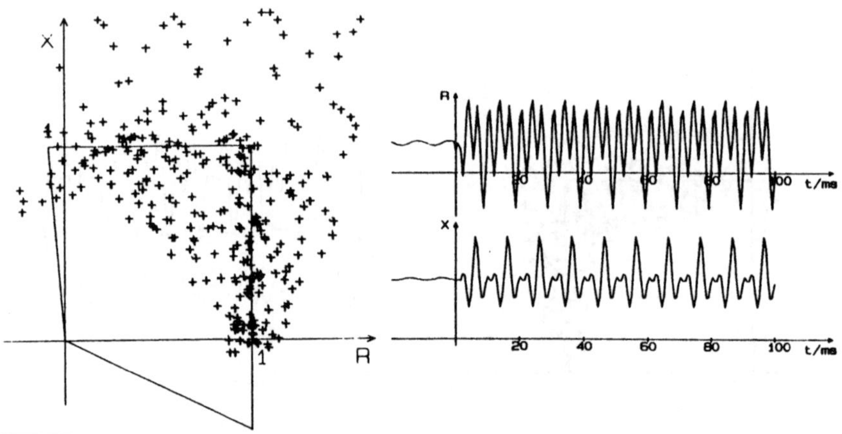

Bild 3.1.23: Algorithmus von Mann/Morrison
oberschwingungbehaftete Eingangssignale
(3. und 5. Harmonische, je 10 %)

Mann/Morrison - Gleichstromglieder

Der Einfluß von Gleichstromgliedern ist in Bild 3.1.24 wiedergegeben. Auch hier zeigt sich eine große Empfindlichkeit auf diese Störgröße in Form eines Überfunktionsfehlers f_u = 50 % und eines Unterfunktionsfehlers von sogar f_u = 170 %. Dieser Algorithmus zeigt somit von den bisher betrachteten Sinusalgorithmen die größte Empfindlichkeit.

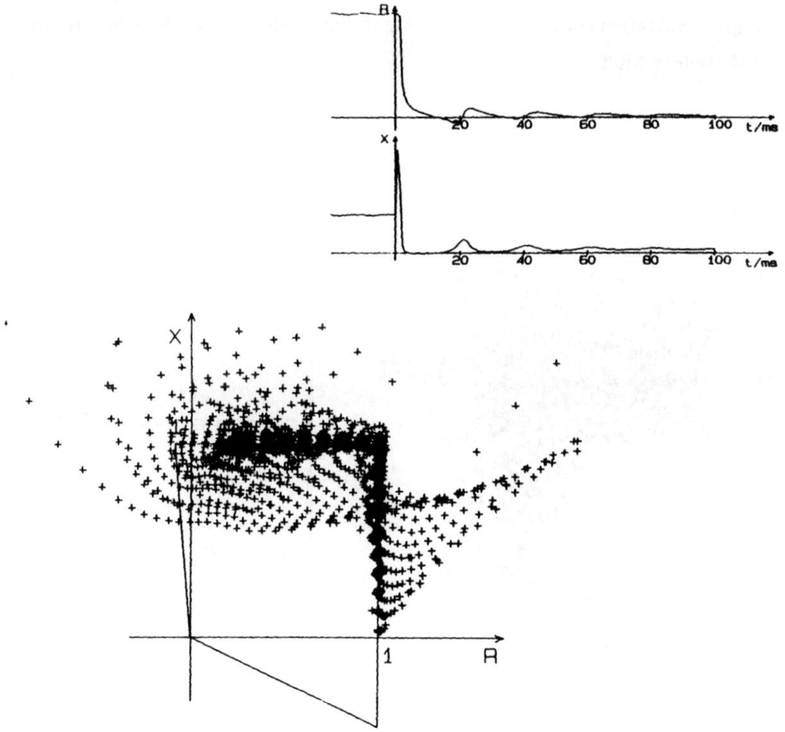

Bild 3.1.24: Algorithmus von Mann/Morrison

Eingangssignale mit überlagertem Gleichstromglied

Mann/Morrison - Lichtbogenspannungen und Kabelkapazitäten

Entsprechend der großen Empfindlichkeit auf Oberschwingungen führen auch die nichtganzzahligen Oberschwingungsanteile der Lichtbogenspannung zu sehr großen Fehlern (Bild 3.1.25). Neben einer Verschiebung in R-Richtung aufgrund des ohmschen Anteils im Lichtbogen streuen die Werte um bis zu 100 %. Hierbei ist der Unterfunktionsbereich größer als der Bereich der Überfunktion.

Da sich bei einer Abtastrate von h = 12 eine Grenzfrequenz von f_{gr} = 300 Hz ergibt, entfallen auch bei diesem Algorithmus die Betrachtungen bei einem Kabelkurzschluß.

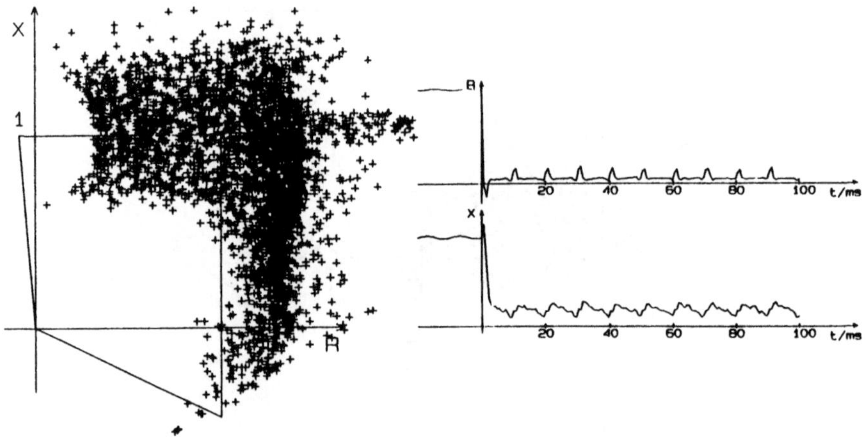

Bild 3.1.25: Algorithmus von Mann/Morrison
Eingangssignale mit überlagerter Lichtbogenspannung

Mann/Morrison - Frequenzschwankungen

Eine Variation der Netzfrequenz im Bereich von 47.5 Hz bis 52.5 Hz führt in etwa zum gleichen Frequenzgang wie bei der T2-Methode. Auch hier stellt sich am Rande des Betrachtungsbereichs ein mittlerer Fehler von ± 5 % aufgrund der Frequenzabhängigkeit der Reaktanz ein, die von der Datenfensterlage abhängigen Streuungen erreichen maximal ± 10 % (Bild 3.1.26).

Der Verlauf der Impedanztrajektorie bei Netzpendelungen ist mit dem der T2-Methode praktisch identisch. Auch hier zeigen sich starke Streuungen unmittelbar nach der Kurzschlußabschaltung und eine starke Welligkeit im weiteren Verlauf (Bild 3.1.27). Eine netzpendelungsabhängige Überfunktion ist bei diesem Algorithmus nicht feststellbar.

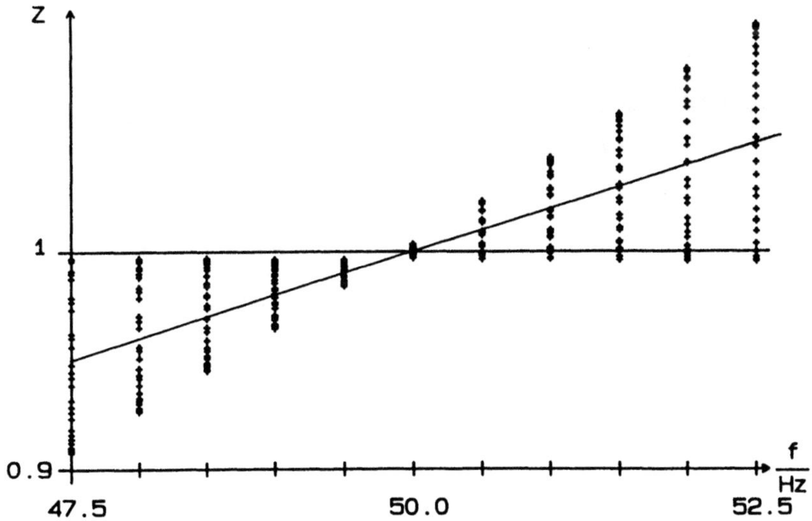

Bild 3.1.26: Algorithmus von Mann/Morrison

Netzfrequenzschwankungen

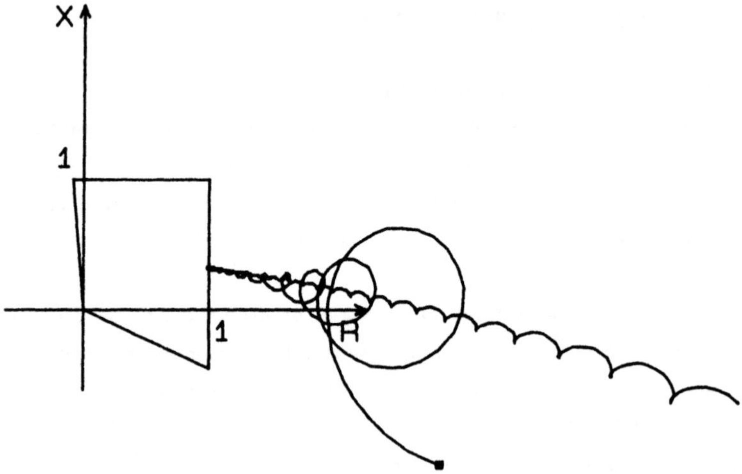

Bild 3.1.27: **Algorithmus von Mann/Morrison**

Netzpendelungen

Mann/Morrison - Wandlerverhalten

Geht der Stromwandler aufgrund des Gleichstromgliedes in Sättigung, so läßt sich aufgrund der großen Fehler über das Auslöseverhalten kaum noch eine Aussage machen (Bild 3.1.28).

Bei Ausgleichsvorgängen aufgrund von kapazitiven Spannungswandlern weicht die Impedanz im Leitungswinkelbereich von $\varphi_L = 0^o \ldots 60^o$ um $f_u = 30$ % ab. Für Winkel zwischen 60° und 90° gelten sogar Werte von $f_u = 50$ %. Der maximale Überfunktionsfehler liegt bei $f_u = 10$ % (Bild 3.1.29).

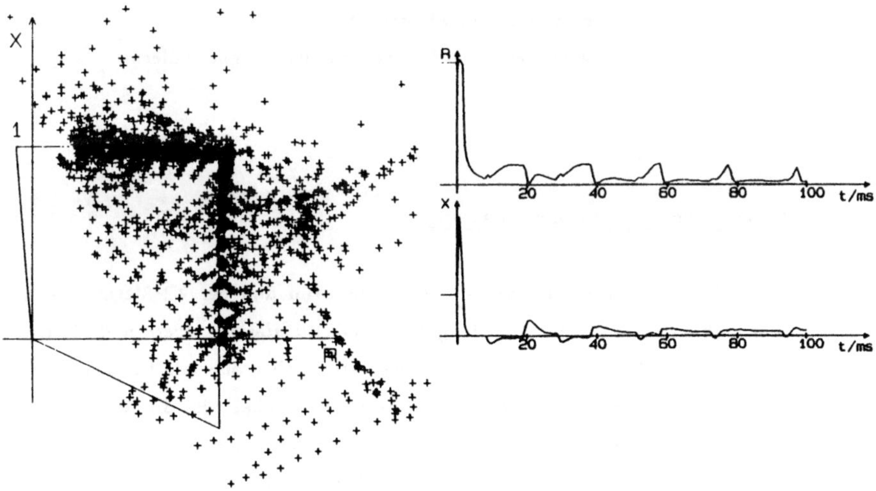

Bild 3.1.28: Algorithmus von Mann/Morrison
Stromwandlersättigung

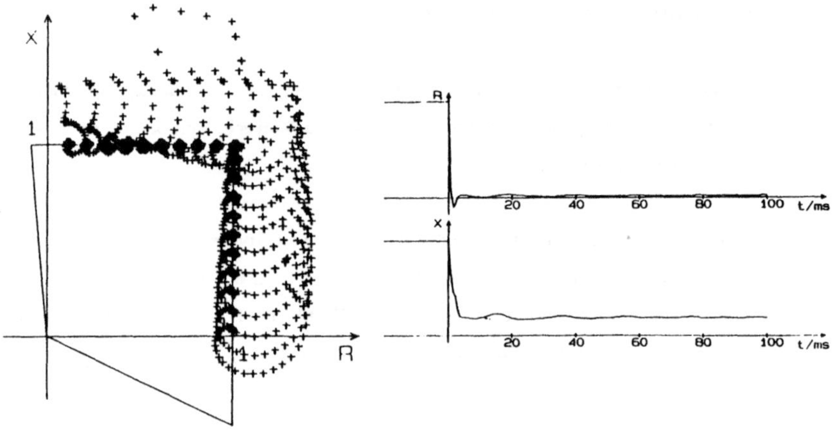

Bild 3.1.29: Algorithmus von Mann/Morrison
Ausgleichsvorgänge bei kapazitiven Spannungswandlern

Mann/Morrison – Zusammenfassung

Wie schon beim Algorithmus von Gilbert/Shovlin und der T2-Methode von Lobos führen alle nichtidealen Eingangssignale zu starken Über- und Unterfunktionen. Dabei sind die Fehler teilweise erheblich größer als bei den zuvor betrachteten Algorithmen. Grund für diese Empfindlichkeit ist die Approximation der Differentiation durch Differenzen. Da von rein sinusförmigen Eingangssignalen ausgegangen wird, werden die höherfrequenten Anteile durch diese numerische Differentiation noch zusätzlich verstärkt.

3.1.4 Algorithmus von Gilcrest/Rockefeller

Gegenüber dem Algorithmus von Mann/Morrison werden bei Gilcrest/Rockefeller /15/ für die Berechnung des Widerstandes und der Reaktanz die erste und zweite Ableitung der Eingangssignale verwendet, um Gleichglieder zu eliminieren.

$$\dot{u}(t) = \omega\ \hat{u} \cos(\omega t + \varphi) \tag{3.1.35}$$

$$\ddot{u}(t) = -\omega^2\ \hat{u} \cos(\omega t + \varphi) \tag{3.1.36}$$

$$\dot{i}(t) = \omega\ \hat{i} \cos(\omega t) \tag{3.1.37}$$

$$\ddot{i}(t) = -\omega^2\ \hat{i} \cos(\omega t) \tag{3.1.38}$$

Quadrieren und Addieren liefern hier:

$$\omega^2\ \hat{u}^2 = \dot{u}^2 + \left(\frac{\ddot{u}}{\omega}\right)^2 \tag{3.1.39}$$

$$\omega^2\ \hat{i}^2 = \dot{i}^2 + \left(\frac{\ddot{i}}{\omega}\right)^2 \tag{3.1.40}$$

Somit können Impedanzbetrag und Phasenwinkel analog zum Algorithmus von Mann/Morrsion durch die beiden folgenden Gleichungen beschrieben werden:

$$|\underline{Z}| = \sqrt{\frac{\hat{u}^2}{\hat{i}^2}} = \sqrt{\frac{\dot{u}^2 + \left(\frac{\ddot{u}}{\omega}\right)^2}{\dot{i}^2 + \left(\frac{\ddot{i}}{\omega}\right)^2}} \tag{3.1.41}$$

$$\varphi = \arctan\left(\frac{\omega\,\dot{u}}{\ddot{u}}\right) - \arctan\left(\frac{\omega\,\dot{i}}{\ddot{i}}\right) \tag{3.1.42}$$

Die Ableitungen der Spannungen werden dabei wie folgt approximiert:

$$\dot{u} \approx \frac{u_3 - u_1}{2\,\Delta t} \tag{3.1.43}$$

$$\ddot{u} \approx \frac{\dfrac{u_3 - u_2}{\Delta t} - \dfrac{u_2 - u_1}{\Delta t}}{\Delta t} = \frac{u_3 - 2\,u_2 + u_1}{\Delta t} \tag{3.1.44}$$

Analog dazu können die Ableitungen des Stromes berechnet werden. Mit $\Delta = \omega\,\Delta t$ ergibt sich für den Impedanzbetrag und den Phasenwinkel bzw. R und X:

$$|\underline{Z}| = \sqrt{\frac{\Delta^2 \cdot (u_3 - u_1)^2 + 4 \cdot (u_3 - 2\,u_2 + u_1)^2}{\Delta^2 \cdot (i_3 - i_1)^2 + 4 \cdot (i_3 - 2\,i_2 + i_1)^2}} \tag{3.1.45}$$

$$\varphi = \arctan\left(\frac{\Delta}{2} \cdot \frac{u_3 - u_1}{u_3 - 2u_2 + u_1}\right) - \arctan\left(\frac{\Delta}{2} \cdot \frac{i_3 - i_1}{i_3 - 2i_2 + i_1}\right) \tag{3.1.46}$$

$$R = |\underline{Z}| \cdot \cos(\varphi) \tag{3.1.47}$$

$$X = |\underline{Z}| \cdot \sin(\varphi) \tag{3.1.48}$$

Als Abtastrate werden, wie in /15/ vorgeschlagen, 12 Werte pro Periode verwendet. Somit ergibt sich ein Abtastintervall von ca 1.7 ms, die Datenfensterbreite beträgt 5 ms.

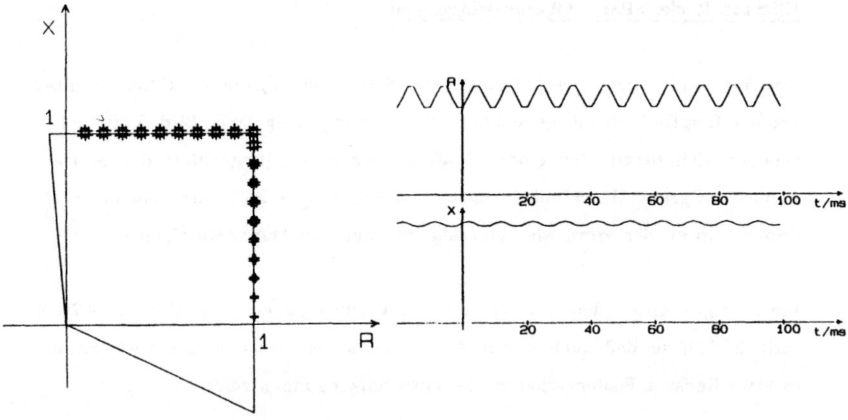

Bild 3.1.30: Algorithmus von Gilcrest/Rockefeller
sinusförmige Eingangssignale

Wie schon beim Algorithmus von Mann/Morrison kommt es bereits bei rein sinusförmigen Eingangssignalen zu Berechnungsfehlern (Bild 3.1.30), die aufgrund der kleineren Abtastrate und des daraus resultierenden ansteigenden Approximationsfehlers etwas größer sind als bei dem zuvor betrachteten Algorithmus.

Gilcrest/Rockefeller - Oberschwingungen

Das Verwenden der 2. Ableitungen von Strom und Spannung führt zu einer großen Empfindlichkeit gegenüber Oberschwingungen. Wie Bild 3.1.31 zeigt, ergeben sich bereits bei einem 5 %igen Oberschwingungsanteil der 3. Harmonischen große Unterfunktionsfehler von $f_u = f_u = 35$ %, also ein mehr als doppelt so großer Wert wie beim Algorithmus von Mann/Morrison.

Ein 10 %iger Anteil der 3. Oberschwingung führt zu einem Fehler von ± 70 % (Bild 3.1.32), so daß auch dieser Algorithmus bei seiner Empfindlichkeit ein in etwa lineares Fehlerverhalten bei Oberschwingungen zeigt.

Erhöht man die Ordnung der Oberschwingung auf 5, so übersteigt der Fehler 100 %. Eine eindeutige Zuordnung der berechneten Impedanzen zu dem jeweiligen vorgegebenen Impedanzwert ist nicht mehr möglich (Bild 3.1.33). Aufgrund der Größe dieser Berechnungsfehler wird auf eine Darstellung der Überlagerung der 3. und 5. Harmonischen verzichtet.

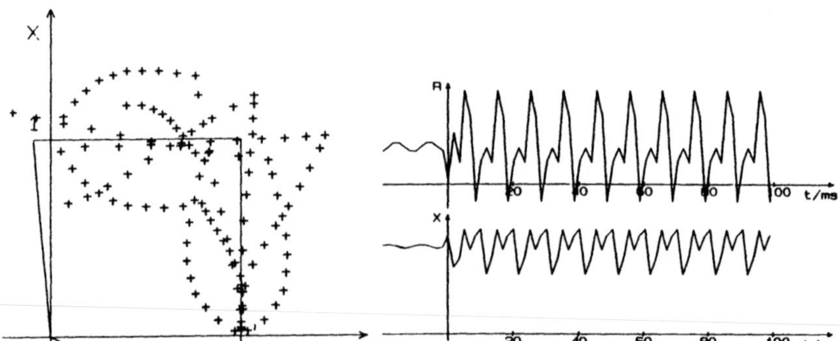

Bild 3.1.31: Algorithmus von Gilcrest/Rockefeller
oberschwingungsbehaftete Eingangssignale (3. Harmonische, 5 %)

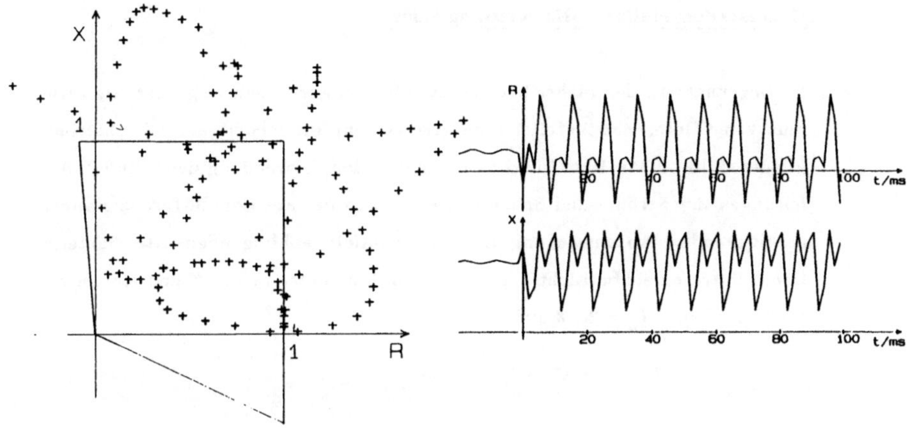

Bild 3.1.32: **Algorithmus von Gilcrest/Rockefeller oberschwingungsbehaftete Eingangssignale (3. Harmonische, 10 %)**

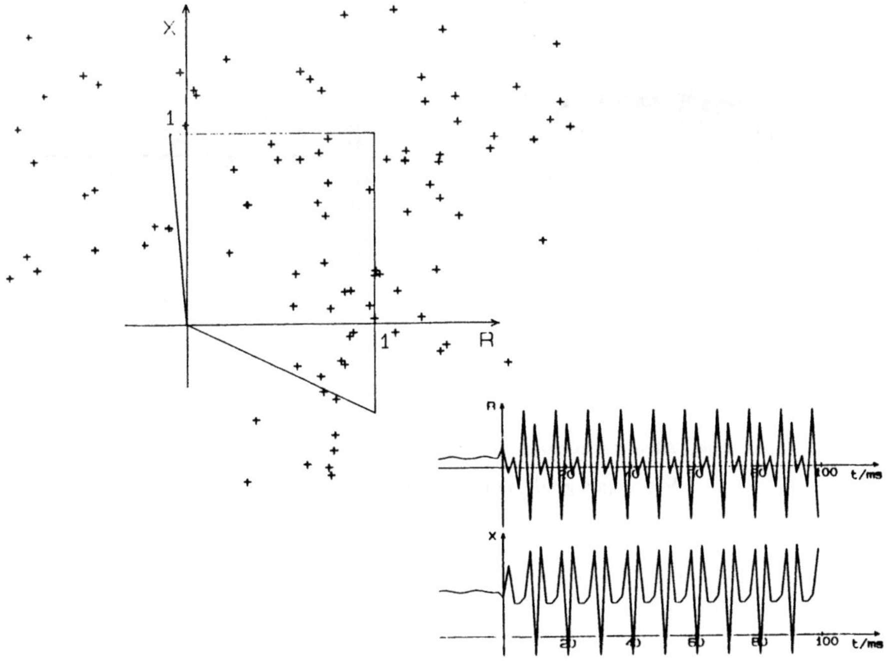

Bild. 3.1.33: **Algorithmus von Gilcrest/Rockefeller oberschwingungsbehaftete Eingangssignale (5. Harmonische, 10 %)**

Gilcrest/Rockefeller - Gleichstromglieder

Im Gegensatz zu den bisher betrachteten Sinusalgorithmen zeigt der Algorithmus von Gilcrest/Rockefeller eine geringe Empfindlichkeit auf Gleichstromglieder (Bild 3.1.34). Der Grund dafür liegt in der Verwendung der 1. und 2. Ableitungen der Strom- und Spannungswerte und der aus den Differenzierungen resultierenden Abschwächung des exponentiell abklingenden Gleichanteils. Dennoch treten ein beträchtlicher Überfunktionsfehler f_u = 15 % und ein Unterfunktionsfehler f_u = 20 % auf.

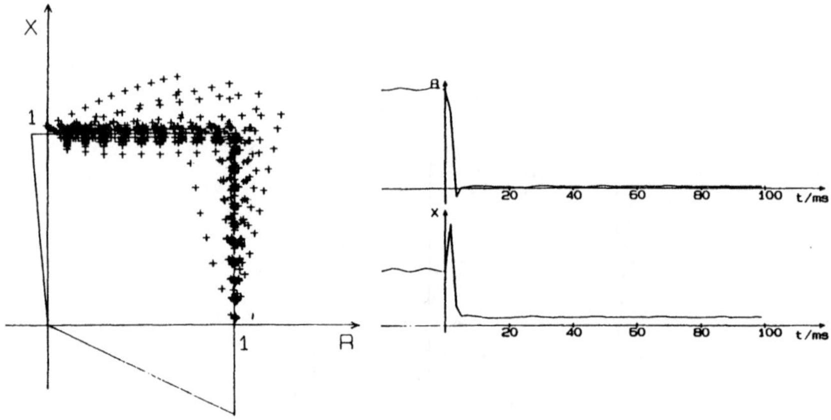

Bild 3.1.34: Algorithmus von Gilcrest/Rockefeller
Eingangssignale mit überlagertem Gleichstromglied

Gilcrest/Rockefeller - Lichtbogenspannungen und Kabelkapazitäten

Die Frequenzanteile der Lichtbogenspannung führen wie schon die Oberschwingungen zu so großen Fehlern, daß sich ein eindeutiges Auslöseverhalten nicht mehr erkennen läßt (Bild 3.1.35).

Über das Auslöseverhalten bei einem Kabelkurzschluß kann hier keine Aussage getroffen werden, da sich bei einer Abtastrate von h = 12 eine Grenzfrequenz von f_{gr} = 300 Hz ergibt.

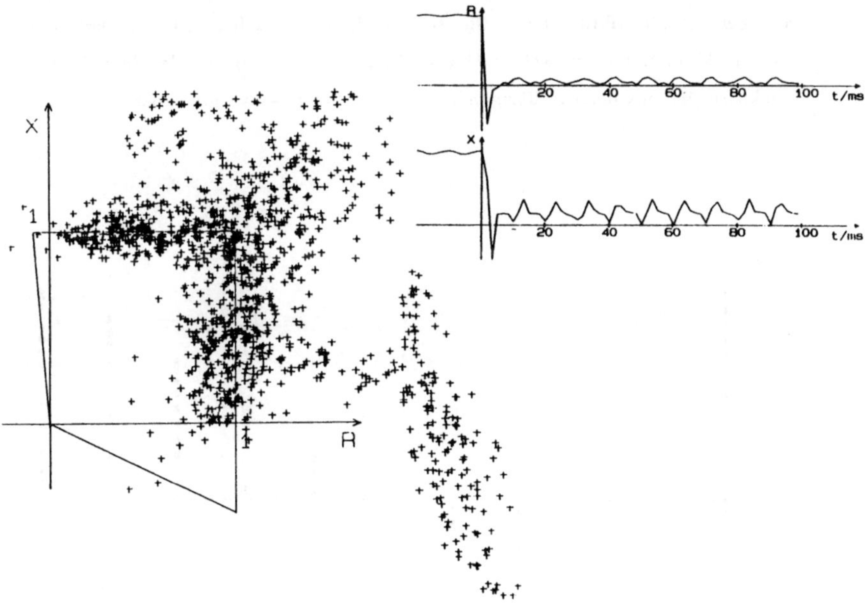

Bild 3.1.35: Algorithmus von Gilcrest/Rockefeller
Eingangssignale mit überlagerter Lichtbogenspannung

Gilcrest/Rockefeller - Frequenzschwankungen

Der Frequenzgang des Algorithmus von Gilcrest/Rockefeller ist in Bild 3.1.36 dargestellt. Auch hier tritt am Rand des untersuchten Frequenzbereichs ein mittlerer Fehler von ± 5 % auf, der auf die Reaktanzveränderungen zurückzuführen ist. In Abhängigkeit von der Datenfensterlage erreicht der Fehler maximal 10 %. Dies entspricht in etwa dem Verhalten des Algorithmus von Mann/Morrison.

Entsprechend der geringen Empfindlichkeit auf Gleichstromglieder beeinflussen die Ausgleichsvorgänge nach der Kurzschlußabschaltung das Auslöseverhalten nur geringfügig (Bild 3.1.37). Die Netzpendelungen selbst führen auch bei diesem Algorithmus zu keiner Überfunktion. Die Welligkeit der Impedanztrajektorie ist mit der der übrigen Algorithmen in etwa vergleichbar.

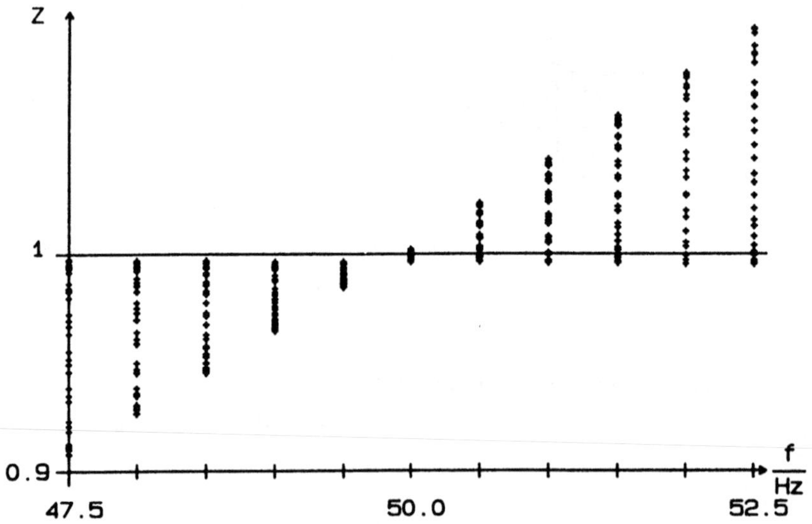

Bild 3.1.36: Algorithmus von Gilcrest/Rockefeller
Netzfrequenzschwankungen

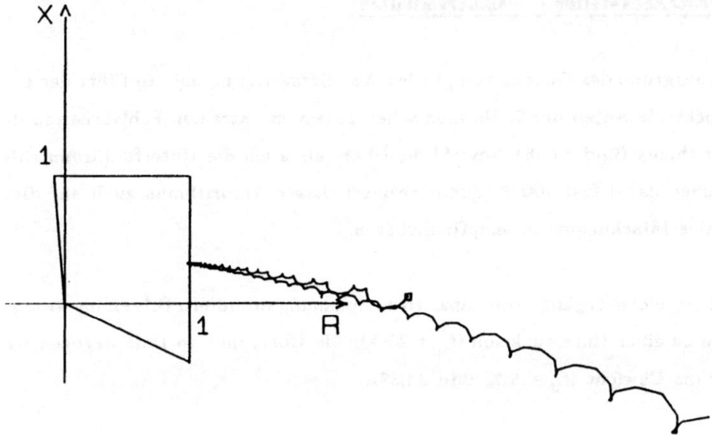

Bild 3.1.37: Algorithmus von Gilcrest/Rockefeller Netzpendelungen

Gilcrest/Rockefeller - Wandlerverhalten

Tritt aufgrund des Gleichstromgliedes Wandlersättigung auf, so führt der große spektrale Anteil der 2. Harmonischen zu einem extremen Fehlverhalten des Algorithmus (Bild 3.1.38). Sowohl die Über- als auch die Unterfunktionsfehler erreichen dabei fast 100 %. Somit reagiert dieser Algorithmus auch auf diese Signalverfälschungen am empfindlichsten.

Die Ausgleichsvorgänge von kapazitiven Spannungswandlern führen im wesentlichen zu einer Unterfunktion (f_u = 20 %). Die Überfunktion fällt dagegen weniger ins Gewicht (f_u = 5 %, Bild 3.1.39).

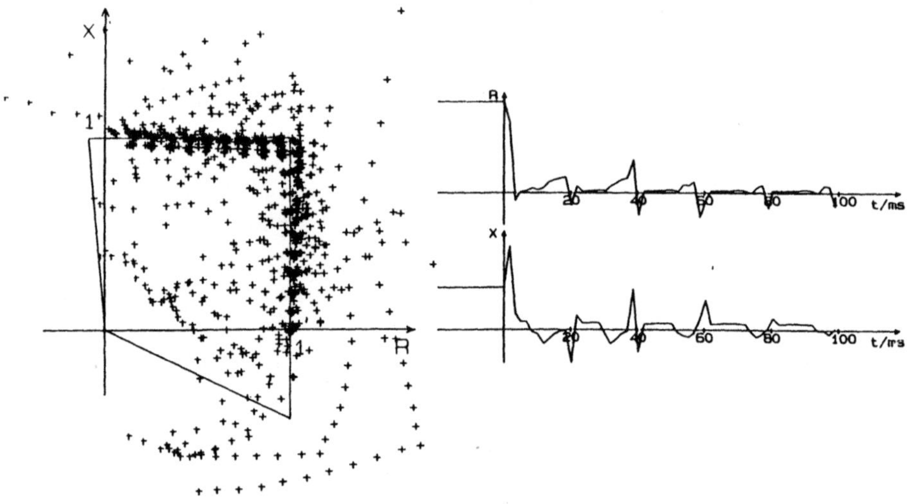

Bild 3.1.38: Algorithmus von Gilcrest/Rockefeller
Stromwandlersättigung

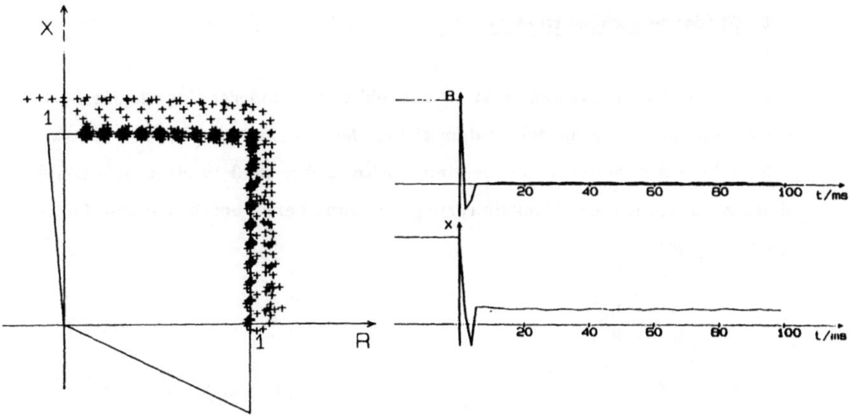

Bild 3.1.39: Algorithmus von Gilcrest/Rockefeller
Ausgleichsvorgänge von kapazitiven Spannungswandlern

Gilcrest/Rockefeller - Zusammenfassung

Aufgrund der einfachen bzw. zweifachen Differenzierung von Strom und Spannung zeigt der Algorithmus von Gilcrest/Rockefeller eine noch größere Empfindlichkeit auf Oberschwingungen als der Algorithmus von Mann/Morrison (Verwendung der ersten Ableitung). Somit führen harmonische Anteile, Lichtbogenspannungen, Ausgleichsvorgänge bei Kabelkurzschlüssen und Wandlersättigung zu extrem großen Fehlern. Alleiniger Vorteil der Verwendung beider Ableitungen ist die Dämpfung des Einflusses von Gleichstromgliedern, die jedoch auch recht unbefriedigend ist. Somit sind bei diesem Algorithmus noch aufwendigere Vorfilter für Strom und Spannung notwendig als bei den zuvor betrachteten Algorithmen.

3.1.5 Größenvergleichsverfahren

Das Größenvergleichsverfahren stellt gegenüber den anderen Algorithmen keinen vollständigen Distanzschutzalgorithmus dar, weil nur der Impedanzbetrag, nicht jedoch der Phasenwinkel bestimmt wird. Daher muß in einer Schutzeinrichtung zusätzlich eine Winkelmessung implementiert werden. Für den Impedanzbetrag gilt:

$$|\underline{Z}| = \frac{|u^+| + |u^-|}{|i^+| + |i^-|} \tag{3.1.49}$$

mit $|u^+|$: maximale Amplitude der positiven Spannungshalbwelle

$|u^-|$: maximale Amplitude der negativen Spannungshalbwelle

$|i^+|$: maximale Amplitude der positiven Stromhalbwelle

$|i^-|$: maximale Amplitude der negativen Stromhalbwelle

Es ist üblich, dieses Verfahren nur einzusetzen, wenn kreisförmige Auslösekennlinien zu realisieren sind, weil dann die Winkelmessung auf einen einfachen Richtungsentscheid zu reduzieren ist. Um eine Vergleichsgrundlage mit den anderen Algorithmen zu schaffen, wird hier jedoch eine polygonale Auslösekennlinie verwendet. Als Winkel wird der vorgegebene Leitungswinkel eingesetzt, so daß die berechneten Werte immer auf einer Geraden liegen und nicht - wie bei den übrigen Algorithmen - in Betrag und Phase streuen.

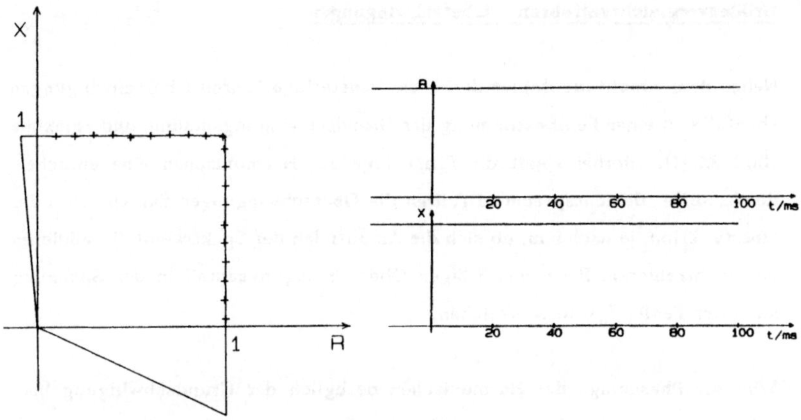

Bild 3.1.40: Größenvergleichsverfahren sinusförmige Eingangssignale

Da in Abhängigkeit von Datenfensterlage und Abtastrate die Minima und Maxima nicht immer exakt getroffen werden, kommt es bereits bei rein sinusförmigen Eingangssignalen zu Fehlern (Bild 3.1.40).

Bei der vorgeschlagenen Abtastrate von 20 Werten pro Periode ergibt sich ein maximaler Fehlwinkel von 9°, der zu einem Amplitudenfehler von -1.23 % in Strom und Spannung führt. Daraus folgt im ungünstigsten Fall für die Impedanz ein Fehler von $\pm$ 2.5 %.

Größenvergleichsverfahren - Oberschwingungen

Neben dem Amplitudenfehler durch die Fensterlage führen Oberschwingungen ebenfalls zu einer Fehlbestimmung der Grundschwingungsminima und -maxima (Bild 3.1.41). Hierbei spielt die Phasenlage der Harmonischen eine entscheidende Rolle. Dementsprechend führen die Oberschwingungen zur Unter- oder Überfunktion, je nachdem, ob sich die Amplituden der Spektralanteile addieren oder subtrahieren. Bei einem 5 %igen Oberschwingungsanteil in der Spannung kann der Fehler f_u= 10 % erreichen.

Wird die Phasenlage der Harmonischen bezüglich der Grundschwingung beibehalten, die Amplitude jedoch verdoppelt, so nimmt aus den zuvor genannten Gründen auch der Fehler den zweifachen Wert an (Bild 3.1.42). Das theoretisch erreichbare Maximum für den Fehler liegt bei f_u= 20 %.

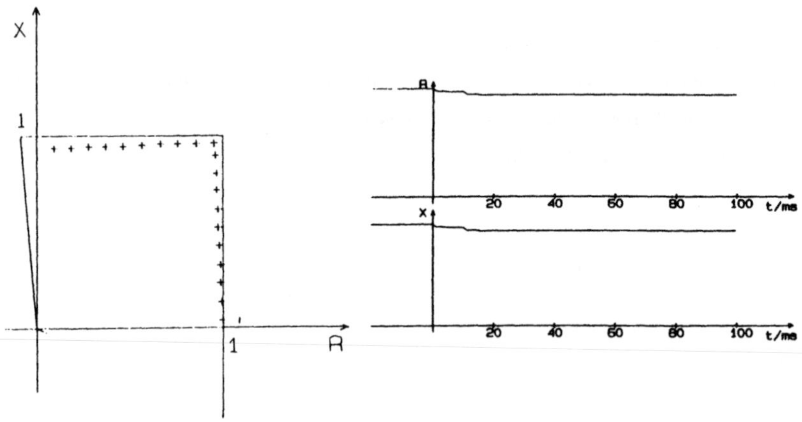

Bild 3.1.41: Größenvergleichsverfahren
oberschwingungsbehaftete Eingangssignale (3. Harmonische, 5 %)

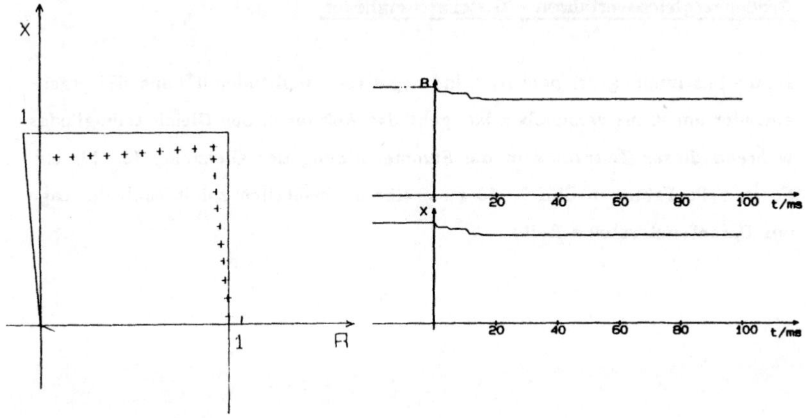

Bild 3.1.42: Größenvergleichsverfahren
oberschwingungsbehaftete Eingangssignale (3. Harmonische, 10 %)

Größenvergleichsverfahren - Gleichstromglieder

Da die Bestimmung der positiven und negativen Amplituden $|i^+|$ und $|i^-|$ gegeneinander um 10 ms verschoben ist, geht das Abklingen des Gleichstromgliedes während dieses Zeitraums in die Summenbildung der Gleichung (3.1.49) ein. So sind die Fehler in Bild 3.1.43 zu erklären. Zusätzlich spielt auch die Lage des Datenfensters eine Rolle.

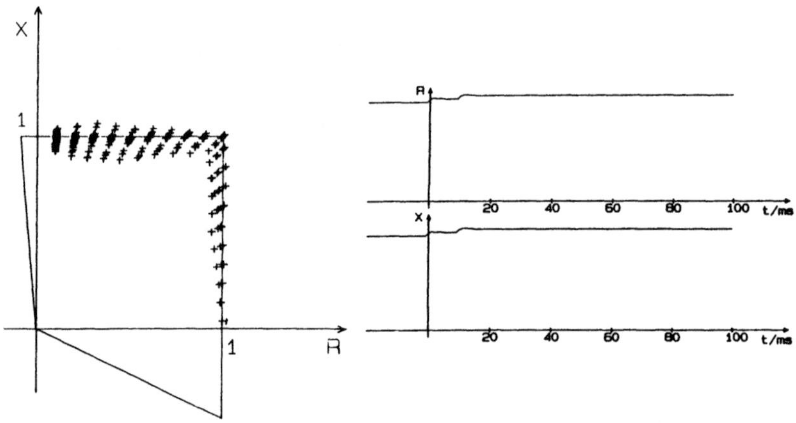

Bild 3.1.43: Größenvergleichsverfahren
Eingangssignale mit überlagertem Gleichstromglied

Größenvergleichsverfahren - Lichtbogenspannung und Kabelkapazitäten

Ein 20 %iger Lichtbogenspannungsanteil führt zu einer ca. 20 %igen Unterfunktion. Das Streuen, das durch den Rauschanteil verursacht wird, ist dabei verhältnismäßig gering (Bild 3.1.44). Der Grund hierfür ist darin zu suchen, daß trotz des überlagerten Rauschens in etwa gleich große Maxima der positiven und negativen Halbwelle von Strom und Spannung gefunden werden. Bei dieser Darstellungsweise ist zu beachten, daß der Algorithmus nur eine Betragsbestimmung durchführt und aufgrund der Umrechnung mit dem vorgegebenen Leitungswinkel in eine Impedanz keine reine Verschiebung in R-Richtung zustandekommt.

Wie bereits eingangs erklärt, liegen beim Größenvergleichsverfahren aufgrund der fehlenden Winkelmessung bei den hier durchgeführten Betrachtungen die berechneten Impedanzwerte immer auf einer Geraden (Bild 3.1.45). Des weiteren stellt sich ein reiner Unterfunktionsfehler (f_u = 50 %) ein, da wegen der überlagerten Ausgleichsvorgänge durch die Kapazitäten zu große Spannungsmaxima gemessen werden.

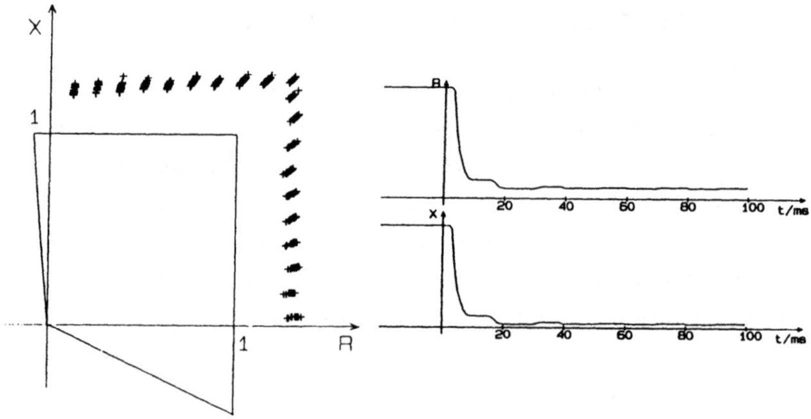

Bild 3.1.44: Größenvergleichsverfahren

Eingangssignale mit überlagerter Lichtbogenspannung (20 %)

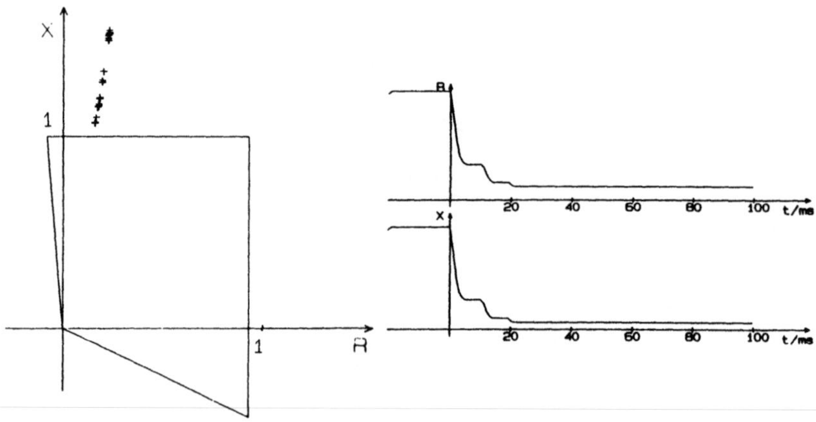

Bild 3.1.45: Größenvergleichsverfahren

Kurzschluß auf einem 380 kV-Kabel

Größenvergleichsverfahren - Frequenzschwankungen

Entsprechend der Reaktanzänderungen bei einer Frequenzabweichung stellt sich auch bei diesem Algorithmus ein mittlerer Fehler von ± 5 % an den Frequenzgrenzen (47.5 Hz bzw. 52.5 Hz) ein (Bild 3.1.46). Die von der Datenfensterlage abhängigen Streuungen führen zu einem maximalen Fehler von 7 %.

Das Auslöseverhalten bei Netzpendelungen wird in die Bewertung nicht mit einbezogen, da hier die Winkelmessung entscheidend das Auslöseverhalten bestimmt und diese vom Algorithmus nicht durchgeführt wird.

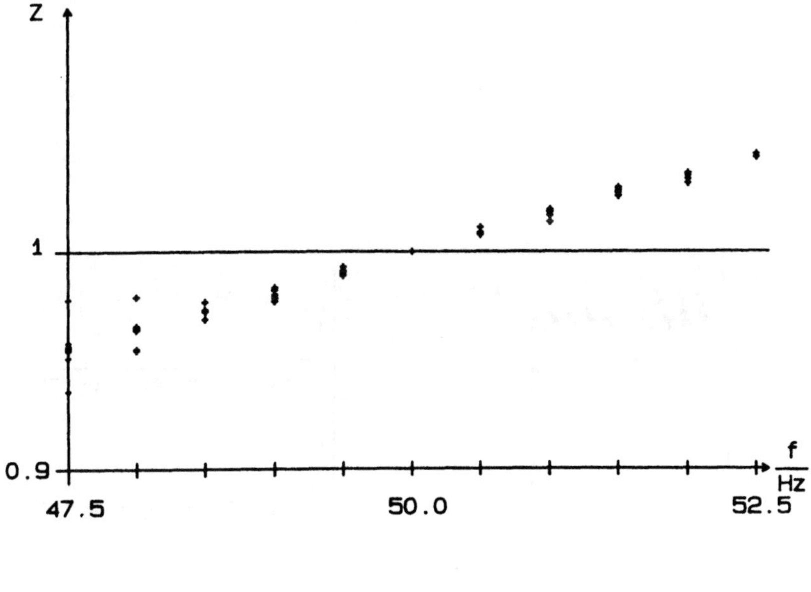

Bild 3.1.46: Größenvergleichsverfahren
Netzfrequenzschwankungen

Größenvergleichsverfahren - Wandlerverhalten

Tritt aufgrund des Gleichstromgliedes Wandlersättigung ein, so führt dies auch beim Größenvergleichsverfahren zu Über- und Unterfunktionsbereichen. Dabei überwiegt für Leitungswinkel φ_L = 0° ... 70° der Überfunktionsfehler ($f_{ü}$ = 8 %), für Winkel φ_L = 70° ... 90° dominiert der Unterfunktionsfehler (f_u = 20 %, Bild 3.1.47).

Die Ausgleichsvorgänge bei kapazitiven Spannungswandlern führen für alle Leitungswinkel hauptsächlich zur Unterfunktion (Bild 3.1.48), da die Spannung am Wandlerausgang wegen der Kapazitäten nur langsam der Netzspannung folgt.

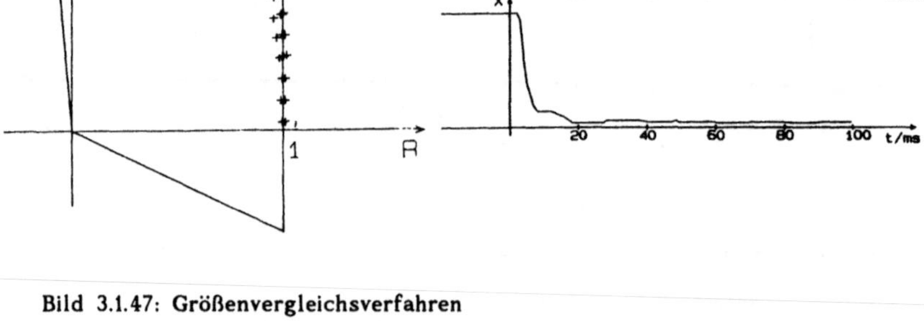

Bild 3.1.47: Größenvergleichsverfahren

Stromwandlersättigung

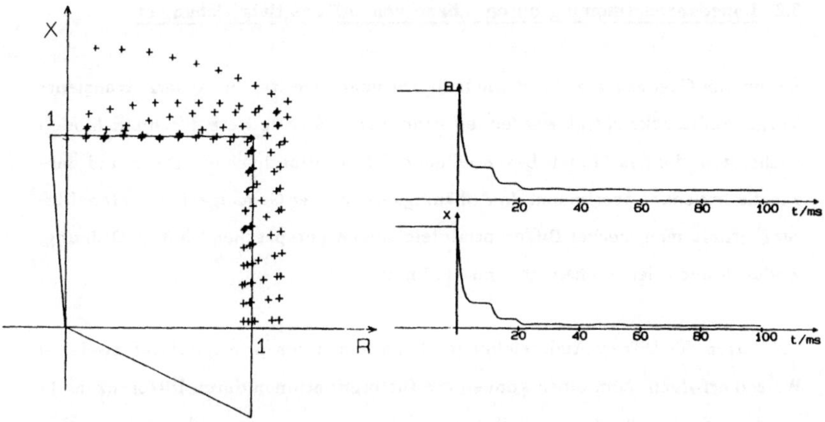

Bild 3.1.48: Größenvergleichsverfahren

Ausgleichsvorgänge bei kapazitiven Spannungswandlern

Größenvergleichsverfahren – Zusammenfassung

Da das Größenvergleichsverfahren nur eine Betragsbestimmung aus den Maxima und Minima von Strom und Spannung durchführt, läßt sich immer eine relativ einfache Fehlerabschätzung für ein nichtideales Eingangssignal treffen. Im Vergleich zu den übrigen Sinusalgorithmen verhält sich das relativ einfache Größenvergleichsverfahren in bezug auf nichtideale Eingangssignale unempfindlich. Es ist jedoch zu beachten, daß ein zusätzlicher Algorithmus zur Bestimmung des Phasenwinkels notwendig ist.

3.2 Impedanzbestimmung durch Lösen von Differentialgleichungen

Sollen im Gegensatz zu den Sinusalgorithmen bereits im Ansatz transiente Vorgänge berücksichtigt werden, so kann man das reale Netz durch ein Modell nachbilden, die das Modell beschreibende Differentialgleichung lösen und daraus die Impedanz bestimmen. In Abhängigkeit von der Genauigkeit der Modellierung erhält man hierbei Differentialgleichungen entsprechend hoher Ordnung, wodurch auch der Rechenaufwand zunimmt.

Das Lösen der Differentialgleichungen kann numerisch prinzipiell auf zweierlei Weisen erfolgen. Zum einen können die Differentiationen durch Differenzenbildung approximiert werden (Differenzengleichungen), zum anderen kann eine Lösung mittels eines numerischen Integrationsverfahrens erfolgen.

In der Literatur werden ausschließlich Algorithmen vorgeschlagen, die von Modellnetzen erster und zweiter Ordnung ausgehen, wobei sowohl numerische Differentiation als auch Integration zum Einsatz kommen. Modelle höherer Ordnung führen zu unverhältnismäßig großem Aufwand und lassen numerische Probleme erwarten. Deshalb werden im folgenden auch nur die in der Literatur bekannten Algorithmen behandelt:

- A3-Methode von Lobos (DGL 1. Ordnung, Differenzenbildung)
- A4-Methode von Lobos (DGL 1. Ordnung, Differenzenbildung)
- Bornard/Bastide (DGL 1. Ordnung, Differenzenbildung)
- McInnes/Morrison (DGL 1. Ordnung, Integration)
- Ranjbar/Cory (DGL 1. Ordnung, Integration)
- Smolinski (DGL 2. Ordnung, Differenzenbildung)

Diese Algorithmen sollen im folgenden als 'DGL-lösende Algorithmen' bezeichnet werden.

3.2.1 A3-Methode von Lobos

Die A3-Methode geht davon aus, daß die kurzgeschlossene Leitung durch eine Differentialgleichung 1. Ordnung beschrieben werden kann:

$$u(t) = R\, i(t) + L \frac{di(t)}{dt} \tag{3.2.1}$$

Der Differentialquotient $di(t)/dt = \dot{i}$ kann durch einen Differenzenquotienten $\Delta i/\Delta t$ angenähert werden. Dabei wird die Stromdifferenz Δi aus den benachbarten Abtastwerten bei t_1 und t_2 berechnet.

$$\dot{i}_{12} \approx \frac{i_2 - i_1}{t_2 - t_1} = \frac{i_2 - i_1}{\Delta t} \tag{3.2.2}$$

Zur Berechnung von Strom und Spannung werden die Mittelwerte angesetzt.

$$u_{12} \approx \frac{u_1 + u_2}{2} \tag{3.2.3}$$

$$i_{12} \approx \frac{i_1 + i_2}{2} \tag{3.2.4}$$

Dabei gelten alle drei gewonnenen Werte für denselben Zeitpunkt $t_1 + \Delta t/2$.

Geht man von sinusförmigen Strom- und Spannungsverläufen aus, so gilt für den Zeitpunkt $t_1 + \Delta t/2$:

$$u_{12} = \hat{u} \sin(\omega t_2 - \frac{\Delta}{2}) \tag{3.2.5}$$

mit $\Delta = \omega \Delta t$

Aus der Näherung (Gleichung (3.2.3)) erhält man:

$$u_{12} \approx \frac{1}{2}\,\hat{u}\cdot\left(\sin(\omega t_2-\Delta)+\sin(\omega t_2)\right) \approx \hat{u}\cdot\sin(\omega t_2-\tfrac{\Delta}{2})\cdot\cos(\tfrac{\Delta}{2}) \qquad (3.2.6)$$

Die Gleichungen (3.2.5) und (3.2.6) unterscheiden sich durch den Faktor cos $(\Delta/2)$. Somit kann aus dem Näherungswert der exakte Wert durch Korrektur ermittelt werden.

$$u_{12} = \frac{u_1+u_2}{2\cdot\cos(\frac{\Delta}{2})} \qquad (3.2.7)$$

Analog folgt für den Strom:

$$i_{12} = \frac{i_1+i_2}{2\cdot\cos(\frac{\Delta}{2})} \qquad (3.2.8)$$

Der wahre Wert der Ableitung des Stromes zum Zeitpunkt $t_1+\Delta t/2$ kann auf ähnliche Weise hergeleitet werden:

$$\dot{i}_{12} = \frac{d}{dt}\left[\hat{i}\cdot\sin(\omega t_2-\tfrac{\Delta}{2})\right] = \omega\,\hat{i}\cdot\cos(\omega t_2-\tfrac{\Delta}{2}) \qquad (3.2.9)$$

Die Differenzenbildung liefert jedoch:

$$\dot{i}'_{12} = \frac{i_2-i_1}{\Delta t} = \frac{\hat{i}\cdot\left(\sin(\omega t_2)-\sin(\omega t_2-\Delta)\right)}{\Delta t}$$

$$= \hat{i}\cdot\cos(\omega t_2-\tfrac{\Delta}{2})\cdot\frac{2\cdot\sin(\frac{\Delta}{2})}{\Delta t} \qquad (3.2.10)$$

Setzt man Gleichung (3.2.9) ein, folgt:

$$\dot{i}'_{12} = \frac{\dot{i}_{12}}{\omega}\cdot\frac{2\cdot\sin(\frac{\Delta}{2})}{\Delta t}$$

Der exakte Wert für die Ableitung ergibt sich somit zu

$$\dot{i}_{12} = \frac{i_2 - i_1}{\Delta t} \cdot \frac{\omega \Delta t}{2 \cdot \sin(\frac{\Delta}{2})} = \frac{i_2 - i_1}{\Delta t} \cdot \frac{\frac{\Delta}{2}}{\sin(\frac{\Delta}{2})} \tag{3.2.11}$$

Für die aus den Stützen 1 und 2 berechneten Werte erhält man nach Gleichung (3.2.1):

$$u_{12} = R\, i_{12} + L\, \dot{i}_{12} \tag{3.2.12}$$

Auch läßt sich aus den Stützstellen für die Zeitpunkte t_2 und t_3 eine weitere Gleichung aufstellen:

$$u_{23} = R\, i_{23} + L\, \dot{i}_{23} \tag{3.2.13}$$

Die Gleichungen (3.2.12) und (3.2.13) sind nach R und X = ωL aufzulösen. Setzt man noch die Gleichungen (3.2.7), (3.2.8) und (3.2.11) ein, so folgt /13/:

$$R = \frac{i_1 \cdot (u_2 + u_3) - i_2 \cdot (u_1 + 2 \cdot u_2 + u_3) + i_3 \cdot (u_1 + u_2)}{2 \cdot (i_1 \cdot i_3 - i_2^2)} \tag{3.2.14}$$

$$X = \frac{i_1 \cdot (u_2 + u_3) - i_2 \cdot (u_1 - u_3) - i_3 \cdot (u_1 + u_2)}{2 \cdot (i_1 \cdot i_3 - i_2^2)} \cdot \tan(\frac{\Delta}{2}) \tag{3.2.15}$$

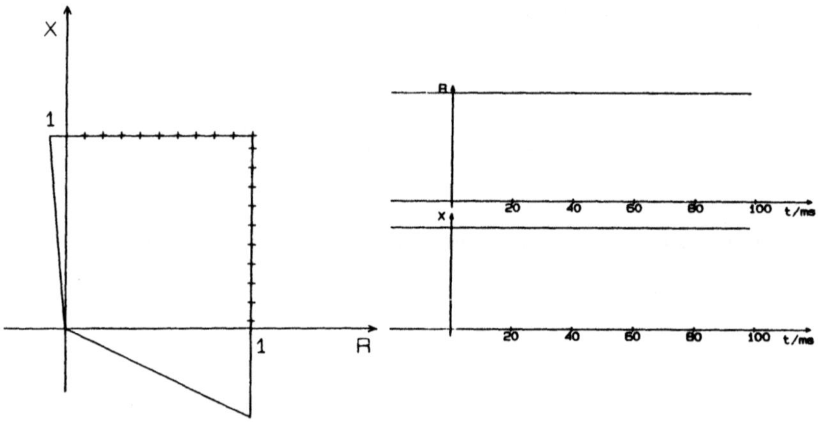

Bild 3.2.1: A3-Methode von Lobos
sinusförmige Eingangssignale

Da die Fehler, die durch die Differenzenbildung entstehen, bei rein sinusförmigen Eingangsgrößen durch den Korrekturterm ausgeglichen werden, erhält man für die Impedanz bei allen Leitungswinkeln den exakten Wert (Bild 3.2.1).

Lobos A3 - Oberschwingungen

Die Überlagerung eines 5 %igen Oberschwingungsanteils in der Spannung führt zu dem Auslösediagramm in Bild 3.2.2. Hierbei erreichen der Über- und Unterfunktionsfehler $f_{ü} = f_u = 5$ %. Dieser Fehler wird durch das Korrekturglied hervorgerufen, das bei oberschwingungsbehafteten Signalen einen falschen Wert liefert.

Eine Verdoppelung des Oberschwingungsanteils hat - wie schon bei den Sinusalgorithmen - eine Verdoppelung des Fehlers zur Folge (Bild 3.2.3), so daß auch hier ein linearer Zusammenhang gegeben ist. Der Einfluß der 5. Harmonischen (250 Hz) kann bei diesem Algorithmus wiederum nicht untersucht werden, da sich bei der verwendeten Abtastrate von 8 Werten pro Periode eine Grenzfrequenz f_{gr} = 200 Hz ergibt.

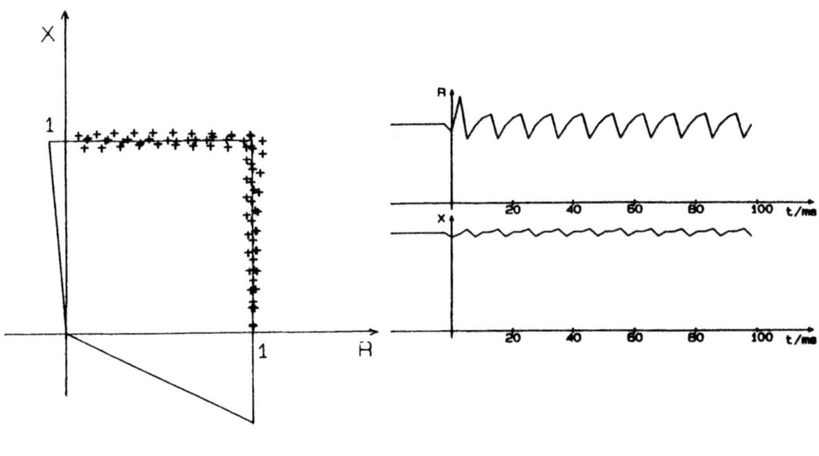

Bild 3.2.2: A3-Methode von Lobos

oberschwingungsbehaftete Eingangssignale (3. Harmonische, 5 %)

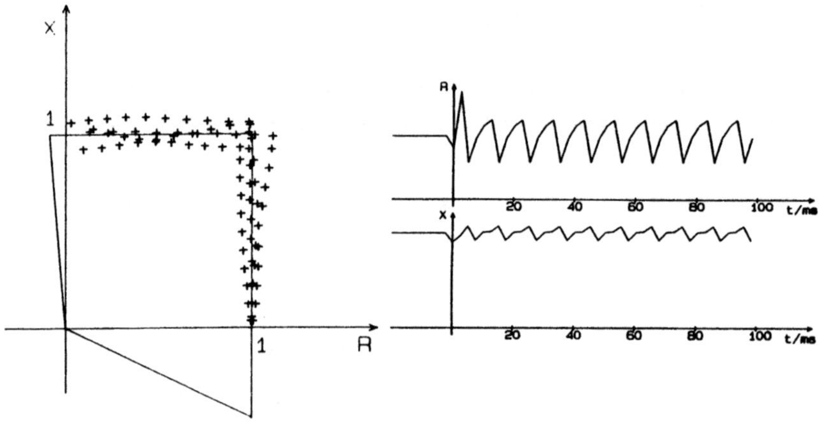

Bild 3.2.3: A3-Methode von Lobos

oberschwingungsbehaftete Eingangssignale (3. Harmonische, 10 %)

Lobos A3 – Gleichstromglieder

Der exponentiell abklingende Anteil im Strom führt gegenüber den Sinusalgorithmen zu vernachlässigbar kleinen Fehlern (Bild 3.2.4). Dies ist auch verständlich, da die Vorgänge durch die Differentialgleichung eines Modellnetzes 1. Ordnung exakt beschrieben werden. Lediglich die Korrektur für Sinusgrößen verursacht hierbei einen Fehler, der jedoch vernachlässigbar ist.

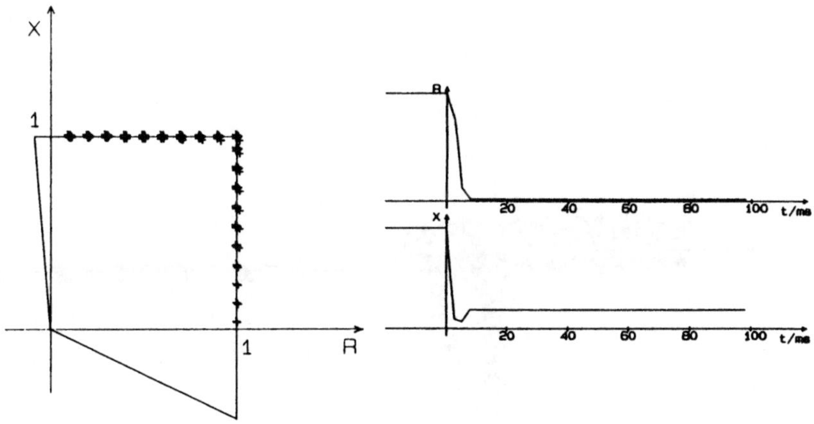

Bild 3.2.4 : A3-Methode von Lobos

Eingangssignale mit überlagertem Gleichstromglied

Lobos A3 - Lichtbogenspannungen und Kabelkapazitäten

Entsprechend dem Verhalten bei Oberschwingungsanteilen ergibt sich bei überlagerter Lichtbogenspannung außer der Verschiebung in R-Richtung lediglich ein Fehler von $f_u = f_u = 15$ % (Bild 3.2.5). Somit reagiert dieser Algorithmus auf verrauschte Signale unempfindlicher als die Sinusalgorithmen.

Die nicht ganzzahlig harmonischen Ausgleichsvorgänge bei einem Kabelkurzschluß können - wie schon bei einigen Sinusalgorithmen - bei der Abtastrate von h = 8 nicht untersucht werden.

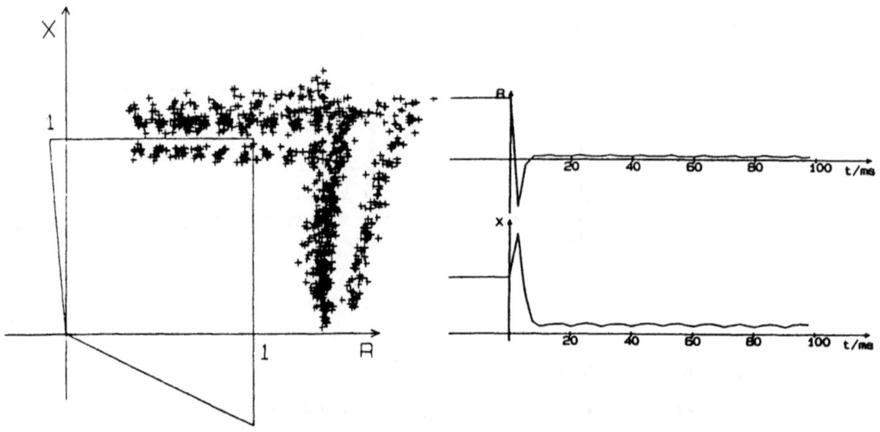

Bild 3.2.5: A3-Methode von Lobos

Eingangssignale mit überlagerter Lichtbogenspannung

Lobos A3 - Frequenzschwankungen

Gegenüber Netzfrequenzschwankungen zeigt sich die A3-Methode nahezu unempfindlich (Bild 3.2.6). Im betrachteten Bereich zwischen 47.5 Hz und 52.5 Hz beträgt der maximale Fehler 0.05 %. Diese gegenüber den Sinusalgorithmen relativ kleine Abweichung liegt darin begründet, daß bei der A3-Methode zunächst aus der Differentialgleichung die Bestimmung der Induktivität folgt und für die anschließende Reaktanzberechnung - unabhängig von der tatsächlichen Frequenz - der konstante Wert von 50 Hz angenommen wird. Die dennoch auftretenden Fehler liegen in der Frequenzabhängigkeit des Korrekturterms $\tan(\pi f \Delta t)$ begründet.

Die Einschwingvorgänge in der Impedanz nach Kurzschlußabschaltung sind bei der A3-Methode stärker ausgeprägt als bei den Sinusalgorithmen (Bild 3.2.7). Dennoch tritt auch bei diesem Algorithmus keine durch die Pendelungen bedingte Überfunktion auf. Die Welligkeit der Impedanztrajektorie ist in etwa mit der der Sinusalgorithmen vergleichbar.

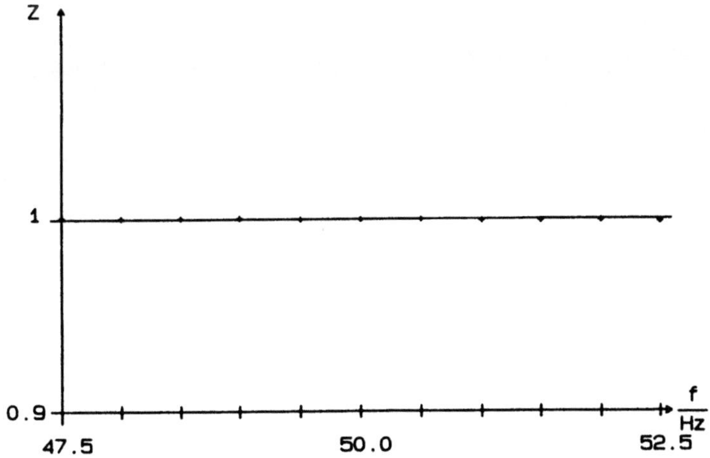

Bild 3.2.6: A3-Methode von Lobos

Netzfrequenzschwankungen

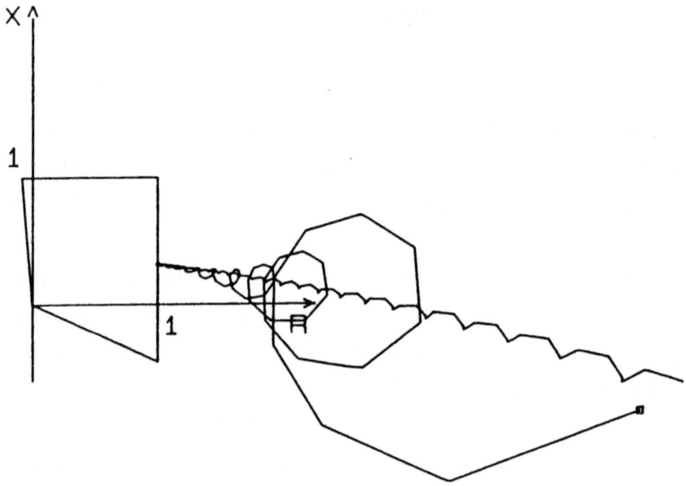

Bild 3.2.7: **A3-Methode von Lobos**
Netzpendelungen

Lobos A3 - Wandlerverhalten

Der bei Wandlersättigung auftretende große Spektralanteil der 2. Harmonischen führt auch bei der A3-Methode zu erheblich großen Fehlern, wobei der Unterfunktionsfehler dominiert (Bild 3.2.8). Dabei erreichen die Fehler Werte von f_u= 20 % und f_u= 30 %. Es bleibt festzustellen, daß spätestens der dritte in die Impedanzebene eingetragene Wert innerhalb eines 10 %-Toleranzbandes liegt. Ferner zeigt sich nur für Leitungswinkel $\varphi_L < 45^0$ ein größerer Überfunktionsbereich. Somit reagiert die A3-Methode auch auf Wandlersättigung unempfindlicher als die Sinusalgorithmen.

Verfälschungen der Eingangsspannung durch die Ausgleichsvorgänge der kapazitiven Spannungswandler führen überwiegend zu Unterfunktionsfehlern (Bild 3.2.9), die ebenfalls f_u= 30 % erreichen. Diese sind allerdings für kleinere Leitungswinkel stärker ausgeprägt. Der Überfunktionsfehler erreicht f_u= 10 %.

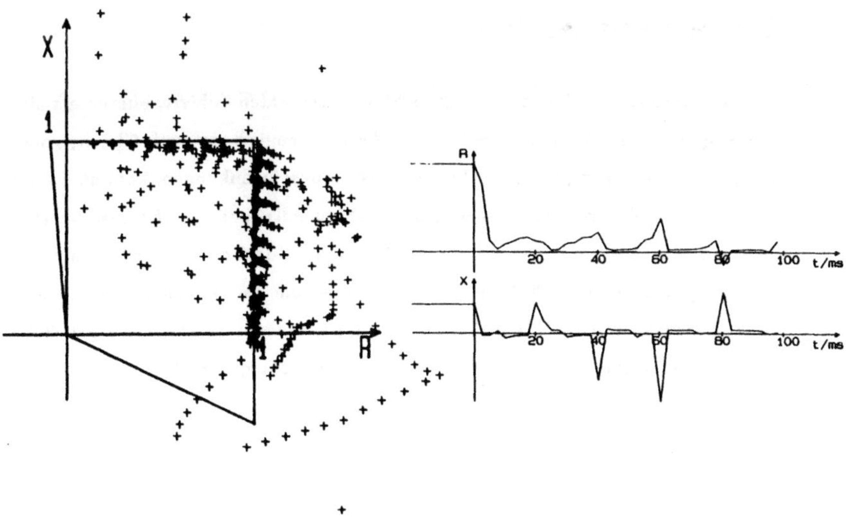

Bild 3.2.8: A3-Methode von Lobos
Stromwandlersättigung

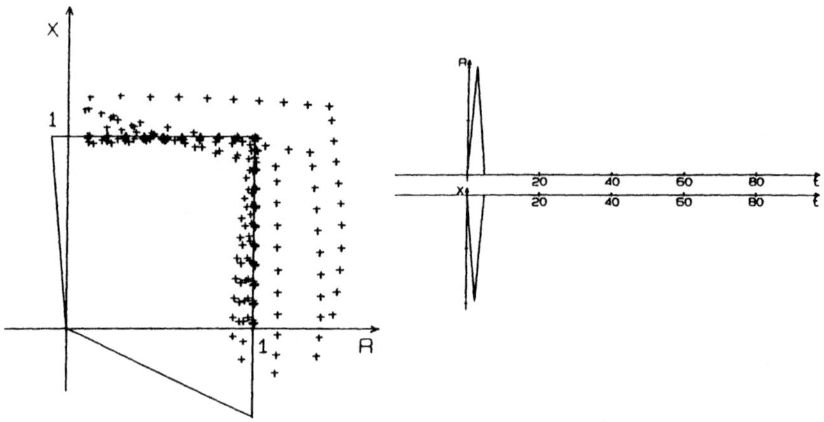

Bild 3.2.9: A3-Methode von Lobos
Ausgleichsvorgänge bei kapazitiven Spannungswandlern

Lobos A3 - Zusammenfassung

Die A3-Methode ist bei den meisten Eingangssignalen fehlerrobuster als die Sinusalgorithmen. Entsprechend ihrem Ansatz reagiert sie auf Gleichstromglieder relativ unempfindlich, bei Netzfrequenzschwankungen kommt es zu fast keinen Fehlern. Oberschwingungen führen aufgrund des Korrekturterms zu einem etwa gleich großen Über- und Unterfunktionsbereich. Verfälschungen der Eingangssignale durch Wandler verursachen im wesentlichen Unterfunktionsfehler mit 30 %. Für den Einsatz in Netzen mit Hochspannungskabeln ist der Algorithmus ohne zusätzliche Filterung nicht geeignet.

3.2.2 A4-Methode von Lobos

Bei der A3-Methode müssen für Strom und Spannung die Mittelwerte gebildet werden, um Strom, Spannung und Ableitung des Stromes zum gleichen Zeitpunkt zu erhalten. Anstatt der drei Stützstellen verwendet die A4-Methode vier Abtastwerte von Strom und Spannung /13/. Dadurch müssen nur noch die Ableitungen approximiert werden, die Strom- und Spannungswerte entsprechen direkt den Abtastwerten. Im übrigen wird auch hier die Leitungsdifferentialgleichung 1. Ordnung zugrunde gelegt. Die Ableitungen werden mittels Differenzenbildung über zwei Abtastintervalle approximiert.

$$\dot{i}_2 \approx \frac{i_3 - i_1}{2\,\Delta t} \tag{3.2.16a}$$

$$\dot{i}_3 \approx \frac{i_4 - i_2}{2\,\Delta t} \tag{3.2.16b}$$

Für rein sinusförmige Eingangssignale können diese wiederum korrigiert werden:

$$\dot{i}_2 = \frac{\hat{i}\cdot\left(\sin(\omega t_2 + \Delta) - \sin(\omega t_2 - \Delta)\right)}{2\,\Delta t}$$

$$= \omega\hat{i}\cdot\cos(\omega t_2)\cdot\frac{\sin(\Delta)}{\Delta} \tag{3.2.17}$$

Somit ergibt sich für sinusförmige Signale analog zu Gleichungen (3.2.9) und (3.2.11):

$$\dot{i}_2 = \omega\hat{i}\cdot\cos(\omega t_2) = \frac{i_3 - i_1}{\Delta t}\cdot\frac{\Delta}{2\,\sin(\Delta)} \tag{3.2.18}$$

Setzt man die nach Gleichung (3.2.18) gewonnenen Ableitungen $\dot{i}_2$ und $\dot{i}_3$ und die zugehörigen Strom- und Spannungswerte in die Differentialgleichung (3.2.1) ein und löst nach R und X auf, so ergibt sich:

$$R = \frac{u_2 \cdot (i_4 - i_2) - u_3 \cdot (i_3 - i_1)}{i_2 \cdot (i_4 - i_2) - i_3 \cdot (i_3 - i_1)} \tag{3.2.19}$$

$$X = \frac{u_2 i_2 - u_3 i_3}{i_2 \cdot (i_4 - i_2) - i_3 \cdot (i_3 - i_1)} \cdot 2 \sin(\Delta) \tag{3.2.20}$$

Die Abtastrate beträgt auch hier h = 8 Werte pro Netzperiode.

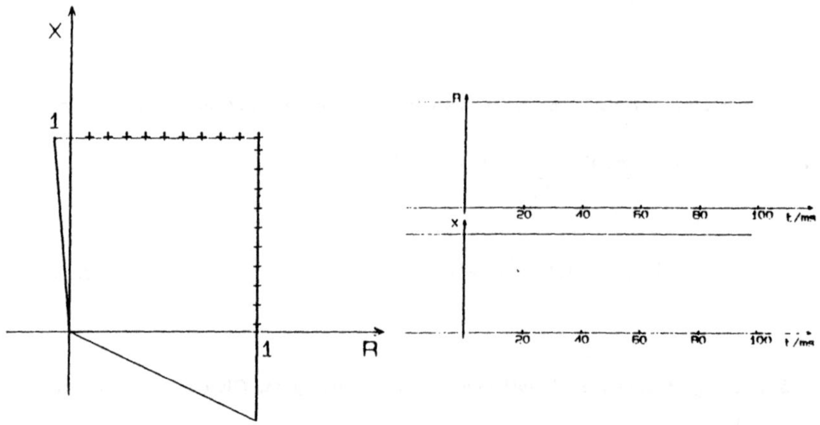

Bild 3.2.10: A4-Methode von Lobos
sinusförmige Eingangssignale

Wie schon bei der A3-Methode erhält man für rein sinusförmige Eingangssignale im gesamten Leitungswinkelbereich exakt berechnete Impedanzwerte (Bild 3.2.10), da die Fehler, die durch die Differenzenbildung gemacht werden, durch den Korrekturterm für rein sinusförmige Eingangssignale kompensiert werden.

Lobos A4 - Oberschwingungen

Als Folge des Datenfensters n = 4 und der damit verbundenen Differenzenbildung über zwei Abtastschritte stellt sich eine stärkere Oberschwingungsempfindlichkeit ein (Bild 3.2.11). Die Über- und Unterfunktionsbereiche sind gegenüber der A3-Methode fast doppelt so groß, wobei die Fehler $f_{\ddot{u}} = f_u = 8\ \%$ erreichen. Auch hier ist die Ursache im Korrekturterm zu suchen, der für rein sinusförmige Eingangssignale gilt.

Wird der Oberschwingungsanteil verdoppelt, so erfolgt auch bei diesem Algorithmus in etwa eine Verdoppelung des Fehlers (Bild 3.2.12). Höherfrequente Oberschwingungen werden aus den bereits bei der A3-Methode angeführten Gründen nicht betrachtet.

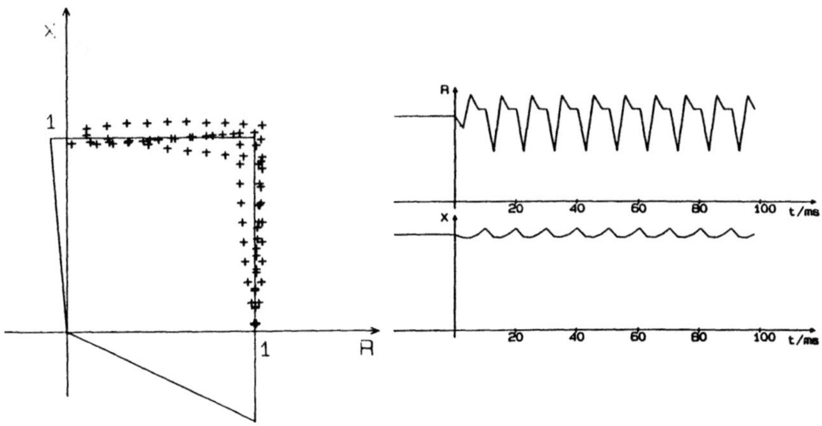

Bild 3.2.11: A4-Methode von Lobos

oberschwingungsbehaftete Eingangssignale (3. Harmonische, 5 %)

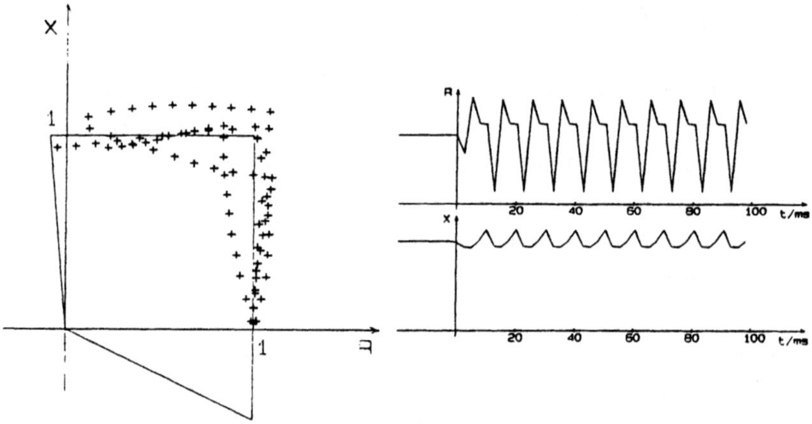

Bild 3.2.12: **A4-Methode von Lobos**

oberschwingungsbehaftete Eingangssignale (3. Harmonische, 10 %)

Lobos A4 - Gleichstromglieder

Auch das Auslöseverhalten bei überlagerten Gleichstromgliedern ist gegenüber der A3-Methode geringfügig schlechter, mit einem Fehler von $f_u = f_u = 2\ \%$ aber immer noch sehr gut (Bild 3.2.13).

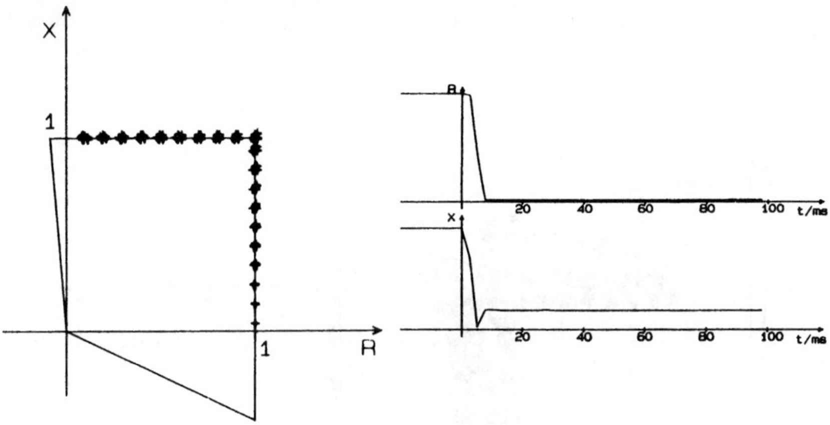

Bild 3.2.13: A4-Methode von Lobos

Eingangssignale mit überlagertem Gleichstromglied

Lobos A4 - Lichtbogenspannungen und Kabelkapazitäten

Entsprechend dem Auslöseverhalten bei den bereits betrachteten nichtidealen Eingangssignalen streuen auch bei einem überlagerten Lichtbogenanteil die Werte stärker als bei der A3-Methode (Bild 3.2.14). Die Breite der Streuung liegt hier bei ca. ± 20 %.

Die Reaktion auf einen Kabelkurzschluß wird - wie schon bei der A3-Methode - nicht untersucht.

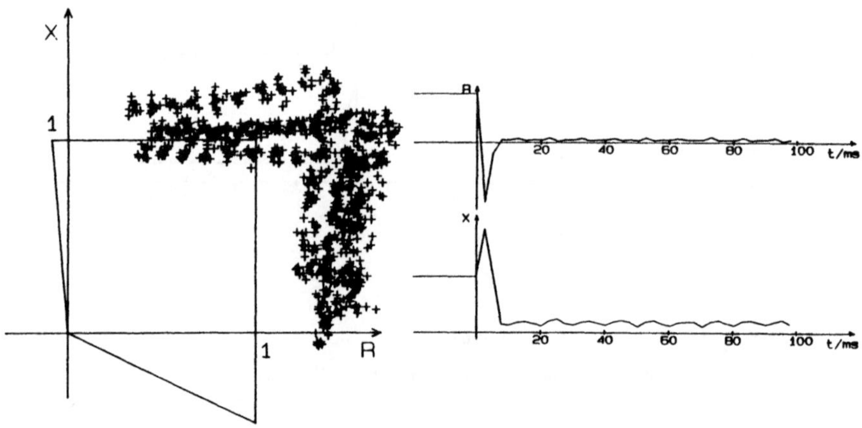

Bild 3.2.14: A4-Methode von Lobos

Eingangssignale mit überlagerter Lichtbogenspannung

Lobos A4 - Frequenzschwankungen

Weicht die tatsächliche Netzfrequenz von der Sollfrequenz um ± 5 % ab, so stellt sich ein Fehler von ± 1 % ein (Bild 3.2.15). Somit ist auch bei Netzfrequenzschwankungen die Störempfindlichkeit doppelt so groß wie bei der A3-Methode.

Das Auslöseverhalten bei Netzpendelungen stimmt in etwa mit dem der A3-Methode überein. Auch kommt es nach anfänglich starken Streuungen zu keiner Überfunktion. Die Welligkeit der Impedanztrajektorie ist ebenfalls annähernd gleich (Bild 3.2.16).

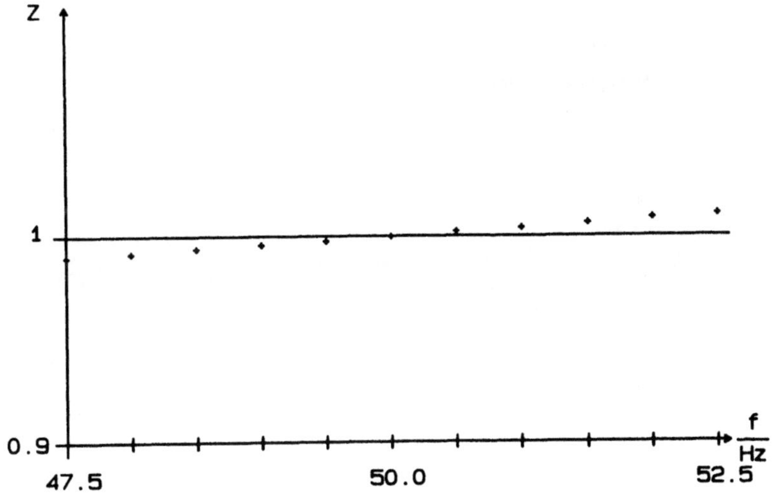

Bild 3.2.15: A4-Methode von Lobos
Netzfrequenzschwankungen

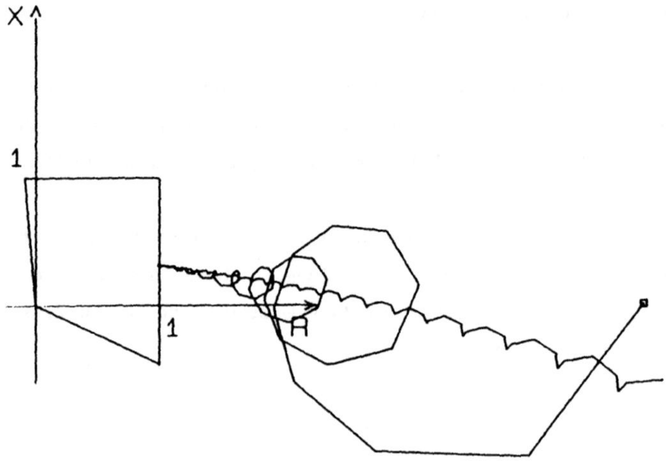

Bild 3.2.16: A4-Methode von Lobos

Netzpendelungen

Lobos A4 - Wandlerverhalten

Entsprechend der größeren Oberschwingungsempfindlichkeit der A4-Methode kommt es auch bei Stromwandlersättigung gegenüber der A3-Methode zu mehr als doppelt so großen Über- und Unterfunktionsbereichen (Bild 3.2.17). Der Überfunktionsfehler liegt bei f_u = 50 %, der Unterfunktionsfehler erreicht für kleine Leitungswinkel sogar annähernd f_u = 100 %.

Das Auslöseverhalten aufgrund der Ausgleichsvorgänge bei kapazitiven Spannungswandlern ist mit dem der A3-Methode vergleichbar (Bild 3.2.18). Auch hier erreichen die Fehler Werte von f_u = 10 % und f_u = 30 %.

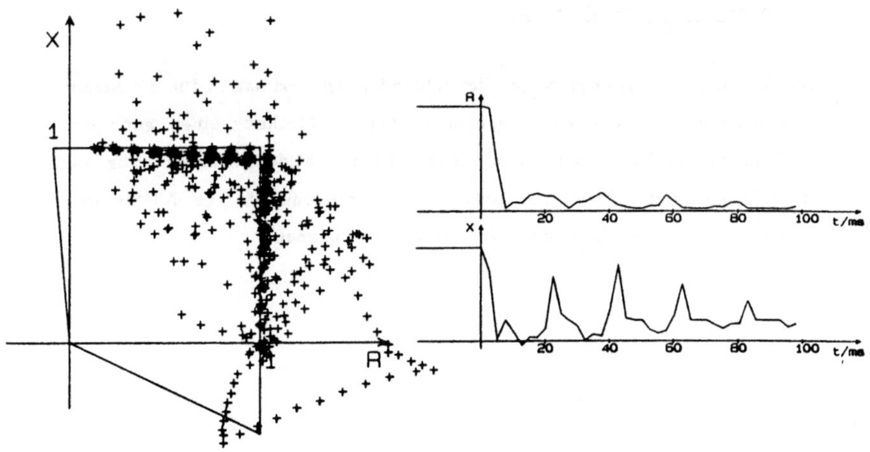

Bild 3.2.17: A4-Methode von Lobos

Stromwandlersättigung

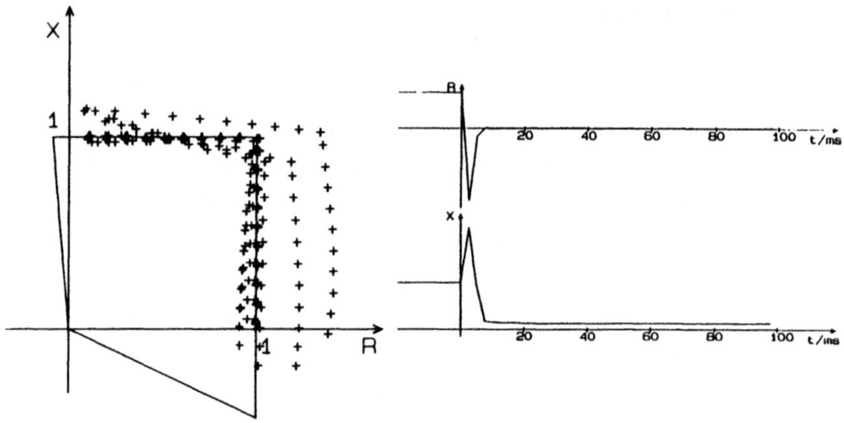

Bild 3.2.18: A4-Methode von Lobos

Ausgleichsvorgänge bei kapazitiven Spannungswandlern

Lobos A4 - Zusammenfassung

Die A4-Methode benötigt wegen der fehlenden Approximation für die Strom- und Spannungszwischenwerte gegenüber der A3-Methode einen geringeren Rechenaufwand, liefert dafür aber bei fast allen nichtidealen Eingangssignalen doppelt so große Über- und Unterfunktionsbereiche wie die A3-Methode. Daher ist die A3-Methode der A4-Methode vorzuziehen.

3.2.3 Algorithmus von Bornard/Bastide

Geht man wiederum vom Leitungsmodell 1. Ordnung aus, trägt jedoch Querkapazitäten, Ableitwiderständen usw. durch eine Fehlerspannung e(t) Rechnung, so kann die kurzgeschlossene Leitung durch folgende Gleichung beschrieben werden:

$$u(t) + e(t) = R\, i(t) + L\, \frac{i(t) - i(t-\Delta t)}{\Delta t} \qquad (3.2.21)$$

In dieser Gleichung gilt die Ableitung für den Zeitpunkt $t - \Delta t/2$. Dies macht eine Korrektur erforderlich, die später eingeführt wird. Zur Vereinfachung der Schreibweise werden die folgenden Substitutionen durchgeführt:

$$R = a_1 + a_2 \qquad (3.2.22a)$$

$$L = -a_2\, \Delta t \qquad (3.2.22b)$$

Aus Gleichung (3.2.21) erhält man somit den Ausdruck:

$$u(t) + e(t) = a_1\, i(t) + a_2\, i(t-\Delta t) \qquad (3.2.23)$$

Geht man zu den Abtastwerten von Strom und Spannung über, so gilt für den Zeitpunkt t_2:

$$u_2 + e_2 = a_1\, i_2 + a_2\, i_1 \qquad (3.2.24)$$

Um die Koeffizienten a_1 und a_2 zu bestimmen, wird Gleichung (3.2.24) zu n-1 Abtastzeitpunkten betrachtet. In Matrizenschreibweise ergibt sich:

$$U + E = I \cdot A \qquad (3.2.25)$$

mit $U = \begin{bmatrix} u_2 \\ \vdots \\ u_n \end{bmatrix}$; $E = \begin{bmatrix} e_2 \\ \vdots \\ e_n \end{bmatrix}$; $I = \begin{bmatrix} i_2 & i_1 \\ \vdots & \vdots \\ i_n & i_{n-1} \end{bmatrix}$; $A = \begin{bmatrix} a_1 \\ a_2 \end{bmatrix}$.

Zur eindeutigen Bestimmung der beiden Größen a_1 und a_2 genügen zwei Gleichungen (n = 3). Stehen mehr Abtastpunkte zur Verfügung, so kann eine Ausgleichsrechnung durchgeführt werden. Hierzu wird als Zielfunktion die Summe der Fehlerquadrate gebildet:

$$F(A) = \sum_{i=2}^{n} e_i^2 = E^T \cdot E = \left[(I \cdot A)^T - U^T \right] \cdot \left[I A - U \right]$$

$$= A^T I^T I A - 2 A^T I^T U + U^T U \qquad (3.2.26)$$

Soll der Fehler minimiert werden, so ist folgende Bedingung zu erfüllen:

$$\frac{\partial F(A)}{\partial A} = 0 \qquad (3.2.27)$$

Daraus folgt: $I^T I A = I^T U$ (3.2.28)

Im Anschluß werden erneut Substitutionen durchgeführt:

$$P = I^T I \qquad (3.2.29)$$

$$B = I^T U \qquad (3.2.30)$$

Da nur zwei Größen zu a_1 und a_2 zu berechnen sind, handelt es sich bei P um eine 2 x 2 - Matrix und bei B um einen Vektor mit zwei Komponenten.

$$\begin{bmatrix} p_{11} & p_{12} \\ p_{21} & p_{22} \end{bmatrix} \begin{bmatrix} a_1 \\ a_2 \end{bmatrix} = \begin{bmatrix} b_1 \\ b_2 \end{bmatrix} \qquad (3.2.31)$$

Für die Koeffizienten a_1 und a_2 ergibt sich mit $p_{12} = p_{21}$:

$$a_1 = \frac{p_{22} b_1 - p_{12} b_2}{p_{11} p_{22} - p_{12}^2} \qquad (3.2.32)$$

$$a_2 = \frac{p_{11} b_2 - p_{12} b_1}{p_{11} p_{22} - p_{12}^2} \qquad (3.2.33)$$

Betrachtet man die Matrizen P und B, so können deren Elemente mit Hilfe der Gleichungen (3.2.25), (3.2.29) und (3.2.30) wie folgt beschrieben werden:

$$p_{11} = \sum_{j=2}^{n} i_j^2 \qquad (3.2.34a) \qquad\qquad b_1 = \sum_{j=2}^{n} i_j\, u_j \qquad (3.2.35a)$$

$$p_{12} = \sum_{j=2}^{n} i_j\, i_{j-1} \qquad (3.2.34b) \qquad\qquad b_2 = \sum_{j=2}^{n} i_{j-1}\, u_j \qquad (3.2.35a)$$

$$p_{21} = p_{12} \qquad (3.2.34c)$$

$$p_{22} = \sum_{j=2}^{n} i_{j-1}^2 \qquad (3.2.34d)$$

Somit ergibt sich für Leitungswiderstand R und Induktivität L:

$$R = a_1 + a_2 = \frac{p_{22}\, b_1 - p_{12}\, b_2 + p_{11}\, b_2 - p_{12}\, b_1}{p_{11}\, p_{22} - p_{12}^2}$$

$$= \frac{b_1 \cdot (p_{22} - p_{12}) + b_2 \cdot (p_{11} - p_{12})}{p_{11}\, p_{22} - p_{12}^2}$$

$$= \frac{\Sigma\, i_j u_j \cdot \left(\Sigma\, i_{j-1}^2 - \Sigma\, i_j\, i_{j-1}\right) + \Sigma\, i_{j-1} u_j \cdot \left(\Sigma\, i_j^2 - \Sigma\, i_j i_{j-1}\right)}{\Sigma\, i_j^2 \cdot \Sigma\, i_{j-1}^2 - \left(\Sigma\, i_j\, i_{j-1}\right)^2} \qquad (3.2.36)$$

$$X = -a_2\, \Delta t = \frac{p_{12}\, b_1 - p_{11}\, b_2}{p_{11}\, p_{22} - p_{12}^2} \cdot \Delta t$$

$$= \frac{\Sigma\, i_j u_j \cdot \Sigma\, i_j\, i_{j-1} - \Sigma\, i_{j-1} u_j \cdot \Sigma\, i_j^2}{\Sigma\, i_j^2 \cdot \Sigma\, i_{j-1}^2 - \left(\Sigma\, i_j\, i_{j-1}\right)^2} \cdot \Delta t \qquad (3.2.37)$$

mit $\Sigma x = \sum_{j=2}^{n} x$

Wie schon bei der A3- und A4-Methode können Widerstand und Induktivität korrigiert werden. Für rein sinusförmige Eingangssignale ergibt sich aus der das Leitungsmodell beschreibenden Differentialgleichung 1. Ordnung:

$$\hat{u}\,\sin(\omega t+\varphi) = R_0\,\hat{i}\,\sin(\omega t) + \omega\,L_0\,\hat{i}\,\cos(\omega t) \tag{3.2.38}$$

mit R_0: exakter Wert des Leitungswiderstandes

L_0: exakter Wert der Leitungsinduktivität

Entsprechend Gleichung (3.2.21) erhält man als Näherung:

$$\hat{u}\,\sin(\omega t+\varphi) = R\,\hat{i}\,\sin(\omega t) + L\,\hat{i}\cdot\frac{2\sin(\frac{\Delta}{2})\cdot\cos(\omega t-\frac{\Delta}{2})}{\Delta t}$$

$$= R\hat{i}\,\sin(\omega t) + L\hat{i}\cdot\frac{2\sin(\frac{\Delta}{2})}{\Delta t}\cdot\Big(\cos(\omega t)\cos(\frac{\Delta}{2}) + \sin(\omega t)\sin(\frac{\Delta}{2})\Big)$$

$$= \hat{i}\,\sin(\omega t)\cdot\Big(R + L\cdot\frac{2\sin(\frac{\Delta}{2})}{\Delta t}\cdot\sin(\frac{\Delta}{2})\Big)$$

$$+\ \omega\,\hat{i}\,\cos(\omega t)\cdot\Big(L\cdot\frac{2\sin(\frac{\Delta}{2})}{\Delta t}\cdot\cos(\frac{\Delta}{2})\Big) \tag{3.2.39}$$

mit $\Delta = \omega\,\Delta t$.

Der Koeffizientenvergleich zwischen den Gleichungen (3.2.38) und (3.2.39) liefert:

$$L_o = L \cdot \frac{2\sin(\frac{\Delta}{2}) \cdot \cos(\frac{\Delta}{2})}{\Delta} = L \cdot \frac{\sin(\Delta)}{\Delta} \qquad (3.2.40)$$

$$R_o = R + L \cdot \frac{2\sin(\frac{\Delta}{2}) \cdot \sin(\frac{\Delta}{2})}{\Delta t}$$

$$= R + L_o \cdot \frac{\sin(\frac{\Delta}{2})}{\cos(\frac{\Delta}{2})} \cdot \frac{\Delta}{\Delta t}$$

$$= R + L_o \cdot \tan(\frac{\Delta}{2}) \cdot \omega \qquad (3.2.41)$$

Als Abtastrate werden gemäß /16/ h = 24 Werte pro Periode verwendet, das Datenfenster umfaßt jeweils 18 Abtastwerte von Strom und Spannung. Daraus resultiert eine Datenfensterbreite b = 15 ms.

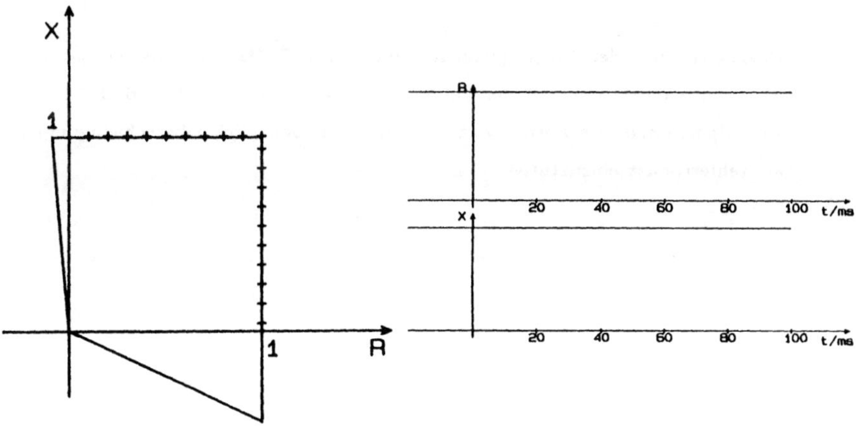

Bild 3.2.19: **Algorithmus von Bornard/Bastide sinusförmige Eingangssignale**

Wie Bild 3.2.19 zeigt, werden mit Hilfe der Korrekturen bei rein sinusförmigen Eingangssignalen die Impedanzen exakt berechnet.

Bornard/Bastide - Oberschwingungen

Wird der Eingangsspannung ein Oberschwingungsanteil von 5 % in der Spannung überlagert, so verschlechtert sich das Auslöseverhalten kaum, d. h. der Fehler bleibt bei ca. 1 % (Bild 3.2.20). Damit reagiert der Algorithmus auf Oberschwingungen wesentlich robuster als alle bisher betrachteten Algorithmen.

Selbst bei einem Oberschwingungsanteil von 10 % sind die Abweichungen mit f_u = 3 % vernachlässigbar (Bild 3.2.21). Der Vergleich mit Bild 3.2.20 zeigt einen linearen Zusammenhang zwischen Anteil der Harmonischen und Fehler.

Eine Erhöhung der Frequenz (5. Harmonische) unter Beibehaltung des Oberschwingungsanteils (10 %) ändert gegenüber dem Auslöseverhalten bei der 3. Harmonischen nichts. Der Unterfunktionsfehler beträgt weiterhin f_u = 3 % (Bild 3.2.22).

Überlagert man den Eingangssignalen die 3. und 5. Harmonische mit jeweils 10 % gleichzeitig, so bleibt der Fehler immer noch bei f_u = 3 % (Bild 3.2.23). Der Algorithmus von Bornard/Bastide ist somit bezüglich Oberschwingungen als fehlerrobust einzustufen.

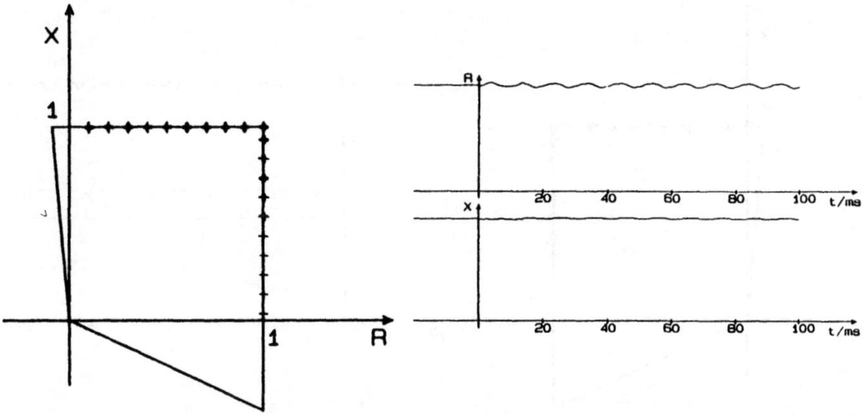

Bild 3.2.20: Algorithmus von Bornard/Bastide
oberschwingungsbehaftete Eingangssignale (3. Harmonische, 5 %)

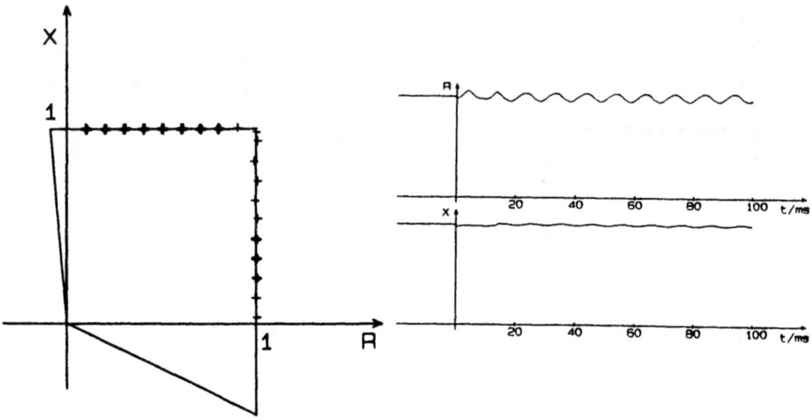

Bild 3.2.21: Algorithmus von Bornard/Bastide
oberschwingungsbehaftete Eingangssignale (3. Harmonische, 10 %)

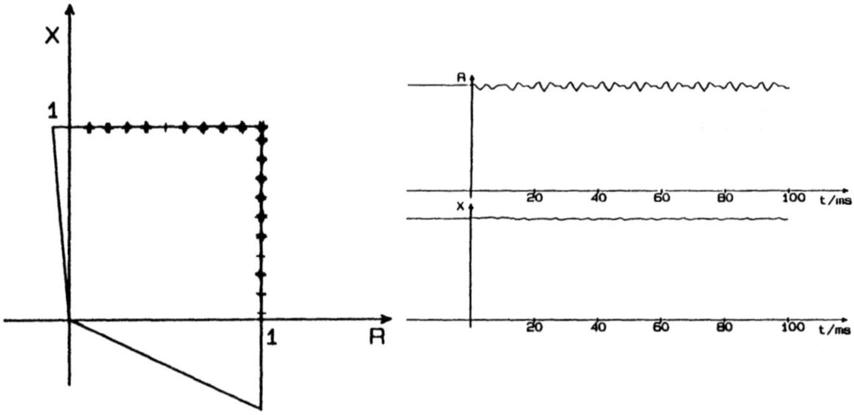

Bild 3.2.22: Algorithmus von Bornard/Bastide
oberschwingungsbehaftete Eingangssignale (5. Harmonische, 10 %)

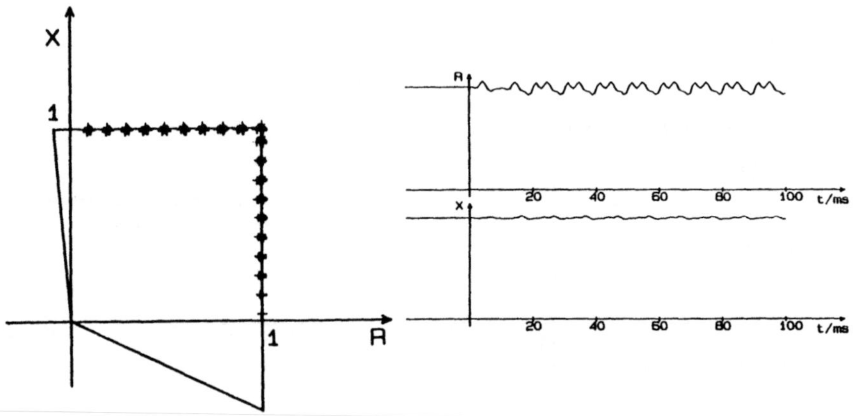

Bild 3.2.23: Algorithmus von Bornard/Bastide
oberschwingungsbehaftete Eingangssignale
(3. und 5. Oberschwingung, jeweils 10 %)

Bornard/Bastide - Gleichstromglieder

Obwohl durch den Differentialgleichungsansatz Gleichstromglieder berücksichtigt sind, nimmt der Fehler mit größer werdender Gleichstromzeitkonstante zu, wie Bild 3.2.24 verdeutlicht. Hierbei sind Über- und Unterfunktion etwa gleich stark ausgeprägt, die Fehler erreichen ca. 5 %. Der Grund hierfür ist die Phasenverschiebung, die bei der Bildung der Ableitungen in Gleichung (3.2.21) entsteht. Somit wird dieser Algorithmus durch Gleichstromglieder etwa doppelt so stark beeinflußt wie die A3- bzw. A4-Methoden.

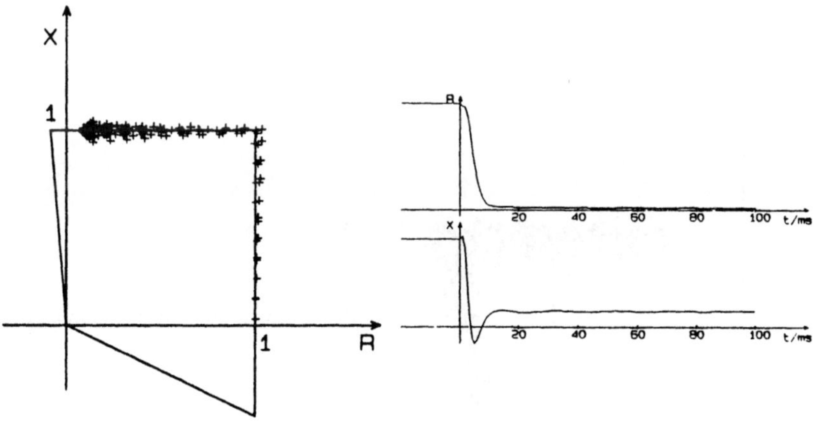

Bild 3.2.24: Algorithmus von Bornard/Bastide

Eingangssignale mit überlagertem Gleichstromglied

Bornard/Bastide - Lichtbogenspannungen und Kabelkapazitäten

Entsprechend der geringen Oberschwingungsempfindlichkeit ist auch die Streuung durch eine überlagerte Lichtbogenspannung wesentlich kleiner als bei allen bisher betrachteten Algorithmen (Bild 3.2.25). Von der Verschiebung in R-Richtung aufgrund des ohmschen Anteils abgesehen, streuen die Werte um ca. ± 8 %.

Auch bei nichtganzzahligen Harmonischen führt die Fehlerausgleichsrechnung zu wesentlich kleineren Fehlern gegenüber den zuvor betrachteten Algorithmen (Bild 3.2.26). Dabei wird allerdings im wesentlichen die Neigung zur Unterfunktion stark verkleinert (ca. 8 %), die Überfunktion erreicht immer noch 80 %.

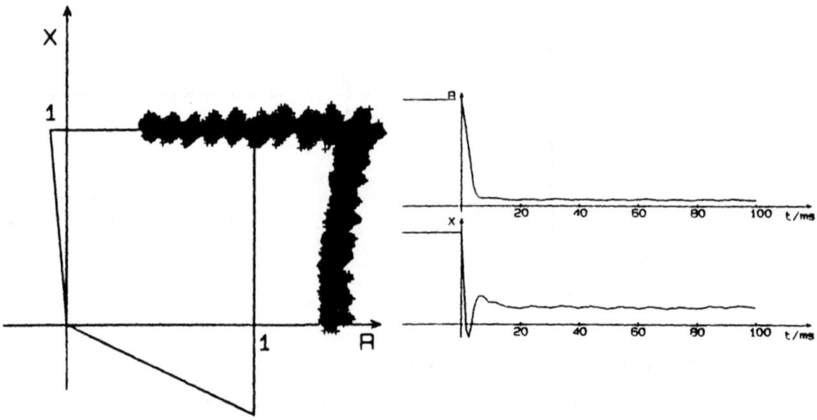

Bild 3.2.25: Algorithmus von Bornard/Bastide

Eingangssignale mit überlagerter Lichtbogenspannung

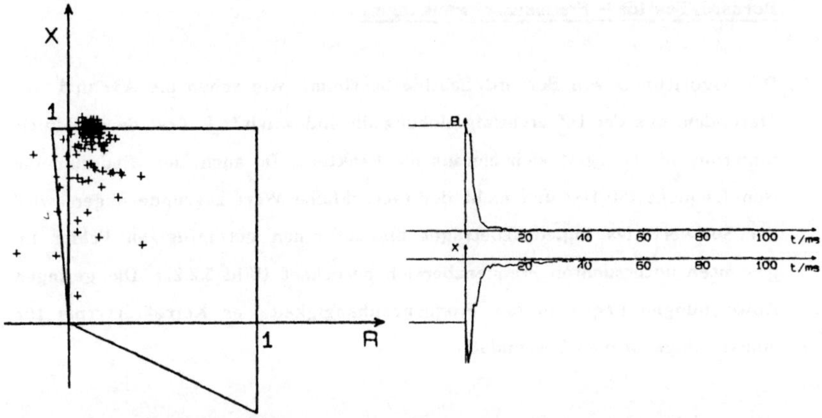

Bild 3.2.26: Algorithmus von Bornard/Bastide
Kurzschluß auf einem 380 kV-Kabel

Bornard/Bastide - Frequenzschwankungen

Der Algorithmus von Bornard/Bastide bestimmt, wie schon die A3- und A4-Methoden, aus der Differentialgleichung die Induktivität L. Erst durch Multiplikation mit ω ergibt sich hieraus die Reaktanz. Da auch hier wiederum die Nennfrequenz (50 Hz) und nicht der tatsächliche Wert zugrunde liegen, wird der Sollwert des Impedanzbetrages bis auf einen geringfügigen Fehler im gesamten untersuchten Frequenzbereich berechnet (Bild 3.2.27). Die geringen Abweichungen liegen in der Frequenzabhängigkeit des Korrekturterms für sinusförmige Größen begründet.

Neben einem etwas gedämpfteren Einschwingen ist auch die Welligkeit der Impedanztrajektorie vernachlässigbar klein (Bild 3.2.28). Da außerdem keine Überfunktion auftritt, führt die Fehlerausgleichsrechnung auch bei Netzpendelungen zu einem besseren Auslöseverhalten.

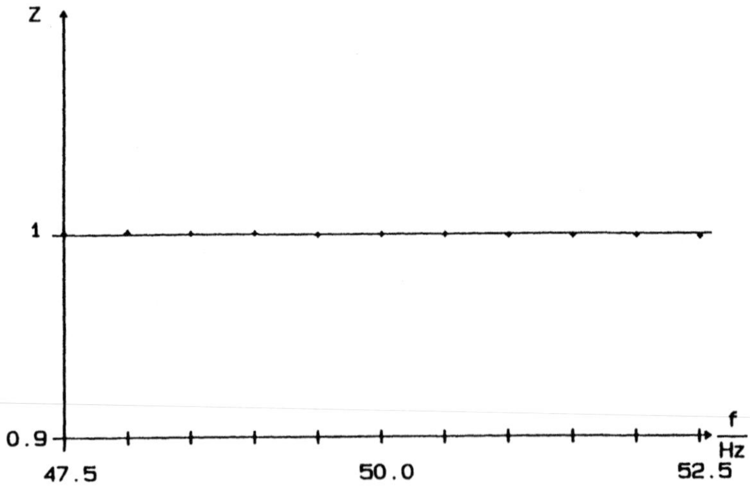

Bild 3.2.27: Algorithmus von Bornard/Bastide
Netzfrequenzschwankungen

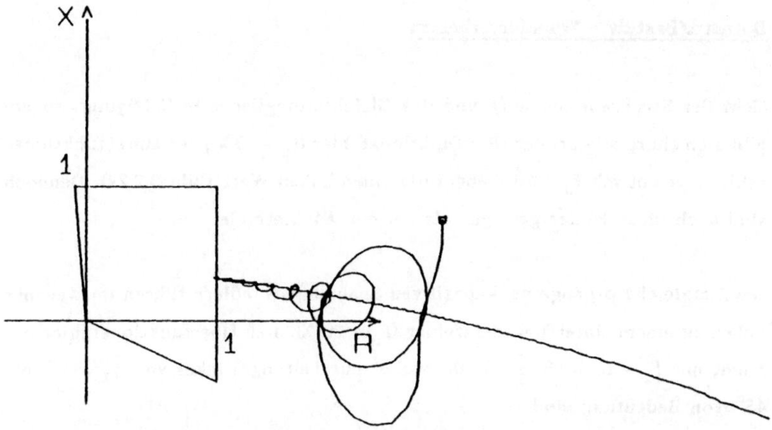

Bild 3.2.28: Algorithmus von Bornard/Bastide

Netzpendelungen

Bornard/Bastide - Wandlerverhalten

Geht der Stromwandler aufgrund des Gleichstromgliedes in Sättigung, so ergibt sich ein relativ großer Überfunktionsfehler ($f_{\ddot{u}}$ = 50 %); der Unterfunktionsfehler erreicht mit f_u = 40 % ebenfalls einen hohen Wert (Bild 3.2.29). Dennoch sind auch diese Fehler geringer als bei der A4-Methode.

Die Ausgleichsvorgänge bei kapazitiven Spannungswandlern führen im wesentlichen zu einem Unterfunktionsfehler (f_u = 20 %). Der Überfunktionsfehler erreicht nur $f_{\ddot{u}}$ = 10 % (Bild 3.2.30), wobei nur Leitungswinkel von φ_L = 0° bis 45° von Bedeutung sind.

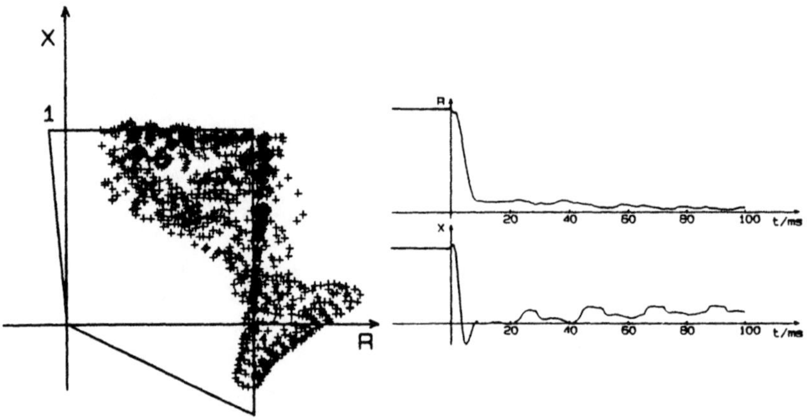

Bild 3.2.29: Algorithmus von Bornard/Bastide
Wandlersättigung

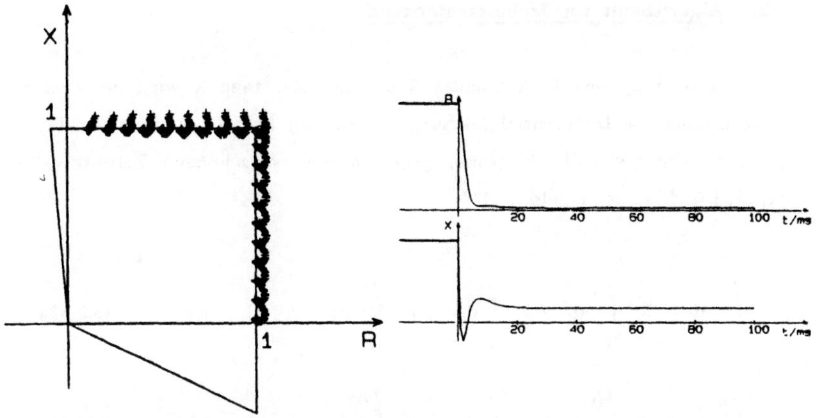

Bild 3.2.30: Algorithmus von Bornard/Bastide

Ausgleichsvorgänge bei kapazitiven Spannungswandlern

Bornard/Bastide - Zusammenfassung

Der Algorithmus von Bornard/Bastide ist aufgrund der Fehlerausgleichsrechnung störunempfindlicher als die Sinusalgorithmen und die A3- und A4-Methoden. Für diesen Vorteil muß jedoch die größere Datenfensterbreite von ca. 15 ms in Kauf genommen werden. Des weiteren ist insbesondere der Überfunktionsfehler bei Kabelkurzschlüssen und Wandlersättigung nicht vernachlässigbar.

3.2.4 Algorithmus von McInnes/Morrison

Zur Bestimmung des Widerstandes R und der Reaktanz X wird bei diesem Algorithmus die Differentialgleichung 1. Ordnung mittels numerischer Integration über zwei gleich große, gegeneinander verschobene Zeitintervalle $[t_1 .. t_6]$ und $[t_6 ... t_{11}]$ gelöst /17/:

$$\int_{t_1}^{t_6} u\, dt = R \cdot \int_{t_1}^{t_6} i\, dt + L \cdot \int_{i_1}^{i_6} di = R \cdot \int_{t_1}^{t_6} i\, dt + L \cdot (i_6 - i_1) \tag{3.2.42a}$$

$$\int_{t_6}^{t_{11}} u\, dt = R \cdot \int_{t_6}^{t_{11}} i\, dt + L \cdot \int_{i_6}^{i_{11}} di = R \cdot \int_{t_6}^{t_{11}} i\, dt + L \cdot (i_6 - i_1) \tag{3.2.42b}$$

Die vier bestimmten Integrale können numerisch mit dem Sehnen-Trapez-Verfahren berechnet werden.

Das Auflösen nach R und L liefert:

$$R = \frac{(i_6 - i_1) \cdot \int_{t_6}^{t_{11}} u\, dt - (i_{11} - i_6) \cdot \int_{t_1}^{t_6} u\, dt}{(i_6 - i_1) \cdot \int_{t_6}^{t_{11}} i\, dt - (i_{11} - i_6) \cdot \int_{t_1}^{t_6} i\, dt} \tag{3.2.43}$$

$$L = \frac{\int_{t_1}^{t_6} u\, dt \cdot \int_{t_6}^{t_{11}} i\, dt - \int_{t_6}^{t_{11}} u\, dt \cdot \int_{t_1}^{t_6} i\, dt}{(i_6 - i_1) \cdot \int_{t_6}^{t_{11}} i\, dt - (i_{11} - i_6) \cdot \int_{t_1}^{t_6} i\, dt} \tag{3.2.44}$$

Als Abtastrate werden h = 20 Werte pro Periode verwendet, so daß sich eine Datenfensterbreite von b = 11 ms ergibt.

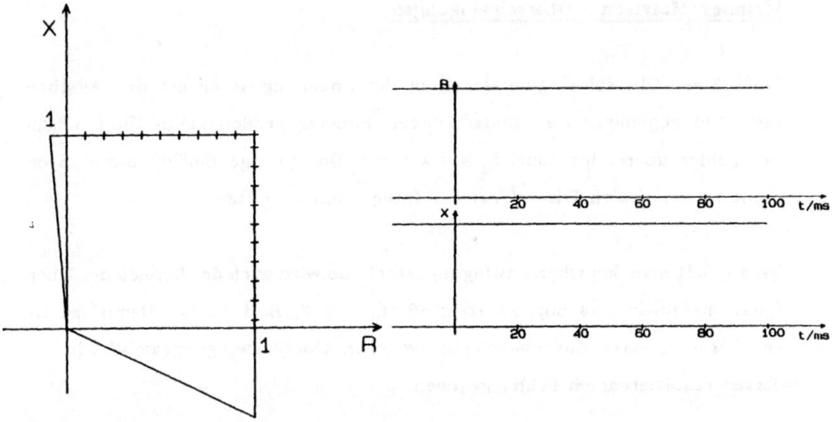

Bild 3.2.31: Algorithmus von McInnes/Morrison
sinusförmige Eingangssignale

Bis auf einen vernachlässigbar kleinen Überfunktionsfehler (f_u = 1 %) wird die Impedanz für alle Leitungswinkel exakt berechnet (Bild 3.2.31). Dieser ist auf Rechenungenauigkeiten beim Sehnen-Trapez-Verfahren zurückzuführen.

McInnes/Morrison - Oberschwingungen

Ein 5 %iger Oberschwingungsanteil in der Spannung verändert das Auslöseverhalten gegenüber rein sinusförmigen Eingangsgrößen kaum (Bild 3.2.32). Der Fehler übersteigt dabei f_u = 1 % nicht. Der geringe Einfluß dieser Störgröße ist durch den Filtereffekt der Integration begründet.

Verdoppelt man den Oberschwingungsanteil, so wird auch der Bereich der Überfunktionsfehler etwa doppelt so groß (f_u = 2 %, Bild 3.2.33). Damit ist ein annähernd linearer Zusammenhang zwischen Oberschwingungsamplitude und daraus resultierendem Fehler gegeben.

Ein Oberschwingungsanteil der 5. Harmonischen von 10 % führt zu ähnlichem Auslöseverhalten wie ein gleich großer Anteil der 3. Harmonischen (Bild 3.2.34). Auch hier macht sich die Filterwirkung der Integration positiv bemerkbar. Somit hat die Ordnung der Oberschwingung annähernd keinen Einfluß auf die Berechnungsgenauigkeit.

Entsprechend den Auslösediagrammen bei der 3. und 5. Oberschwingung ergibt sich auch bei einer gleichzeitigen Aufschaltung beider Harmonischen ein nahezu ideales Auslöseverhalten (Bild 3.2.35). Auch der Algorithmus von McInnes/Morrison ist somit neben dem von Bornard/Bastide als fehlerrobust bezüglich Oberschwingungen einzustufen.

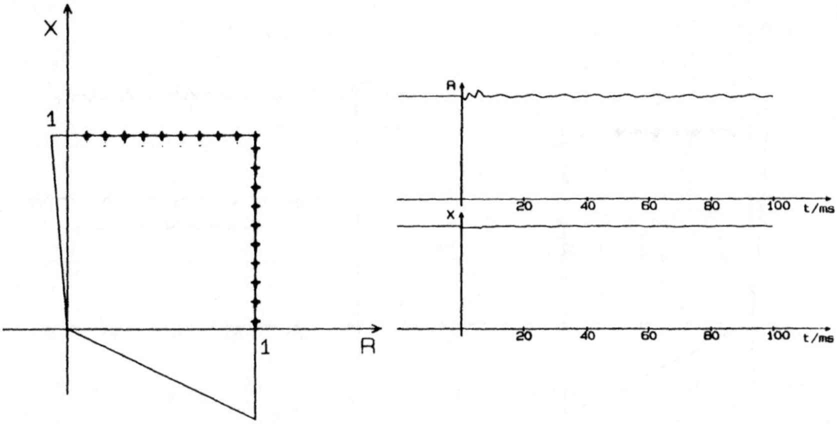

Bild 3.2.32: Algorithmus von McInnes/Morrison
oberschwingungsbehaftete Eingangssignale (3. Harmonische, 5 %)

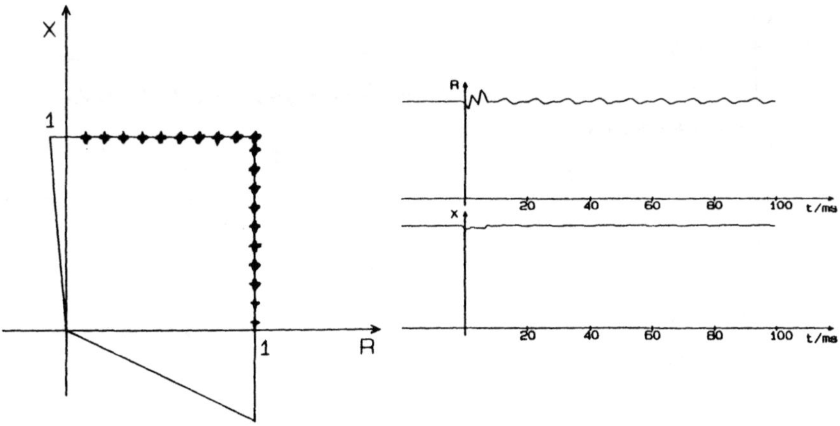

Bild 3.2.33: Algorithmus von McInnes/Morrison
oberschwingungsbehaftete Eingangssignale (3. Harmonische, 10 %)

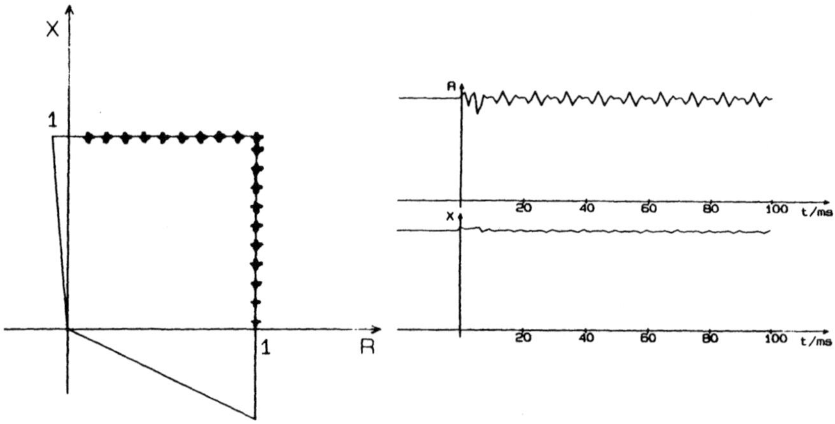

Bild 3.2.34: Algorithmus von McInnes/Morrison
oberschwingungsbehaftete Eingangssignale (5. Harmonische, 10 %)

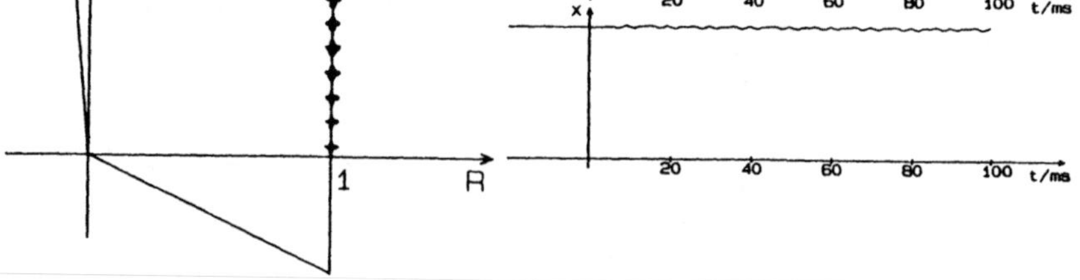

Bild 3.2.35: Algorithmus von McInnes/Morrison
oberschwingungsbehaftete Eingangssignale
(3. und 5. Harmonische, jeweils 10 %)

McInnes/Morrison - Gleichstromglieder

Die in den Eingangssignalen enthaltenen Gleichstromglieder beeinflussen das Auslöseverhalten dieses Algorithmus nur unmerklich (Bild 3.2.36). Er zeigt somit auch bei Gleichstromgliedern gegenüber den bisher betrachteten Algorithmen ein fehlerrobustes Verhalten.

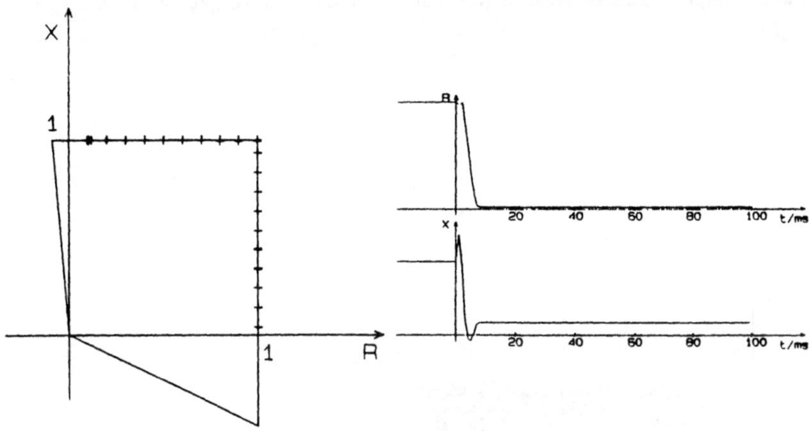

Bild 3.2.36: Algorithmus von McInnes/Morrison

Eingangssignale mit überlagertem Gleichstromglied

McInnes/Morrison - Lichtbogenspannungen und Kabelkapazitäten

Entsprechend der Unempfindlichkeit gegen Oberschwingungen streuen die Impedanzwerte aufgrund des Lichtbogenanteils verhältnismäßig gering. Um die zu erwartende Verschiebung in R-Richtung weichen die Werte nur ± 10 % (Bild 3.2.37) ab. Der Algorithmus ist damit etwas empfindlicher als der von Bornard/ Bastide (ca. ± 8 %).

Bei einem Kurzschluß auf einem Hochspannungskabel zeigt der Algorithmus von McInnes/Morrison das mit Abstand beste Auslöseverhalten. Die berechneten Impedanzwerte streuen hier nur ± 5 % um den vorgegebenen Sollwert (Bild 3.2.38).

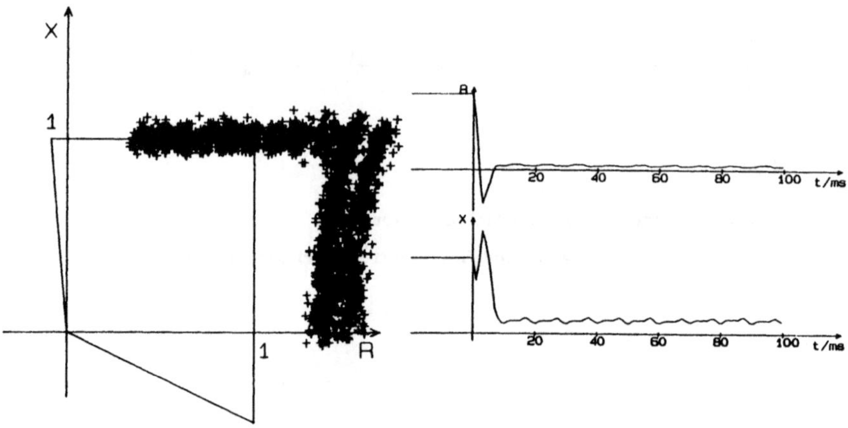

Bild 3.2.37: Algorithmus von McInnes/Morrison

Eingangssignale mit überlagertem Lichtbogenanteil

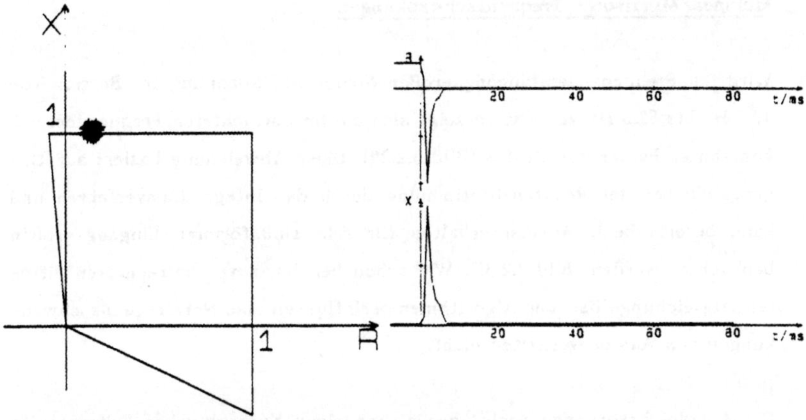

Bild 3.2.38: Algorithmus von McInnes/Morrison
Kurzschluß auf einem 380 kV-Kabel

McInnes/Morrison - Frequenzschwankungen

Wird die Frequenz der Eingangsgrößen Strom und Spannung im Bereich von 47.5 Hz bis 52.5 Hz variiert, so zeigt sich ein im betrachteten Frequenzbereich konstanter Fehler von ca. 1 % (Bild 3.2.39). Diese Abweichung basiert auf Ungenauigkeiten der Reaktanzbestimmung durch das Integrationsverfahren und kann bereits beim Auslöseverhalten für rein sinusförmige Eingangsgrößen beobachtet werden (Bild 3.2.31). Wie schon bei den zuvor betrachteten differentialgleichungslösenden Algorithmen beeinflussen also Netzfrequenzschwankungen das Auslöseverhalten nicht.

Die Ausgleichsvorgänge nach Abschaltung eines Kurzschlusses führen beim Algorithmus von McInnes/Morrison zu den bisher größten Streuungen (Bild 3.2.40). Aber auch hier wird aufgrund der Pendelungen die Auslösegrenze ohne Überfunktion erreicht, die Welligkeit entspricht in etwa der der Lobos-Methoden A3 und A4.

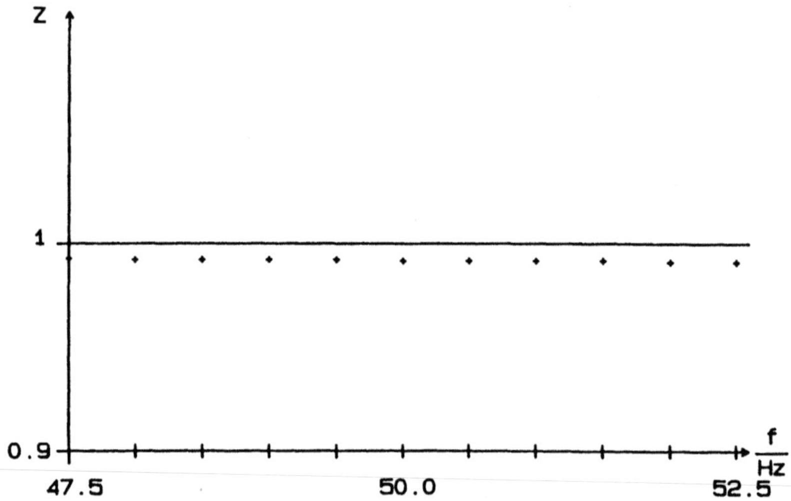

Bild 3.2.39: Algorithmus von McInnes/Morrison Netzfrequenzschwankungen

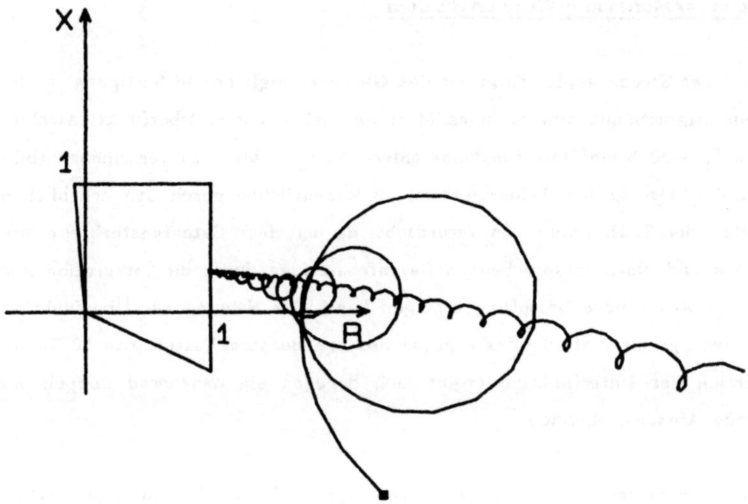

Bild 3.2.40: Algorithmus von McInnes/Morrison
Netzpendelungen

McInnes/Morrison - Wandlerverhalten

Geht der Stromwandler aufgrund des Gleichstromgliedes in Sättigung, so ist beim Algorithmus von McInnes/Morrison neben einem Überfunktionsfehler von $f_ü$ = 30 % ein Unterfunktionsfehler von f_u = 80 % zu verzeichnen (Bild 3.2.41). Diese großen Fehler werden im wesentlichen durch den erheblichen Anteil der 2. Harmonischen verursacht, da bei einer Datenfensterbreite von 11 ms und einer entsprechenden Datenfensterlage durch die Integration nur eine unwesentliche Dämpfung erfolgen kann. Die Neigung zur Überfunktion ist zwar geringer als die des Algorithmus von Bornard/Bastide (ca. 50 %), im Bereich der Unterfunktion ergibt sich dagegen ein annähernd doppelt so großer Unschärfebereich.

Auch der Einsatz von kapazitiven Spannungswandlern führt zu einem großen Unter- und einem kleinen Überfunktionsbereich (Bild 3.2.42). Die Fehler erreichen Werte von f_u = 50 % und $f_ü$ = 10 %.

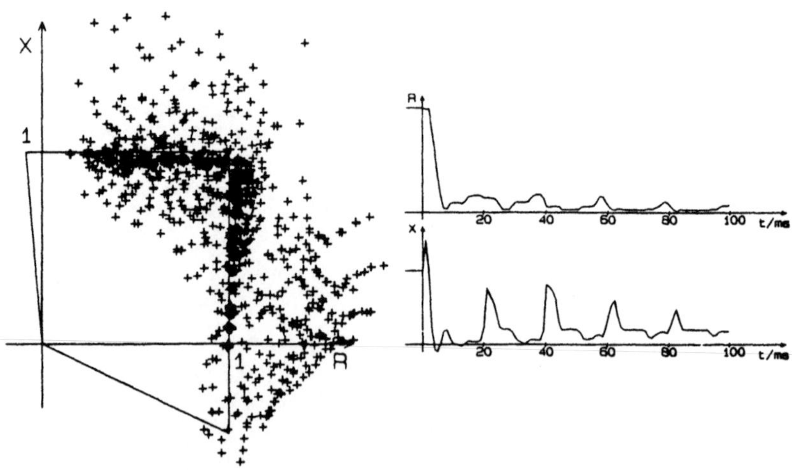

Bild 3.2.41: Algorithmus von McInnes/Morrison Stromwandlersättigung

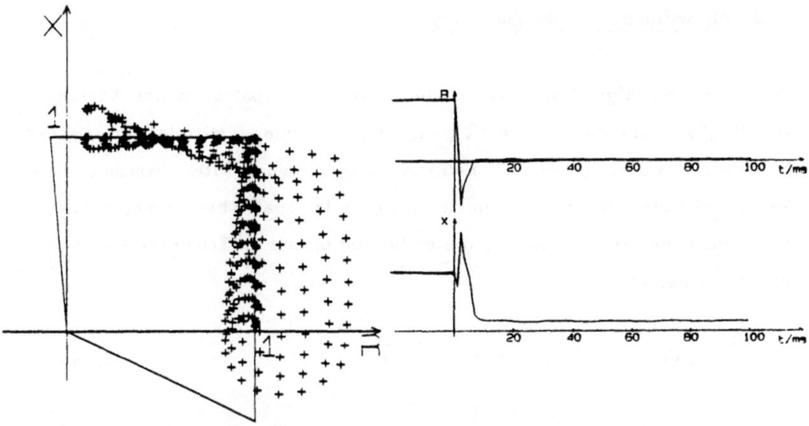

Bild 3.2.42: Algorithmus von McInnes/Morrison
Ausgleichsvorgänge bei kapazitiven Spannungswandlern

McInnes/Morrison - Zusammenfassung

Auch der Algorithmus von McInnes/Morrison zeigt gegenüber der A3- und A4-Methode eine wesentlich geringere Störempfindlichkeit in bezug auf die 3. und 5. Oberschwingung. Dabei übertrifft er sogar das Fehlerausgleichsverfahren von Bornard/Bastide. Der Grund für dieses Verhalten liegt in der teilweisen Unterdrückung dieser Spektralanteile durch die glättende Wirkung der Integration. Dementsprechend gering sind auch die Fehler bei Lichtbogen- und Kabelkurzschlüssen. Auch bei exponentiell abklingenden Gleichstromanteilen sind die Über- und Unterfunktion vernachlässigbar. Hingegen führt der hohe Anteil der 2. Harmonischen bei Wandlersättigung zu einem erheblichen Unterfunktionsfehler (f_u = 80 %), da die Datenfensterbreite zu klein ist, um eine filternde Wirkung zu ermöglichen. Die Fehler bei kapazitiven Spannungswandlern entsprechen in etwa denen der A3- und A4-Methode. Auf Netzfrequenzschwankungen reagiert der Algorithmus wie alle Algorithmen, die Differentialgleichungen lösen, unempfindlich. Dies ist auf die direkte Bestimmung der Induktivität zurückzuführen.

3.2.5 Algorithmus von Ranjbar/Cory

Wie schon der Algorithmus von McInnes/Morrison löst auch das Verfahren von Ranjbar/Cory die Differentialgleichung 1. Ordnung mittels numerischer Integration, wobei gezielt Oberschwingungen herausgefiltert werden /18/. Somit stellt diese Methode einen Übergang zu den später besprochenen Filteralgorithmen dar. Die Anwendung dieses Verfahrens auf die Leitungsdifferentialgleichung liefert:

$$\sum_{1} \int u \, dt = R \cdot \sum_{1} \int i \, dt + L \cdot \sum_{1} \int di \qquad (3.2.45)$$

Die einzelnen Integrale werden dabei mittels Sehnen-Trapez-Verfahren berechnet. Das Integral über di wird zur Differenz der Integrationsgrenzen.

Um R und L bestimmen zu können, muß diese Differentialgleichung wiederum für zwei Summenintervalle gelöst werden.

$$R = \frac{\sum_{2} \int u \, dt \cdot \sum_{1} \int di - \sum_{1} \int u \, dt \cdot \sum_{2} \int di}{\sum_{2} \int i \, dt \cdot \sum_{1} \int di - \sum_{1} \int i \, dt \cdot \sum_{2} \int di} \qquad (3.2.46)$$

$$R = \frac{\sum_{1} \int u \, dt \cdot \sum_{2} \int i \, dt - \sum_{2} \int u \, dt \cdot \sum_{1} \int i \, dt}{\sum_{2} \int i \, dt \cdot \sum_{1} \int di - \sum_{1} \int i \, dt \cdot \sum_{2} \int di} \qquad (3.2.47)$$

Die Wirkungsweise der Filterung durch Summation von Integralen über verschiedene Zeitintervalle soll für die 2. und 3. Harmonische erklärt werden.

$$\sum \int x \, dx = \int_{0}^{2\frac{\pi}{3}} x \, dx + \int_{\frac{\pi}{2}}^{2\frac{\pi}{3}+\frac{\pi}{2}} x \, dx \qquad (3.2.48)$$

Die als Integrationsgrenzen angegebenen Winkel beziehen sich auf die 50 Hz-Grundschwingung. Beide Integrale überschreiten einen Winkelbereich von 2/3 π. Dies ist gerade die Periode des höchstfrequentesten Anteils (3. Harmonische, Bild 3.2.43b). Somit ergibt sich aus der 3. Harmonischen kein Anteil für die Summe. Die Verschiebung der beiden Integrale zueinander wird mit $\pi/2$ gerade so gewählt, daß eine 2. Harmonische in beiden Integralen Anteile F1 und F2 liefern, die sich aufheben (Bild 3.2.43c), so daß auch die 2. Harmonische eliminiert wird.

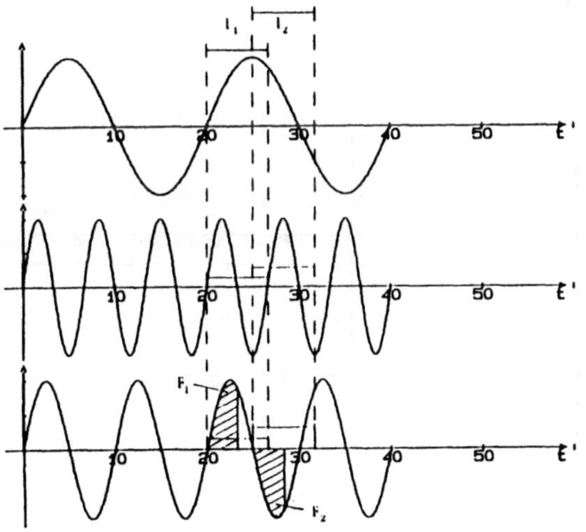

Bild 3.2.43: Unterdrückung der Störanteile von Oberschwingungen durch Verschiebung von Integrationsintervallen

a) Grundschwingung

b) 3. Harmonische

c) 2. Harmonische

Zur Beurteilung des Auslöseverhaltens dieses Algorithmus wird im folgenden die Integralsumme so gewählt, daß die 3., 5. und 7. Harmonische unterdrückt werden. Für diese Summe ergibt sich:

$$\sum \int x\,dx = \int_{0}^{2\frac{\pi}{7}} x\,dx + \int_{\frac{\pi}{3}}^{2\frac{\pi}{7}+\frac{\pi}{3}} x\,dx + \int_{\frac{\pi}{5}}^{2\frac{\pi}{7}+\frac{\pi}{5}} x\,dx + \int_{\frac{\pi}{3}+\frac{\pi}{5}}^{2\frac{\pi}{7}+\frac{\pi}{3}+\frac{\pi}{5}} x\,dx \qquad (3.2.49)$$

Hierbei ist zu beachten, daß eine größere Anzahl berücksichtigter Oberschwingungsanteile zu einem breiteren Datenfenster führt. Des weiteren muß - entsprechend den verschiedenen Integrationsgrenzen - eine feinere Winkelaufteilung und somit eine hohe Abtastrate verwendet werden. Bei der Berücksichtigung der 3., 5. und 7. Harmonischen ergibt sich eine Abtastrate von h = 60 Werten pro Periode bei einer Datenfensterbreite von b = 13 ms.

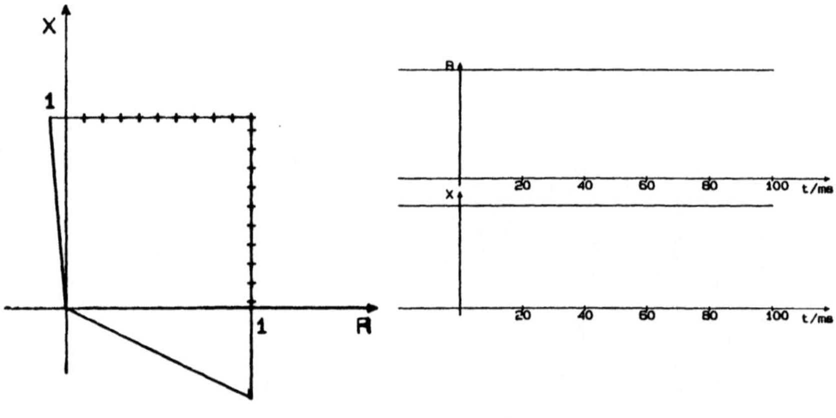

Bild 3.2.44: Algorithmus von Ranjbar/Cory
sinusförmige Eingangssignale

Da aufgrund der hohen Abtastrate die numerische Integration wesentlich genauer ist, treten bei rein sinusförmigen Eingangssignalen keine Berechnungsfehler auf (Bild 3.2.44).

Ranjbar/Cory - Oberschwingungen

Entsprechend der Wahl der Integrationsintervalle liefert die 3. Harmonische keinen Anteil bei der Summenberechnung. Daher erfolgt auch bei einem 10 %igen Anteil dieser Oberschwingung eine exakte Impedanzbestimmung (Bild 3.2.45).

Entsprechend den bezüglich der 3. Harmonischen gemachten Aussagen führt auch ein Störanteil der 5. Harmonischen zu keinerlei Fehlern (Bild 3.2.46).

Ebenso sorgt die Filterwirkung dieses Algorithmus dafür, daß auch bei gleichzeitiger, 10 %iger Überlagerung der 3. und 5. Harmonischen die Impedanz exakt berechnet wird (Bild 3.2.47).

Ein 10 %iger Anteil der 2. Harmonischen führt - obwohl diese im Ansatz nicht berücksichtigt wurde - zu einem vernachlässigbaren Überfunktionsfehler von f_u = 1 % (Bild 3.2.48).

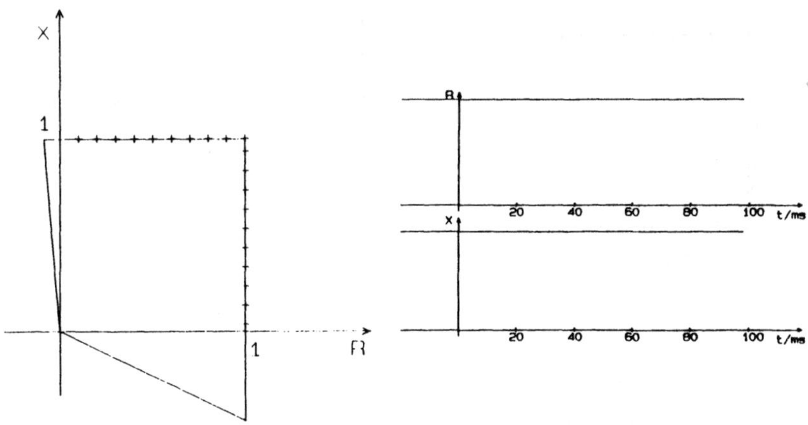

Bild 3.2.45: Algorithmus von Ranjbar/Cory
oberschwingungsbehaftete Eingangssignale (3. Harmonische, 10 %)

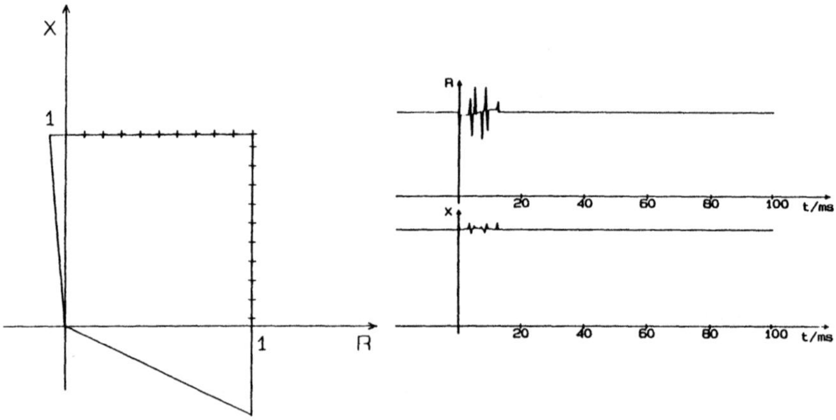

Bild 3.2.46: Algorithmus von Ranjbar/Cory
oberschwingungsbehaftete Eingangssignale (5. Harmonische, 10 %)

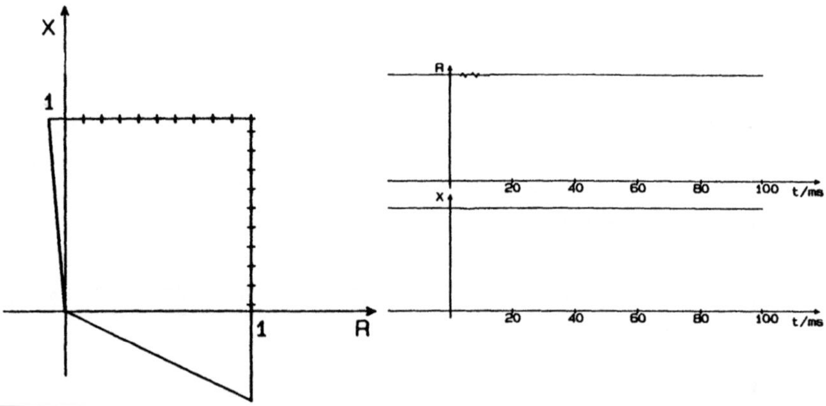

Bild 3.2.47: Algorithmus von Ranjbar/Cory
oberschwingungsbehaftete Eingangssignale
(3. und 5. Harmonische, jeweils 10 %)

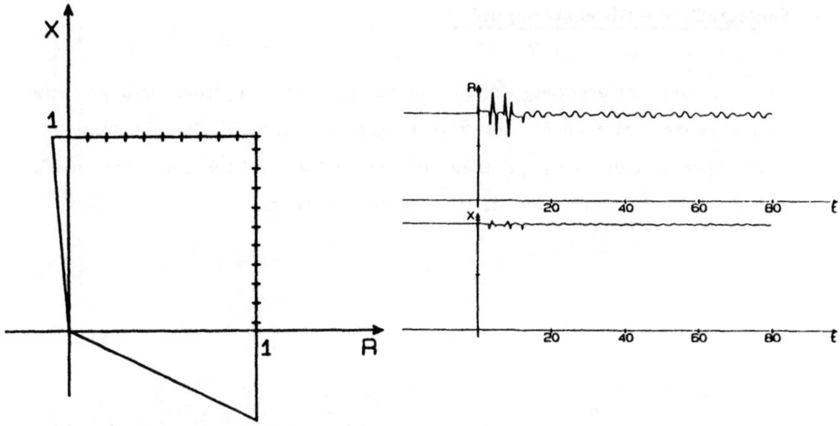

Bild 3.2.48: Algorithmus von Ranjbar/Cory

oberschwingungsbehaftete Eingangssignale (2. Harmonische, 10 %)

Ranjbar/Cory - Gleichstromglieder

Da durch den Differentialgleichungsansatz Gleichstromglieder berücksichtigt sind, ergeben sich auch für derartige Eingangssignalverfälschungen keine Abweichungen von den vorgegebenen Sollwerten (Bild 3.2.49). Auch hier macht sich die hohe Abtastrate zusätzlich positiv bemerkbar.

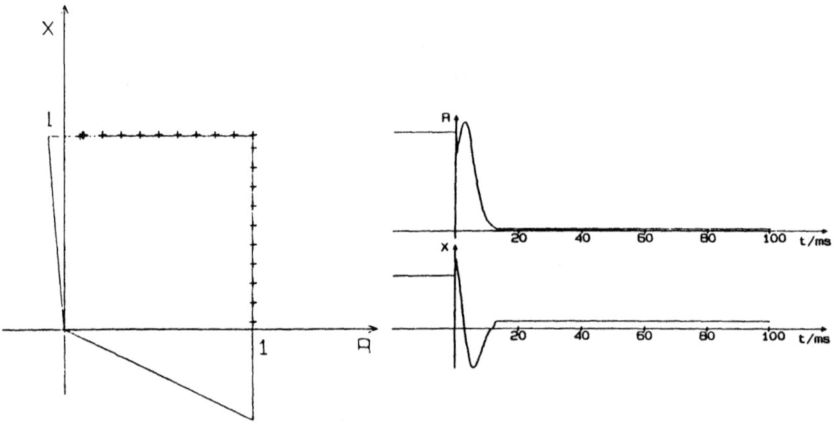

Bild 3.2.49: Algorithmus von Ranjbar/Cory

Eingangssignale mit überlagertem Gleichstromglied

Ranjbar/Cory - Lichtbogenspannungen und Kabelkapazitäten

Die Streuungen durch den Rauschanteil und die Löschspitzen der Lichtbogenspannungen erreichen ca. 25 % (Bild 3.2.50). Somit reagiert der Algorithmus auf stochastische Spektralanteile empfindlicher als der Algorithmus von McInnes/Morrison.

Entsprechend den Aussagen zum Auslöseverhalten bei Lichtbogenspannungen sind auch die Reaktionen auf die Ausgleichsvorgänge bei einem Kabelkurzschluß größer, sofern die Netzeigenfrequenz nicht zufällig auf die im Algorithmus berücksichtigten Frequenzen 150 Hz, 250 Hz oder 350 Hz fällt. Der 490 Hz-Anteil der Ausgleichsvorgänge im Beispiel (Bild 3.2.51) führt zu einem Über- und Unterfunktionsbereich mit Fehlern von f_u = f_u = 30 %. Damit reagiert der Algorithmus auf einen Kabelkurzschluß zwar empfindlicher als der Algorithmus von McInnes/Morrison, jedoch fehlerrobuster als die übrigen bisher betrachteten Algorithmen.

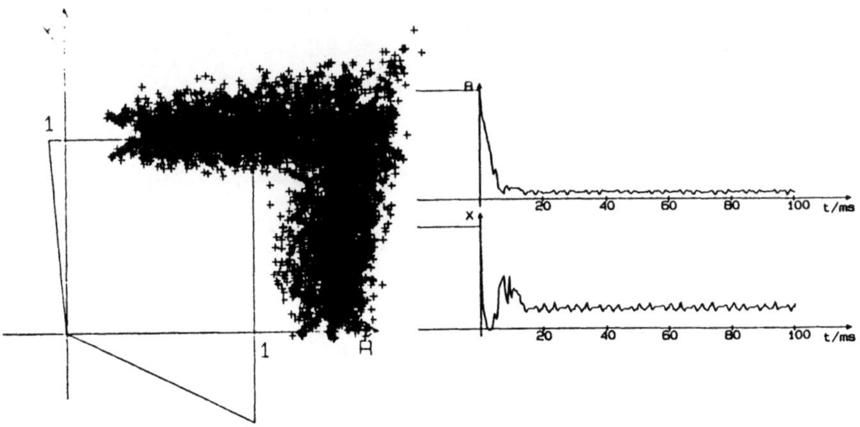

Bild 3.2.50: Algorithmus von Ranjbar/Cory

Eingangssignale mit überlagerter Lichtbogenspannung

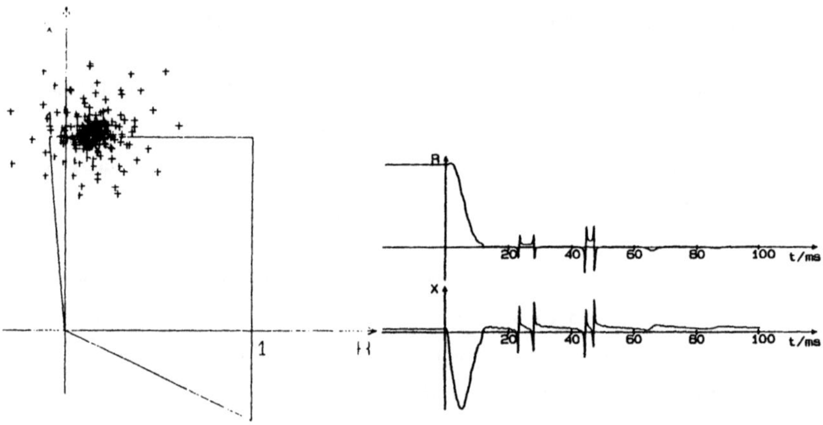

Bild 3.2.51: Algorithmus von Ranjbar/Cory
Kurzschluß auf einem 380 kV-Kabel

Ranjbar/Cory - Frequenzschwankung

Der Frequenzgang ist im Bereich von 47.5 Hz bis 52.5 Hz nahezu ideal (Bild 3.2.52). Dies liegt zum einen an der relativ genauen numerischen Integration mit sehr vielen Abtastwerten, zum anderen an der direkten Bestimmung der Induktitvität, die anschließend mit der Nennfrequenz f_n multipliziert wird.

Die aus den Einschwingvorgängen nach Abschalten des Kurzschlusses resultierenden Streuungen sind noch etwas stärker ausgeprägt als beim Algorithmus von McInnes/Morrison (Bild 3.2.53). Dafür ist die Welligkeit nach Erreichen der Grenzlinie etwas geringer. Wie bei allen bisher betrachteten Algorithmen tritt auch bei diesem keine Überfunktion aufgrund der Pendelungen auf.

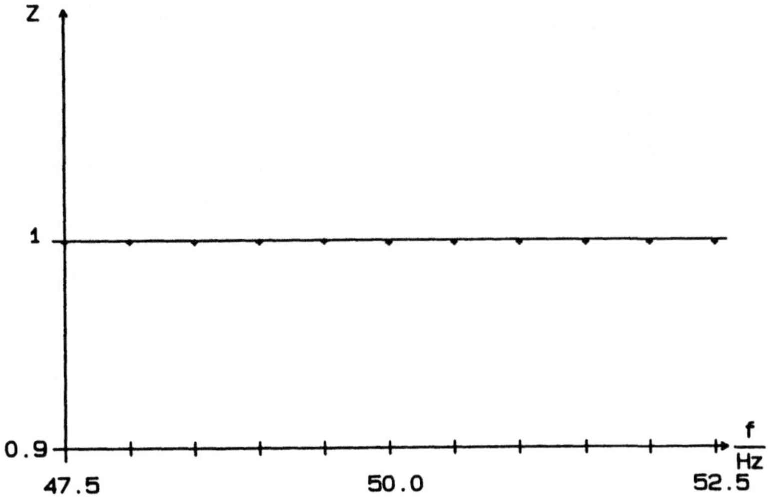

Bild 3.2.52: Algorithmus von Ranjbar/Cory
Netzfrequenzschwankungen

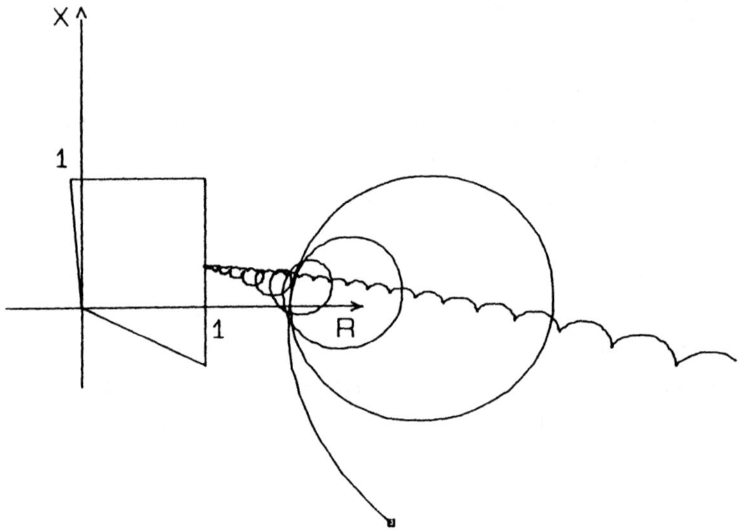

Bild 3.2.53: Algorithmus von Ranjbar/Cory
Netzpendelungen

Ranjbar/Cory - Wandlerverhalten

Ebenso wie bei einem Kabelkurzschluß führt auch das exponentielle Abklingen der nicht berücksichtigten Oberschwingungsanteile bei Wandlersättigung zu relativ großen Fehlern (Bild 3.2.54). Dabei überwiegt der Unterfunktionsfehler mit f_u = 80 %, der Überfunktionsfehler erreicht f_u = 30 %.

Auch bei Ausgleichsvorgängen in kapazitiven Spannungswandlern dominiert der Unterfunktionsfehler (f_u = 50 %, Bild 3.2.55). Der Überfunktionsfehler übersteigt f_u = 15 % nicht.

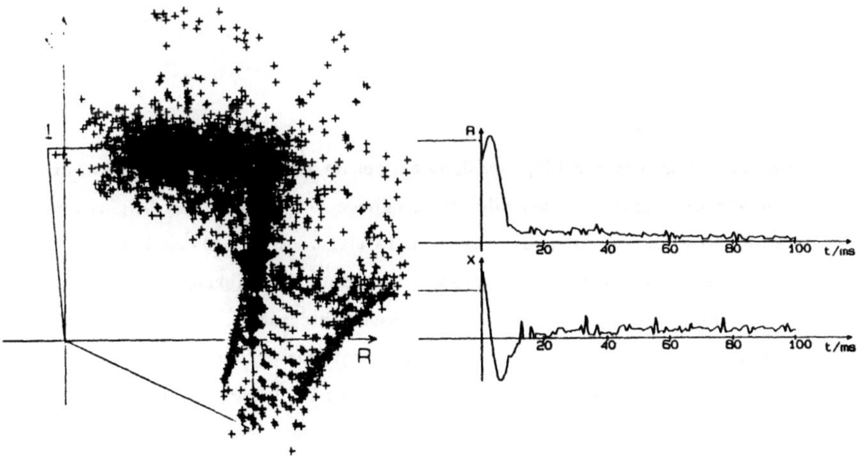

Bild 3.2.54: Algorithmus von Ranjbar/Cory
Stromwandlersättigung

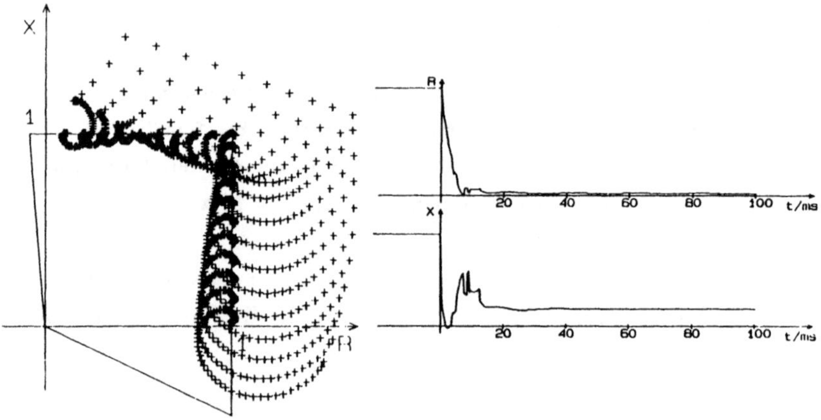

Bild 3.2.55: Algorithmus von Ranjbar/Cory
Ausgleichsvorgänge bei kapazitiven Spannungswandlern

Ranjbar/Cory - Zusammenfassung

Bei rein sinusförmigen Eingangssignalen, bei im Filteransatz berücksichtigten Oberschwingungen und bei Gleichstromgliedern berechnet der Algorithmus von Ranjbar/Cory die Impedanz exakt und weist unter den bisher betrachteten Algorithmen für diese Eingangsgrößen die größte Genauigkeit auf. Der Grund hierfür liegt zum einen in der relativ genauen Integration, die durch die hohe Abtastrate erzielt wird, zum anderen in der Filterwirkung der Integralsummation. Dafür zeigt sich das Verfahren bei nicht berücksichtigten Störanteilen empfindlicher als der Integrationsalgorithmus von McInnes/Morrison. Die Fehler aufgrund von Netzfrequenzschwankungen sind - wie bei allen differentialgleichungslösenden Algorithmen - vernachlässigbar klein. Trotz des teilweise geringfügig besseren Verhaltens ist der rechentechnische Mehraufwand des Verfahrens nach Ranjbar/Cory so erheblich, daß der Algorithmus von McInnes/Morrison vorzuziehen ist.

3.2.6 Algorithmus von Smolinski

Im Gegensatz zu den bisher betrachteten differentialgleichungslösenden Algorithmen, die alle vom Leitungsmodell 1. Ordnung ausgehen, berücksichtigt der Algorithmus von Smolinski auch Leitungskapazitäten in seinem Ansatz /20/. Hierzu wird die Leitung mittels einer einfachen π-Ersatzschaltung nachgebildet. Im Kurzschlußfall kann somit die Leitung durch eine Differentialgleichung 2. Ordnung beschrieben werden (siehe Kap. 2.1.4). Für den Zusammenhang zwischen Strom und Spannung am Einbauort der Schutzeinrichtung gilt:

$$u(t) = R_L\, i(t) + L_L \frac{di}{dt} - R_L C_L \frac{du}{dt} - L_L C_L \frac{d^2u}{dt^2} \tag{3.2.50}$$

Ersetzt man die Differentiale durch Differenzen, so ergibt sich für den Abtastwert u_k der Spannung:

$$u_k = R_L\, i_k + L_L \frac{i_{k+1} - i_{k-1}}{2\,\Delta t} - R_L C_L \frac{u_{k+1} - u_{k-1}}{2\,\Delta t} - L_L C_L \frac{\dfrac{u_{k+1} - u_k}{\Delta t} - \dfrac{u_k - u_{k-1}}{\Delta t}}{\Delta t} \tag{3.2.51}$$

Betrachtet man Gleichung (3.2.51) zu vier aufeinanderfolgenden Abtastzeitpunkten, so erhält man vier Gleichungen:

$$\begin{bmatrix} u_2 \\ u_3 \\ u_4 \\ u_5 \end{bmatrix} = \begin{bmatrix} i_2 & \dfrac{i_3 - i_1}{2\,\Delta t} & -\dfrac{u_3 - u_1}{2\,\Delta t} & -\dfrac{u_3 - 2u_2 + u_2}{2} \\ i_3 & \dfrac{i_4 - i_2}{2\,\Delta t} & -\dfrac{u_4 - u_2}{2\,\Delta t} & -\dfrac{u_4 - 2u_3 + u_2}{\Delta t^2} \\ i_4 & \dfrac{i_5 - i_3}{2\,\Delta t} & -\dfrac{u_5 - u_3}{2\,\Delta t} & -\dfrac{u_5 - 2u_4 + u_3}{\Delta t^2} \\ i_5 & \dfrac{i_6 - i_4}{2\,\Delta t} & -\dfrac{u_6 - u_4}{2\,\Delta t} & -\dfrac{u_6 - 2u_5 + u_4}{\Delta t^2} \end{bmatrix} \cdot \begin{bmatrix} R_L \\ L_L \\ C_L R_L \\ C_L L_L \end{bmatrix} \tag{3.2.52}$$

Von Interesse sind hierbei nur die beiden Größen R_L und L_L. Die Produkte $C_L R_L$ und $C_L L_L$ werden nicht berechnet. Aufgrund des linearen Zusammenhangs zwischen R_L und $C_L R_L$ bzw. L_L und $C_L L_L$ kann das Lösen des Gleichungssystems (3.2.52) durch die Einführung von Submatrizen vereinfacht werden.

$$\begin{bmatrix} U_1 \\ U_2 \end{bmatrix} = \begin{bmatrix} A & B \\ C & D \end{bmatrix} \cdot \begin{bmatrix} P \\ C_L P \end{bmatrix} \tag{3.2.53}$$

mit $U_1 = \begin{bmatrix} u_2 \\ u_3 \end{bmatrix}$; $U_2 = \begin{bmatrix} u_4 \\ u_5 \end{bmatrix}$; $P = \begin{bmatrix} R_L \\ L_L \end{bmatrix}$;

$$A = \begin{bmatrix} i_2 & \frac{i_3 - i_1}{2\,\Delta t} \\ i_3 & \frac{i_4 - i_2}{2\,\Delta t} \end{bmatrix}; \quad B = \begin{bmatrix} -\frac{u_3 - u_1}{2\,\Delta t} & -\frac{u_3 - 2u_2 + u_2}{2} \\ -\frac{u_4 - u_2}{2\,\Delta t} & -\frac{u_4 - 2u_3 + u_2}{\Delta t^2} \end{bmatrix};$$

$$C = \begin{bmatrix} i_4 & \frac{i_5 - i_3}{2\,\Delta t} \\ i_5 & \frac{i_6 - i_4}{2\,\Delta t} \end{bmatrix}; \quad D = \begin{bmatrix} -\frac{u_5 - u_3}{2\,\Delta t} & -\frac{u_5 - 2u_4 + u_3}{\Delta t^2} \\ -\frac{u_6 - u_4}{2\,\Delta t} & -\frac{u_6 - 2u_5 + u_4}{\Delta t^2} \end{bmatrix};$$

Aus den durch Messungen ermittelten Koeffizienten A,B,C,D läßt sich zunächst die Leitungskapazität C_L in Gleichung (3.2.50) eliminieren und dann der gesuchte Vektor P bestimmen.

$$U_1 = A \cdot P + C_L \cdot B \cdot P \tag{3.2.54}$$

$$U_2 = C \cdot P + C_L \cdot D \cdot P \tag{3.2.55}$$

Gleichung (3.2.55) wird von links mit $B \cdot D^{-1}$ multipliziert. Dabei ist zu beachten, daß C_L ein Skalar ist.

$$B \cdot D^{-1} \cdot U_2 = B \cdot D^{-1} \cdot \left(C \cdot P + C_L \cdot D \cdot P \right) \tag{3.2.56}$$

Die Subtraktion der Gleichung (3.2.56) von (3.2.54) liefert:

$$U_1 - B \cdot D^{-1} \cdot U_2 = \left(A - B \cdot D^{-1} \cdot C \right) \cdot P \tag{3.2.57}$$

$$P = \begin{bmatrix} R_L \\ L_L \end{bmatrix} = \left(A - B \cdot D^{-1} \cdot C \right)^{-1} \cdot \left(U_1 - B \cdot D^{-1} \cdot U_2 \right) \tag{3.2.58}$$

Somit reduziert sich die anfänglich notwendige Inversion der 4x4-Matrix auf die Inversionen zweier 2x2-Matrizen.

Bei sinusförmigen Eingangssignalen wird der Algorithmus von Smolinski aufgrund der dann linearen Abhängigkeit des Gleichungssytems (3.2.52) instabil.

Für die Betrachtungen des Auslöseverhaltens bei verfälschten Eingangssignalen wird entsprechend /19/ eine Abtastrate von h = 60 Werten verwendet, so daß sich eine Datenfensterbreite von nur b = 2 ms ergibt.

Smolinski - Oberschwingungen

Ist der Eingangsspannung ein 5 %-Anteil der 3. Harmonischen überlagert, berechnet der Algorithmus von Smolinski die Impedanz bis auf geringe Rechenungenauigkeiten exakt (Bild 3.2.56). Hierbei werden die Oberschwingungen als Ausgleichsvorgänge aufgrund der Kapazität interpretiert.

Auch ein 10 %-Oberschwingungsanteil der 3. Harmonischen ändert am Auslöseverhalten des Algorithmus nichts (Bild 3.2.57), d. h. die Impedanzen werden relativ genau berechnet.

Bei einer Erhöhung der Störfrequenz auf 250 Hz (5. Harmonische) erfolgt die Impedanzbestimmung ebenfalls fehlerfrei (Bild 3.2.58).

Sind den Eingangssignalen die 3. und 5. Harmonische gleichzeitig überlagert, so verschlechtert sich das Auslöseverhalten nicht, d. h. die Impedanz wird weiterhin exakt berechnet (Bild 3.2.59).

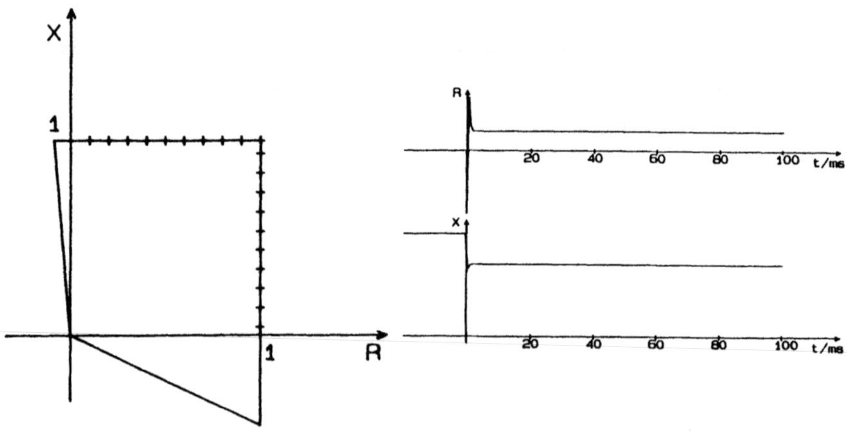

Bild 3.2.56: Algorithmus von Smolinski
oberschwingungsbehaftete Eingangssignale (3. Harmonische, 5 %)

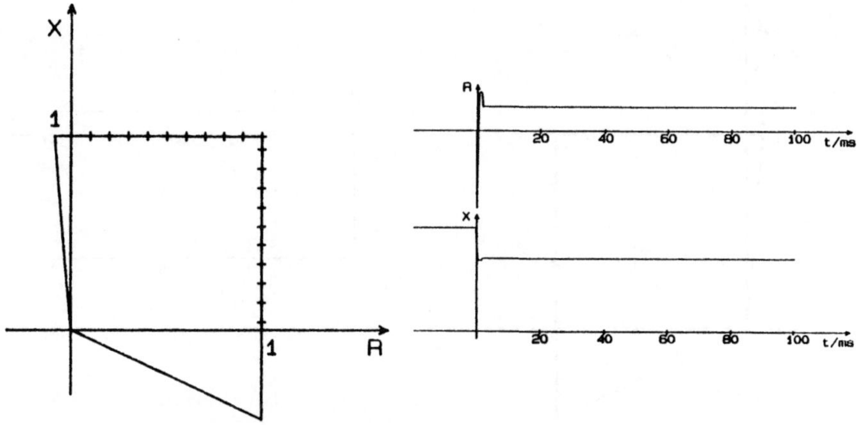

Bild 3.2.57: Algorithmus von Smolinski
oberschwingungsbehaftete Eingangssignale (3. Harmonische, 10 %)

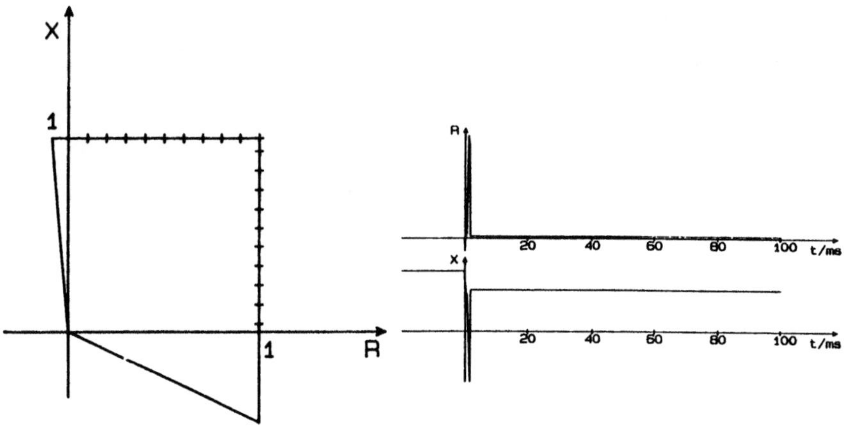

Bild 3.2.58: Algorithmus von Smolinski
oberschwingungsbehaftete Eingangssignale (5. Harmonische, 10 %)

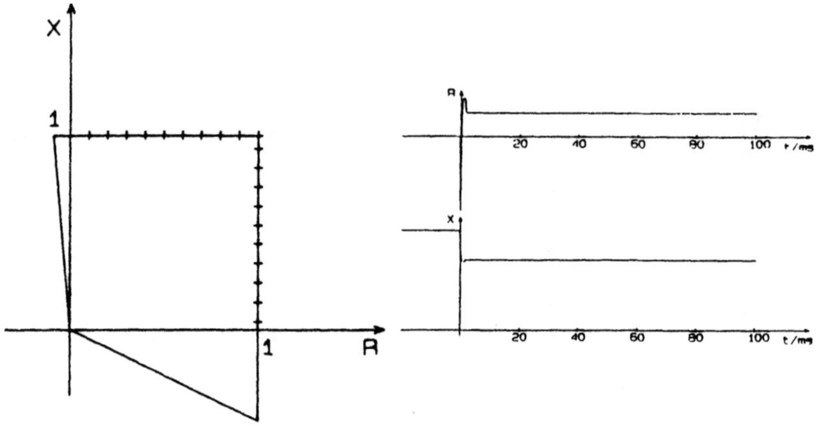

Bild 3.2.59: **Algorithmus von Smolinski**
oberschwingungsbehaftete Eingangssignale
(3. und 5. Harmonische, jeweils 10 %)

Smolinski - Gleichstromglieder

Für die Berechnung von Strom und Spannung mit Gleichstromgliedern wird das Modell 2. Ordnung zugrunde gelegt, um dem Ansatz des Algorithmus zu genügen. Der Kurzschlußzeitpunkt ist dabei so gewählt, daß ein maximales Gleichstromglied auftritt. Als Leitung wird auch hier eine 100 km lange 220 kV-Freileitung angesetzt, bei der jedoch der Kapazitätsbelag zu berücksichtigen ist (Tabelle 2.1.1). Wie Bild 3.2.60 zeigt, streuen die Werte sehr stark, es kommt zu großen Über- und Unterfunktionsbereichen, die Fehler erreichen f_u = 15 % bzw. f_u = 50 %. Dabei werden nur Leitungswinkel von φ_L = 45° bis 90° betrachtet, da für kleinere Winkel aufgrund der Größe der Fehler keine eindeutigen Aussagen mehr getroffen werden können.

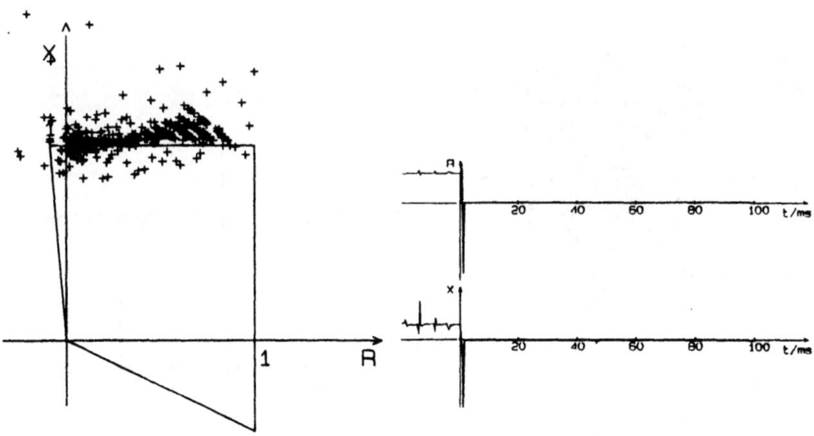

Bild 3.2.60: Algorithmus von Smolinski

Eingangssignale mit überlagertem Gleichstromglied

Smolinski - Lichtbogenspannungen und Kabelkapazitäten

Die stochastischen Signalanteile in der Lichtbogenspannung führen zu dem in Bild 3.2.61 dargestellten Auslöseverhalten. Die berechneten Impedanzwerte streuen hierbei so stark, daß ein eindeutiges Auslöseverhalten nicht mehr erkennbar ist.

Tritt der Kabelkurzschluß im Spannungsmaximum auf, so werden die Ausgleichsvorgänge in der Spannung aufgrund der in der Kapazität gespeicherten Energie maximal. Für diesen Fall zeigt der Algorithmus von Smolinski nur geringe Unterfunktion (Bild 3.2.62, f_u = 1 %) und schneidet damit von den bisher untersuchten Algorithmen am besten ab. Dies ist auch verständlich, da er durch seinen Ansatz derartige Vorgänge berücksichtigt.

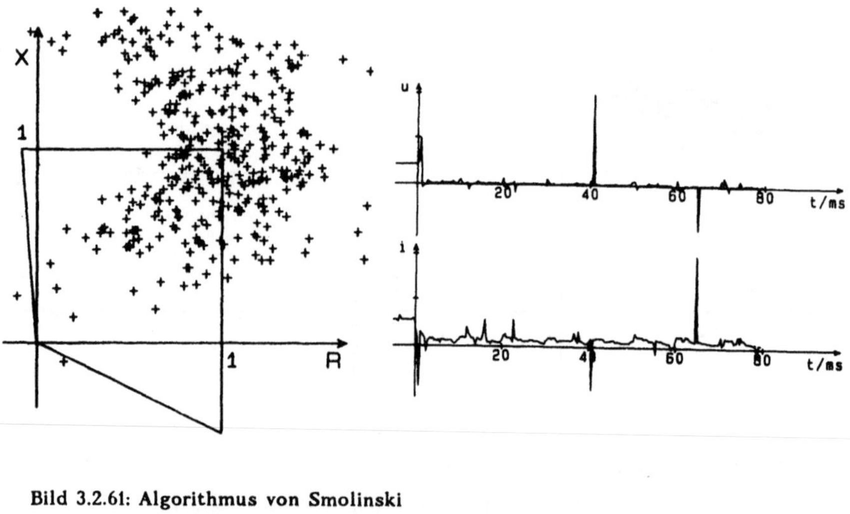

Bild 3.2.61: Algorithmus von Smolinski

Eingangssignale mit überlagerter Lichtbogenspannung

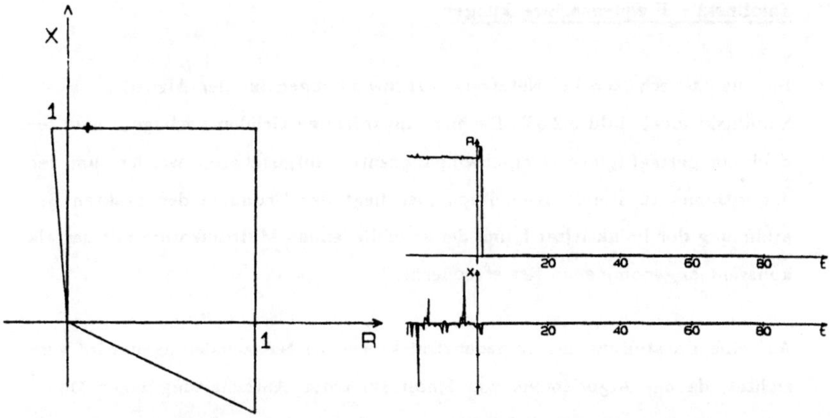

Bild 3.2.62: Algorithmus von Smolinski
Kurzschluß auf einem 380 kV-Kabel

Smolinski - Frequenzschwankungen

Im Auslöseverhalten bei Netzfrequenzschwankungen ist der Algorithmus von Smolinski ideal (Bild 3.2.63). Da hier sinusförmige Größen vorliegen, muß jedoch ein geringfügiger Oberschwingungsanteil aufgeschaltet werden, um den Algorithmus zu stabilisieren. Auch hier liegt der Grund in der exakten Bestimmung der Induktivität L und der anschließenden Multiplikation mit der als konstant angenommenen Kreisfrequenz.

Auf eine Darstellung der Impedanztrajektorie bei Netzpendelungen wird verzichtet, da der Algorithmus von Smolinski trotz Aufschaltung eines Oberschwingungsanteils instabil ist.

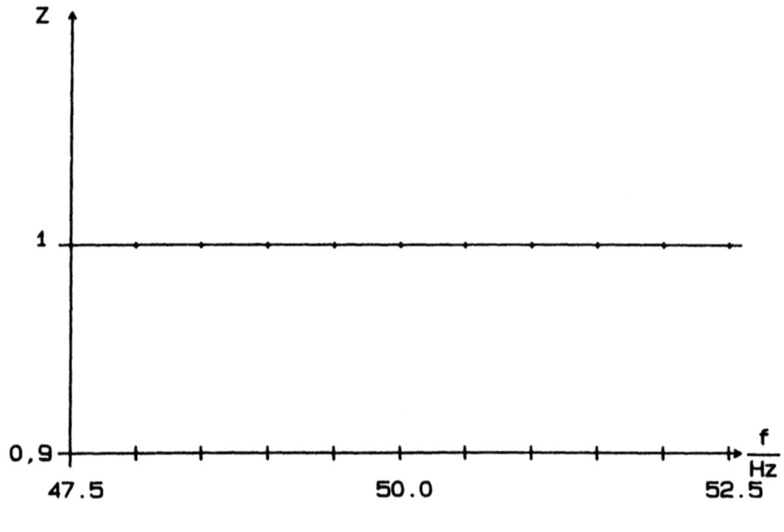

Bild 3.2.63: Algorithmus von Smolinski
Netzfrequenzschwankungen

Smolinski - Wandlerverhalten

Wie aus Bild 3.2.64 ersichtlich ist, führt Wandlersättigung zu so großen Über- und Unterfunktionen, daß keine eindeutige Aussage über das Auslöseverhalten getroffen werden kann. Da die Ausgleichsvorgänge bei kapazitiven Spannungswandlern zu einem ähnlichen Auslöseverhalten führen, wurde auf eine Darstellung der Ergebnisse verzichtet.

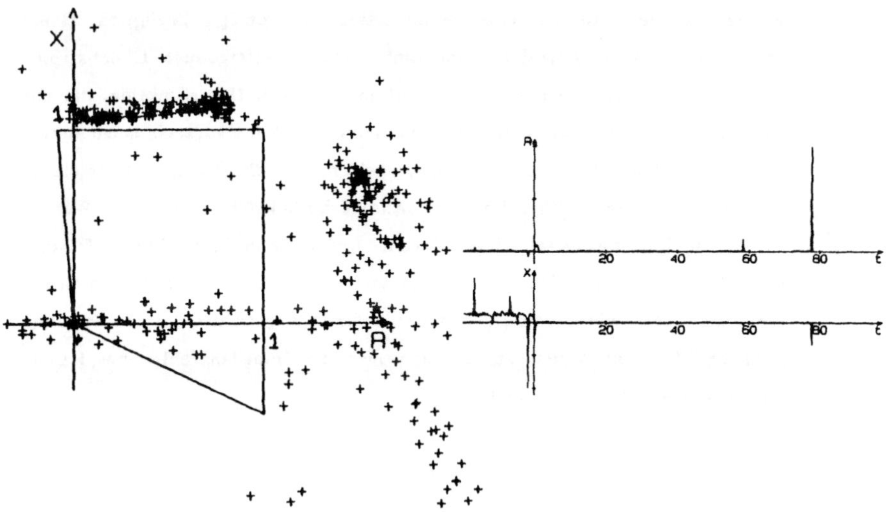

Bild 3.2.64: Algorithmus von Smolinski
Wandlersättigung

Smolinski - Zusammenfassung

Zusammenfassend bleibt festzustellen, daß der Algorithmus von Smolinski bei rein sinusförmigen Eingangssignalen aufgrund linearer Abhängigkeit der Bestimmungsgleichungen instabil ist. Man kann dem bei Tests auf einfache Weise durch Aufschaltung eines kleinen Störsignals begegnen. Solche Störsignale sind in der Netzspannung stets vorhanden und liefern ein stabiles Ergebnis. Werden die Störsignale jedoch auf der Meßleitung erzeugt, bilden sie sich nicht mehr über die Leitungsimpedanz auf den Strom ab. Der Algorithmus liefert dann beliebig falsche Ergebnisse. Soll das Verfahren eingesetzt werden, so ist eine Modifikation notwendig. Bezüglich Oberschwingungen zeigt sich der Algorithmus relativ fehlerrobust, Gleichstromglieder führen dagegen überwiegend zu einer starken Unterfunktion, die mit zunehmendem Leitungswinkel etwas abnimmt. Bei Kabelkurzschlüssen liefert der Algorithmus das beste Auslöseverhalten, da die an den Ausgleichsvorgängen beteiligten Kapazitäten im Ansatz berücksichtigt werden. Werden jedoch die Eingangssignale durch Strom- und Spannungswandler verfälscht, so ist kein eindeutiges Auslöseverhalten mehr zu erkennen. Aus diesem Grund lohnt sich der Mehraufwand gegenüber anderen Algorithmen, z. B. dem von McInnes/Morrison, kaum, zumal auch hier die Impedanzfehler bei Kabelkurzschlüssen tolerierbar sind.

3.3 Impedanzbestimmung durch Ermittlung der komplexen Grundschwingungszeiger mittels digitaler Filter

Bei den Filteralgorithmen werden zunächst aus den Abtastwerten die komplexen Grundschwingungszeiger von Strom und Spannung bestimmt. Aus den Real- und Imaginärteilen dieser Zeiger können dann die komplexe Impedanz und somit der Widerstand und die Reaktanz der kurzgeschlossenen Leitung berechnet werden.

3.3.1 Algorithmus von Phadke/Ibrahim

Der Algorithmus von Phadke/Ibrahim /20/ berechnet die komplexen Grundschwingungszeiger mittels Fourieranalyse aus den Abtastwerten einer vollen Periode. Dabei gilt für den Real- und Imaginärteil der Spannung:

$$\mathrm{Re}\{\underline{U}\} = \frac{2}{n} \sum_{k=0}^{n-1} u_k \sin \frac{k\,2\pi}{n} \tag{3.3.1a}$$

$$\mathrm{Im}\{\underline{U}\} = \frac{2}{n} \sum_{k=0}^{n-1} u_k \cos \frac{k\,2\pi}{n} \tag{3.3.1b}$$

Entsprechend gilt für den Strom:

$$\mathrm{Re}\{\underline{I}\} = \frac{2}{n} \sum_{k=0}^{n-1} i_k \sin \frac{k\,2\pi}{n} \tag{3.3.2a}$$

$$\mathrm{Im}\{\underline{I}\} = \frac{2}{n} \sum_{k=0}^{n-1} i_k \cos \frac{k\,2\pi}{n} \tag{3.3.2b}$$

Hierbei können die Sinus- und Cosinus-Terme off line berechnet werden. Bildet man den Quotienten der beiden komplexen Größen $\underline{U}$ und $\underline{I}$ und spaltet dabei diese in Real- und Imaginärteil auf, so ergibt sich für die Impedanz $\underline{Z}$:

$$\underline{Z} = \frac{\underline{U}}{\underline{I}} = \frac{\mathrm{Re}\{\underline{U}\}\cdot\mathrm{Re}\{\underline{I}\} + \mathrm{Im}\{\underline{U}\}\cdot\mathrm{Im}\{\underline{I}\}}{\left(\mathrm{Re}\{\underline{I}\}\right)^2 + \left(\mathrm{Im}\{\underline{I}\}\right)^2} + j\cdot\frac{\mathrm{Im}\{\underline{U}\}\cdot\mathrm{Re}\{\underline{I}\} - \mathrm{Re}\{\underline{U}\}\cdot\mathrm{Im}\{\underline{I}\}}{\left(\mathrm{Re}\{\underline{I}\}\right)^2 + \left(\mathrm{Im}\{\underline{I}\}\right)^2} \tag{3.3.3}$$

Für den Widerstand R und die Reaktanz X gilt somit:

$$R = \frac{\mathrm{Re}\{\underline{U}\}\cdot\mathrm{Re}\{\underline{I}\} + \mathrm{Im}\{\underline{U}\}\cdot\mathrm{Im}\{\underline{I}\}}{\left(\mathrm{Re}\{\underline{I}\}\right)^2 + \left(\mathrm{Im}\{\underline{I}\}\right)^2} \tag{3.3.4}$$

$$X = \frac{\mathrm{Im}\{\underline{U}\}\cdot\mathrm{Re}\{\underline{I}\} - \mathrm{Re}\{\underline{U}\}\cdot\mathrm{Im}\{\underline{I}\}}{\left(\mathrm{Re}\{\underline{I}\}\right)^2 + \left(\mathrm{Im}\{\underline{I}\}\right)^2} \tag{3.3.5}$$

Als Abtastrate haben sich für diesen Algorithmus h = 20 Werte pro Periode als geeignet erwiesen. Die Datenfensterbreite liegt aufgrund der Voraussetzungen der Fourieranalyse mit einer Netzperiode b = 20 ms fest.

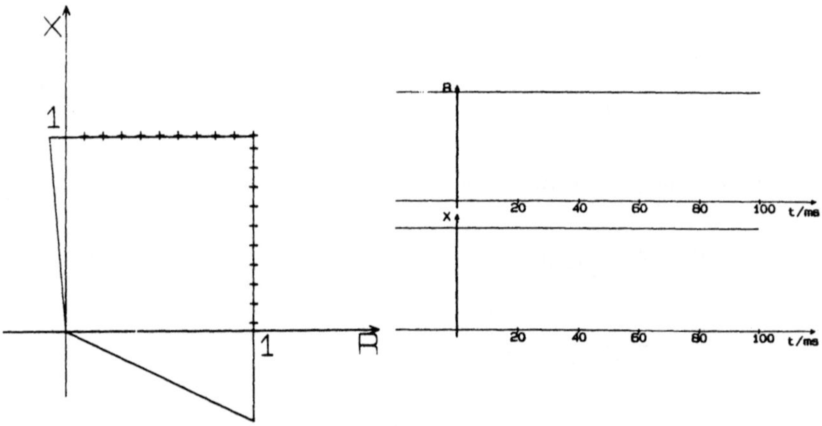

Bild 3.3.1: Algorithmus von Phadke/Ibrahim
sinusförmige Eingangssignale

Da beim Algorithmus von Phadke/Ibrahim gezielt die 50 Hz-Komponenten von Strom und Spannung berechnet werden, wird die Impedanz für rein sinusförmige Eingangssignale exakt ermittelt (Bild 3.3.1).

Phadke/Ibrahim - Oberschwingungen

Ein 5 %iger Anteil der 3. Harmonischen beeinflußt die Genauigkeit der Impedanzbestimmung nicht, d. h. für alle Leitungswinkel wird die Impedanz exakt bestimmt (Bild 3.3.2). Grund hierfür ist die exakte Erfassung der 3. Oberschwingung durch das 20 ms breite Datenfenster, d. h. es wird keine Voraussetzung für die Durchführbarkeit einer Fourieranalyse verletzt. Die Amplitude der Oberschwingung spielt hierbei keine Rolle.

Die gleiche Aussage kann dementsprechend für alle ganzzahligen Oberschwingungen getroffen werden. Daher werden keine weiteren Auslösediagramme zum Thema 'Oberschwingungen' betrachtet.

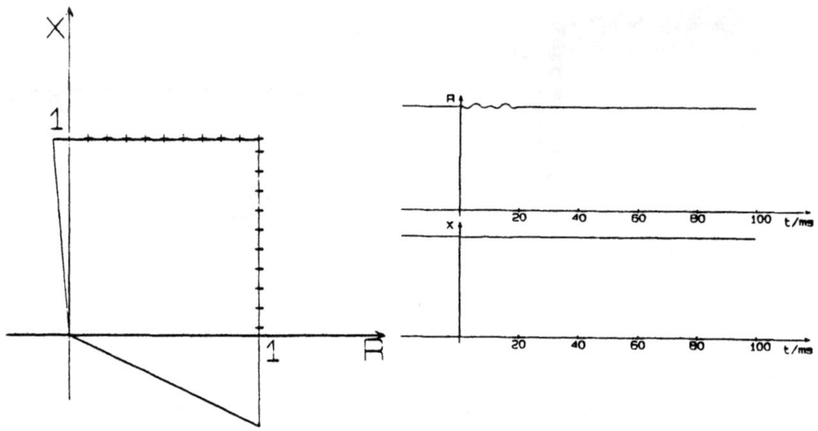

Bild 3.3.2: Algorithmus von Phadke/Ibrahim
oberschwingungsbehaftete Eingangssignale (3. Harmonische, 5 %)

Phadke/Ibrahim - Gleichstromglieder

Entsprechend der Voraussetzung von periodischen Signalen für die Anwendbarkeit der diskreten Fourieranalyse führen exponentiell abklingende Gleichstromanteile zu Fehlern. Dabei treten Überfunktionsfehler von f_u = 12 % und Unterfunktionsfehler f_u = 25 % auf (Bild 3.3.3). Um den Störanteil der Gleichstromglieder weitgehend zu unterdrücken, können jedoch Transaktoren bzw. entsprechende elektronische Schaltungen vor der A/D-Wandlung oder aber digitale Filteralgorithmen nach der A/D-Wandlung eingesetzt werden.

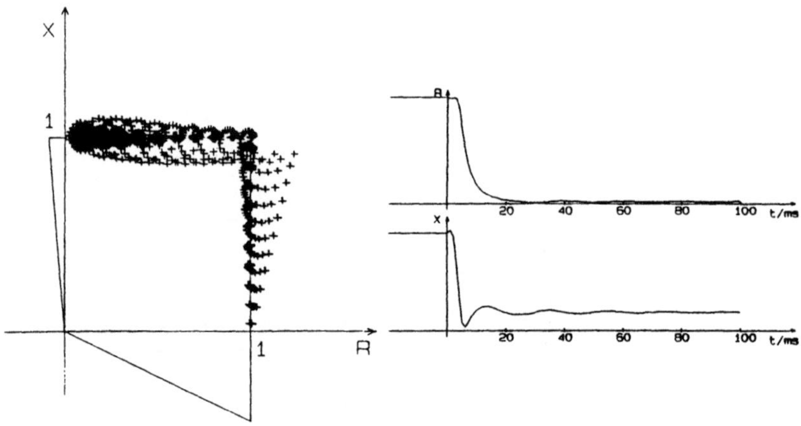

Bild 3.3.3: Algorithmus von Phadke/Ibrahim
Eingangssignale mit überlagertem Gleichstromglied

Phadke/Ibrahim - Lichtbogenspannungen und Leitungskapazitäten

Wie Bild 3.3.4 zeigt, streuen die Impedanzwerte aufgrund des mit 2 kHz bandbegrenzten Rauschens der Lichtbogenspannung nur um ± 4 % . Somit reagiert der Algorithmus von Phadke/Ibrahim im Vergleich zu den bisher betrachteten Algorithmen auf Lichtbogenfehler am unempfindlichsten. Daraus folgt, daß nichtganzzahlige stochastische Spektralanteile einen geringen Einfluß auf die Fourieranalyse haben.

Entsprechend dem Auslöseverhalten bei überlagerten Lichtbogenspannungen neigt der Algorithmus bei Ausgleichsvorgängen nach einem Kabelkurzschluß zu relativ geringen Über- bzw. Unterfunktionsfehlern (f_u = 15 %, f_u = 22 %, Bild 3.3.5).

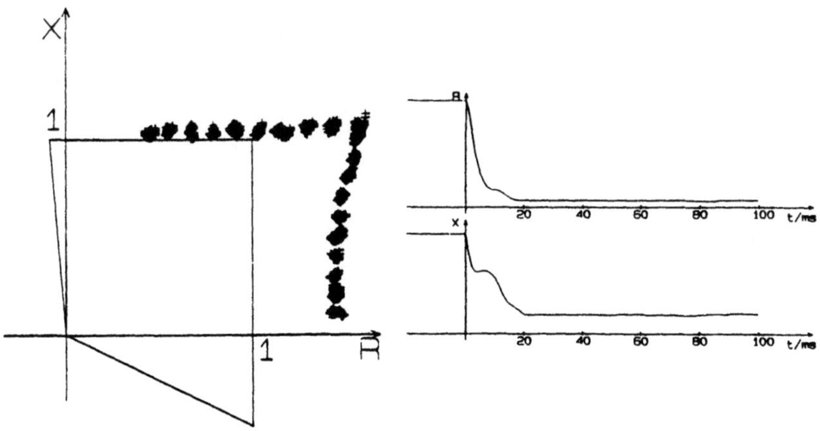

Bild 3.3.4: Algorithmus von Phadke/Ibrahim

Eingangssignale mit überlagerter Lichtbogenspannung

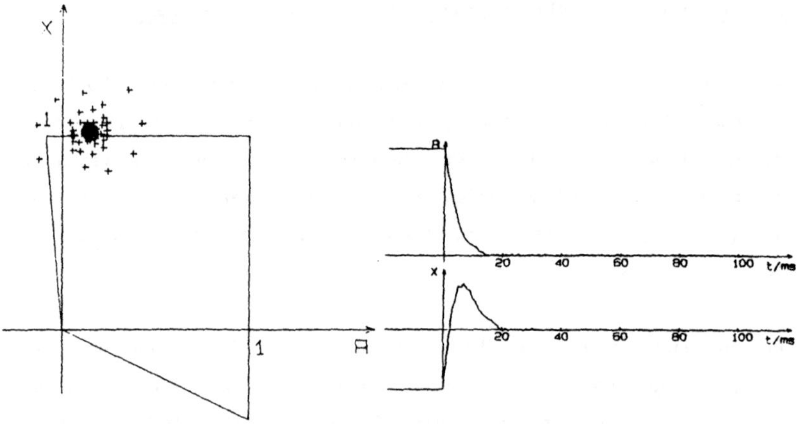

Bild 3.3.5: Algorithmus von Phadke/Ibrahim
Kurzschluß auf einem 380 kV-Kabel

Phadke/Ibrahim - Frequenzschwankungen

Der in Bild 3.3.6 dargestellte Frequenzgang des Impedanzbetrages zeigt einen ähnlichen Verlauf wie der der meisten Sinusalgorithmen (z. B. Gilcrest/ Rockefeller). Da diese Filteralgorithmen die Impedanz und damit auch die Reaktanz direkt bestimmen, tritt bei einer 5 %igen Frequenzänderung im Mittel auch ein um 5 % vom Sollwert abweichender Reaktanzwert auf. Bei dem hier betrachteten Leitungswinkel von $\varphi_L = 80^o$ resultiert daraus ein annähernd 5 %iger Fehler in der Impedanz. Um die mittlere Abweichung streuen die Werte in Abhängigkeit von der Datenfensterlage. Der Grund hierfür liegt darin, daß bei Veränderung der Frequenz das Datenfenster für die Fourieranalyse nicht mehr genau einer Grundschwingungsperiode entspricht. Der maximale Fehler beträgt ca. 10 % bei 5 % Frequenzabweichung.

Das Einschwingen nach der Kurzschlußabschaltung verläuft beim Algorithmus von Phadke/Ibrahim sehr gedämpft (Bild 3.3.7). Eine Überfunktion aufgrund der Pendelungen ist auch hier wieder nicht festzustellen. Die Welligkeit des Impedanzverlaufs nach dem Einschwingvorgang entspricht in etwa dem der A3- und A4-Methoden von Lobos.

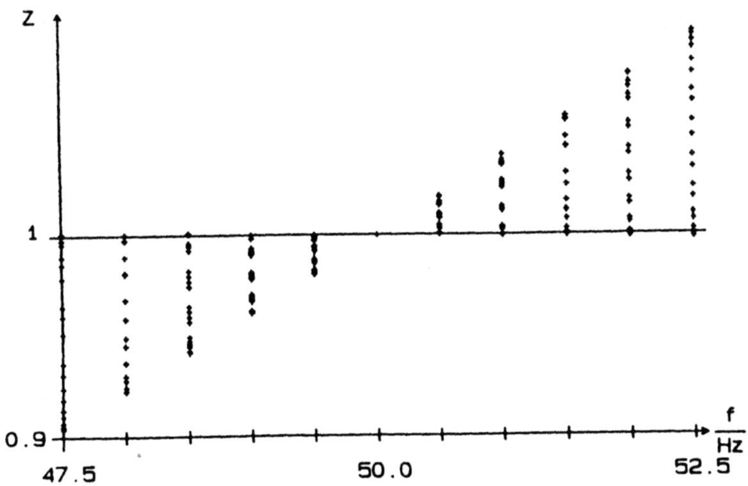

Bild 3.3.6: Algorithmus von Phadke/Ibrahim
Netzfrequenzschwankungen

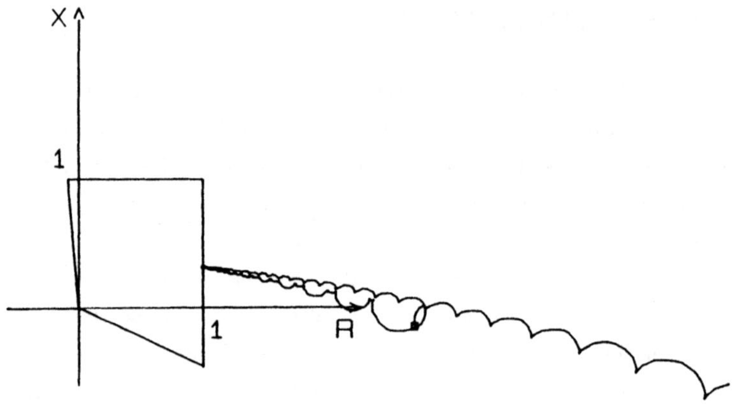

Bild 3.3.7: **Algorithmus von Phadke/Ibrahim Netzpendelungen**

Phadke/Ibrahim - Wandlerverhalten

Entsprechend der Unempfindlichkeit des Algorithmus gegenüber ganzzahligen Harmonischen machen sich auch die bei Wandlersättigung auftretenden Spektralanteile der 2. und 3. Harmonischen kaum bemerkbar. Aufgrund des Exponentialanteils kann der Unterfunktionsfehler von f_u = 60 % dennoch nicht vernachlässigt werden (Bild 3.3.8). Mit einem Überfunktionsfehler von $f_ü$ = 10 % zeigt der Algorithmus von Phadke/Ibrahim das beste Auslöseverhalten unter den bisher betrachteten Algorithmen.

Die nichtperiodischen Ausgleichsvorgänge bei kapazitiven Spannungswandlern führen ebenfalls im wesentlichen zu einem Unterfunktionsfehler. Wie Bild 3.3.9 zeigt, liegen die maximalen Abweichungen bei f_u = 15 %. Der Überfunktionsfehler ist mit $f_ü$ = 5 % vernachlässigbar.

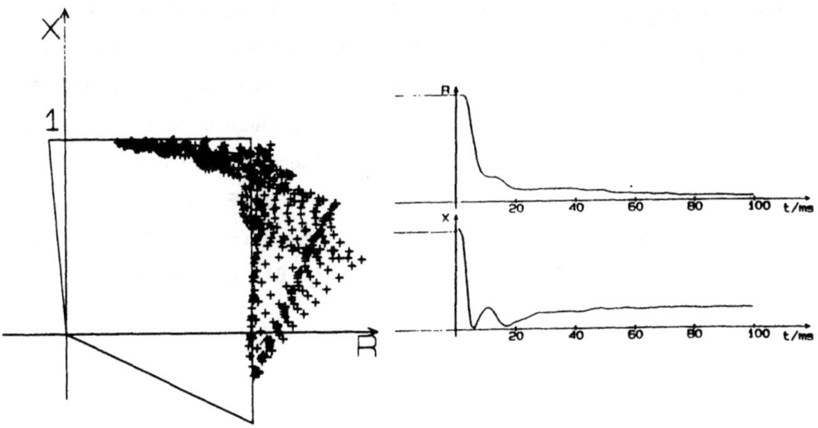

Bild 3.3.8: Algorithmus von Phadke/Ibrahim
Stromwandlersättigung

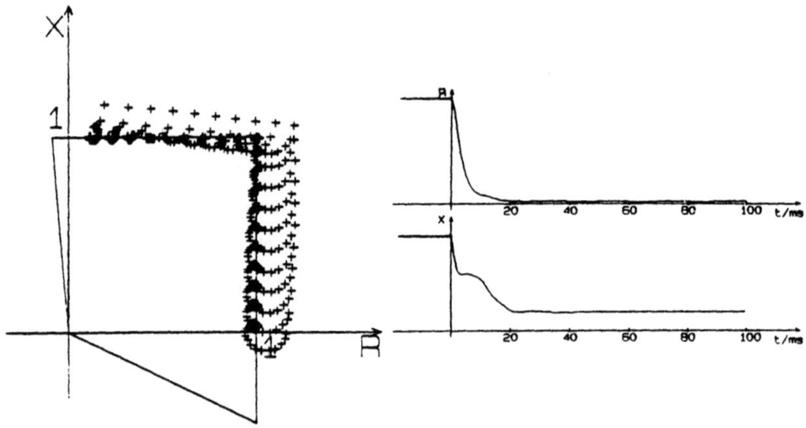

Bild 3.3.9: Algorithmus von Phadke/Ibrahim

Ausgleichsvorgänge bei kapazitiven Spannungswandlern

Phadke/Ibrahim - Zusammenfassung

Da beim Algorithmus von Phadke/Ibrahim mit Hilfe der diskreten Fourieranalyse gezielt die 50 Hz-Komponente von Strom und Spannung berechnet wird, reagiert der Algorithmus auf ganzzahlige Oberschwingungsanteile bis 500 Hz (entsprechend dem Abtasttheorem) absolut unempfindlich. Nichtganzzahlige Spektralanteile über 50 Hz führen zu vergleichsweise geringen Fehlern. Entsprechend größere Fehler stellen sich ein, wenn die Eingangssignale gegen die Voraussetzung der diskreten Fourieranalyse verstoßen und nichtperiodische Anteile mit ihrer niedrigen Frequenz enthalten (z. B. Gleichstromglieder).

3.3.2 Algorithmus von Slemon/Robertson

Die Funktionsweise des Algorithmus von Slemon/Robertson /21/ ist mit der des Fourieralgorithmus von Phadke/Ibrahim praktisch identisch. Auch bei diesem Algorithmus werden zunächst die Real- und Imaginärteile der komplexen Grundschwingungszeiger von Strom und Spannung mittels diskreter Fourier-analyse bestimmt. Die Berechnung des Widerstandes R und der Reaktanz X erfolgt jedoch über eine Betrags- und Winkelbestimmung der Impedanz.

$$|\underline{Z}| = \sqrt{\frac{\left(\mathrm{Re}\{\underline{U}\}\right)^2 + \left(\mathrm{Im}\{\underline{U}\}\right)^2}{\left(\mathrm{Re}\{\underline{I}\}\right)^2 + \left(\mathrm{Im}\{\underline{I}\}\right)^2}} \qquad (3.3.6)$$

$$\varphi = \arctan\left(\frac{\mathrm{Im}\{\underline{U}\}}{\mathrm{Re}\{\underline{U}\}}\right) - \arctan\left(\frac{\mathrm{Im}\{\underline{I}\}}{\mathrm{Re}\{\underline{I}\}}\right) \qquad (3.3.7)$$

Damit erhält man:

$$R = |\underline{Z}| \cdot \cos\varphi \qquad (3.3.8)$$

$$X = |\underline{Z}| \cdot \sin\varphi \qquad (3.3.9)$$

Als Abtastrate werden von /21/ auch bei diesem Algorithmus h = 20 Werte pro Periode vorgeschlagen, bei einer Netzfrequenz von 50 Hz beträgt die Datenfensterbreite wiederum b = 20 ms.

Das Auslöseverhalten ist aus den eingangs genannten Gründen mit dem des Algorithmus von Phadke/Ibrahim absolut identisch. Auf eine Darstellung der Auslösekennlinien kann deshalb verzichtet werden. Ein Nachteil des Verfahrens liegt jedoch in der Verwendung der Funktionen sin(x), cos(x), arctan(x) und $\sqrt{x}$, die gegenüber den einfachen Multiplikationen und Divisionen beim Algorithmus von Phadke/Ibrahim einen erhöhten Rechenzeitbedarf mit sich bringen. Somit ist der Algorithmus von Phadke/Ibrahim vorzuziehen.

3.3.3 Algorithmus von Horton

Der Algorithmus von Horton /22/ verwendet zur Impedanzbestimmung die Walsh-Analyse, die Ähnlichkeiten mit der von Phadke/Ibrahim und Slemon/ Robertson eingesetzten Fourieranalyse aufweist. Bei diesem Verfahren werden zur Bestimmung der komplexen Grundschwingungszeiger von Strom und Spannung die Eingangssignale mittels einer Summe von Rechteckfunktionen nachgebildet.

Für die Fourierreihe gilt:

$$i(t) = \frac{A_0}{2} + \sum_{\nu=1}^{\infty} \left(A_\nu \cos(\nu\omega_0 t) + B_\nu \sin(\nu\omega_0 t) \right) \tag{3.3.10}$$

$$A_\nu = \frac{2}{T} \int_0^T i(t) \cos(\nu\omega_0 t)\, dt \tag{3.3.11}$$

$$B_\nu = \frac{2}{T} \int_0^T i(t) \sin(\nu\omega_0 t)\, dt \tag{3.3.12}$$

Damit wird jede beliebige mit T periodische Funktion i(t) durch eine unendliche Reihe von Koeffizienten A_ν und B_ν beschrieben. Zur Berechnung des Funktionswertes i an der Stelle t sind diese Koeffizienten mit der für diese Reihenentwicklung spezifischen Faktoren $\cos(\nu\omega_0 t)$ und $\sin(\nu\omega_0 t)$ zu multiplizieren und anschließend zu summieren.

Im Gegensatz zu den Sinus- und Cosinus-Funktionen stellen die Walsh-Funktionen Reckteckverläufe dar (Bild 3.3.10). Sie lassen sich aus den Rademacher-Funktionen herleiten /23/.

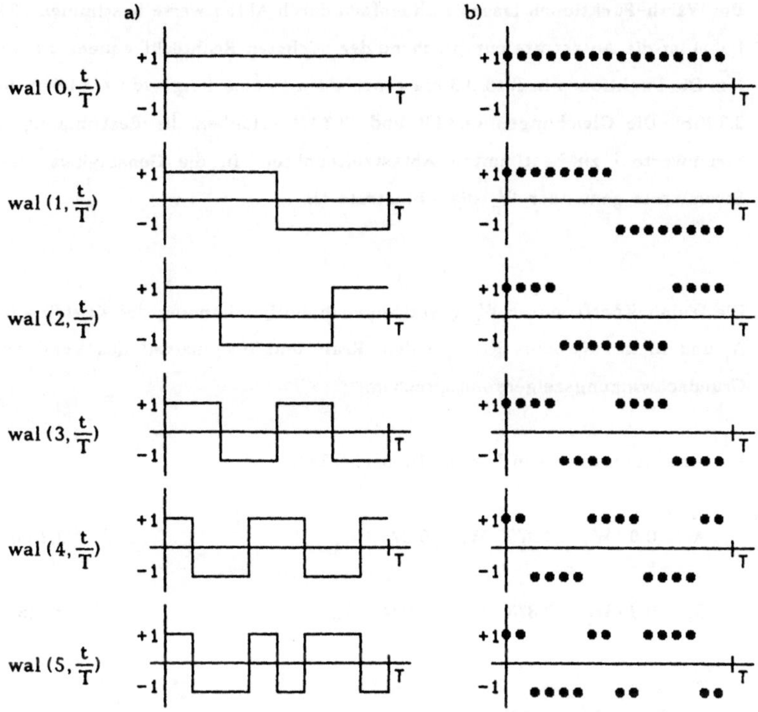

Bild 3.3.10 a) Walsh - Funktionen

b) Walsh - Folgen

Gewichtet man diese Rechteckfunktionen mit geeigneten Faktoren W_μ, so läßt sich analog zur Fourierreihe jede beliebige mit T periodische Funktion beschreiben.

$$i(t) = \sum_{\nu=1}^{\infty} W_\mu \ \mathrm{wal}\,(\mu, \frac{t}{T}) \qquad (3.3.13)$$

$$W_\mu = \frac{1}{T} \int_0^T i(t) \ \mathrm{wal}\,(\mu, \frac{t}{T}) \ dt \qquad (3.3.14)$$

Die Walsh-Funktionen lassen sich einfach durch Abtastwerte bestimmen /24/. Dabei ist die Abtastrate entsprechend der höchsten Rechteckfrequenz zu wählen. Die Funktionen in Bild 3.3.10a gehen dann in eine Folge von ± 1 über (Bild 3.3.10b). Die Gleichungen (3.3.13) und (3.3.14) erlauben die Bestimmung der Stromwerte i zu bestimmten Abtastzeitpunkten. In die Genauigkeit dieser Stromwerte geht über W_μ die Abtastrate ein.

Die Walsh-Koeffizienten W_μ gestatten auch die Bestimmung der Koeffizienten A_1 und B_1 des Stromes i(t), die dem Real- und Imaginärteil des komplexen Grundschwingungszeigers entsprechen.

Für eine Abtastrate von h = 16 gilt nach /23/:

$$A_1 = 0.9 \cdot W_2 + 0.373 \cdot W_6 - 0.074 \cdot W_{10} \qquad (3.3.15)$$

$$B_1 = 0.9 \cdot W_1 - 0.373 \cdot W_5 - 0.074 \cdot W_9 \qquad (3.3.16)$$

Daraus kann die Leitungsimpedanz entsprechend den in Abschnitt 3.3.1 und 3.3.2 angegebenen Verfahren bestimmt werden.

Der Vorteil dieses Verfahrens liegt darin, daß die Multiplikationen $A_\nu \cos(\nu\omega_0 t)$ entfallen und Additionen zur Signalnachbildung durchzuführen sind. Allerdings ergeben sich einige zusätzliche Multiplikationen aus den Gleichungen (3.3.15) und (3.3.16). Ferner leidet die Genauigkeit der Ergebnisse durch die Rechteckanalyse. Prinzipiell sind jedoch keine anderen Ergebnisse zu erwarten als bei den Algorithmen von Phadke/Ibrahim und Slemon/Robertson (Abschnitte 3.3.1 und 3.3.2). Aus diesem Grund wird auf nähere Untersuchungen verzichtet.

Der Algorithmus von /25/ arbeitet ebenfalls mit Rechteckfunktionen. Aufgrund der Ähnlichkeit mit dem Verfahren von Horton sollen jedoch auch hier keine weiteren Betrachtungen durchgeführt werden.

3.3.4 Algorithmus von Sachdev/Baribeau

Auch beim Algorithmus von Sachdev/Baribeau /26/ erfolgt die Impedanzbestimmung über die Real- und Imaginärteilbildung von Strom und Spannung. Hierfür werden Regressionsfilter für die Bestimmung der Grundschwingungszeiger eingesetzt. Ausgangspunkt dieser Filter ist die Beschreibung des Stromes gemäß der folgenden Gleichung:

$$i(t) = \hat{i}_g \, e^{-t/T_g} + \sum_{\nu=1}^{n} \hat{i}_\nu \sin(\nu\omega t + \varphi_\nu) \qquad (3.3.17)$$

Die Exponentialfunktion wird durch eine Taylorreihe mit den ersten beiden Gliedern angenähert. Berücksichtigt man ferner nur die dritte Harmonische, so ergibt sich der folgende Ausdruck:

$$\begin{aligned} i(t) &= \hat{i}_g \left(1 - \frac{t}{T}\right) + \hat{i}_1 \sin(\omega t + \varphi_1) + \hat{i}_3 \sin(3\omega t + \varphi_3) \\ &= \hat{i}_g \left(1 - \frac{t}{T}\right) + \hat{i}_1 \cos(\varphi_1) \sin(\omega t) + \hat{i}_1 \sin(\varphi_1) \cos(\omega t) \\ &\quad + \hat{i}_3 \cos(\varphi_3) \sin(3\omega t) + \hat{i}_3 \sin(\varphi_3) \cos(3\omega t) \end{aligned} \qquad (3.3.18)$$

Für den Funktionswert zum Zeitpunkt t_1 werden nun Abkürzungen eingeführt:

$a_{11} = 1$ (3.3.19a) $\qquad x_1 = \hat{i}_g$ (3.3.20a)

$a_{12} = \sin(\omega t_1)$ (3.3.19b) $\qquad x_2 = \hat{i}_1 \cos(\varphi_1) = \mathrm{Re}\{\underline{I}\}$ (3.3.20b)

$a_{13} = \cos(\omega t_1)$ (3.3.19c) $\qquad x_3 = \hat{i}_1 \sin(\varphi_1) = \mathrm{Im}\{\underline{I}\}$ (3.3.20c)

$a_{14} = \sin(3\omega t_1)$ (3.3.19d) $\qquad x_4 = \hat{i}_3 \cos(\varphi_3)$ (3.3.20d)

$a_{15} = \cos(3\omega t_1)$ (3.3.19e) $\qquad x_5 = \hat{i}_3 \sin(\varphi_3)$ (3.3.20e)

$a_{16} = t_1$ (3.3.19f) $\qquad x_6 = -\hat{i}_g / T_g$ (3.3.20f)

Damit folgt aus Gleichung (3.3.18):

$$i(t_1) = a_{11}\, x_1 + a_{12}\, x_2 + \ldots + a_{16}\, x_6 \qquad (3.3.21)$$

Tastet man die Eingangsgrößen mit 6 Abtastschritten ab, ergibt sich ein System mit 6 Gleichungen und 6 Unbekannten, das sich lösen läßt:

$$A \cdot X = I \quad \rightarrow \quad X = A^{-1} \cdot I \qquad (3.3.22)$$

Verwendet man mehr als 6 Abtastwerte, so wird das System überbestimmt. Bei n Stützstellen hat die Matrix A in Gleichung (3.3.22) die Rechteckform 6 * n und ist nicht invertierbar. Es wird aber eine Fehlerausgleichsrechnung möglich.

$$X = \left(A^T \cdot A\right)^{-1} \cdot A^T \cdot I = B \cdot I \qquad (3.3.23)$$

Dabei ist B die Pseudoinverse der Matrix A, die nur mit viel Aufwand zu bestimmen ist. Da die Matrix A jedoch keine Variablen enthält, kann die Pseudoinverse off line berechnet werden. Außerdem sind für die Impedanzbestimmung nur das 2. und 3. Element des Vektors X von Interesse, die dem Real- und Imaginärteil des komplexen Grundschwingungszeigers des Stromes $\underline{I}$ entsprechen. Diese Elemente lassen sich aus dem Produkt der 2. und 3. Zeile der Matrix B mit dem Datenvektor I berechnen.

Den Widerstand R und die Reaktanz X erhält man dann analog zu den Verfahren von Phadke/Ibrahim (Gleichungen (3.3.4) und (3.3.5)):

$$R = \frac{Re\{\underline{U}\} \cdot Re\{\underline{I}\} + Im\{\underline{U}\} \cdot Im\{\underline{I}\}}{\left(Re\{\underline{I}\}\right)^2 + \left(Im\{\underline{I}\}\right)^2} = \frac{x_{2u} \cdot x_{2i} + x_{3u} \cdot x_{3i}}{x_{2i}^2 + x_{3i}^2} \qquad (3.3.24)$$

$$X = \frac{Im\{\underline{U}\} \cdot Re\{\underline{I}\} - Re\{\underline{U}\} \cdot Im\{\underline{I}\}}{\left(Re\{\underline{I}\}\right)^2 + \left(Im\{\underline{I}\}\right)^2} = \frac{x_{3u} \cdot x_{2i} - x_{2u} \cdot x_{3i}}{x_{2i}^2 + x_{3i}^2} \qquad (3.3.25)$$

Als Abtastrate werden von /24/ bei diesem Algorithmus h = 12 Werte pro Periode vorgeschlagen. Das Datenfenster wird mit n = 9 Abtastwerten angegeben, so daß sich bei 6 Unbekannten eine Überbestimmtheit von 3 ergibt.

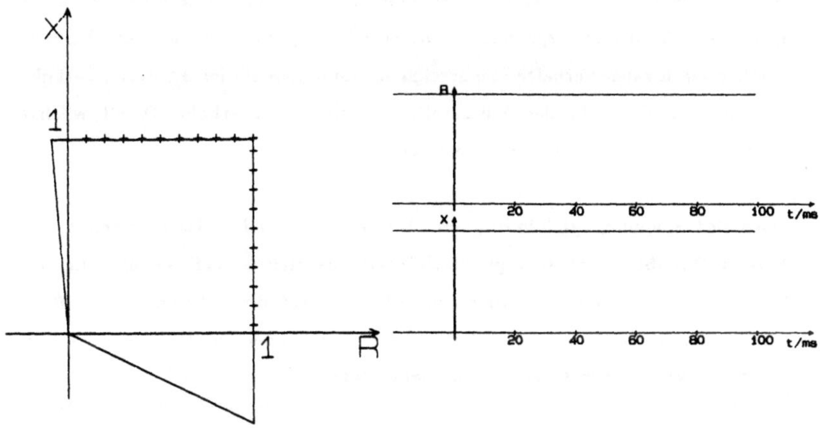

Bild 3.3.11: Algorithmus von Sachdev/Baribeau
sinusförmige Eingangssignale

Entsprechend dem Ansatz wird die Impedanz bei rein sinusförmigen Eingangssignalen exakt berechnet (Bild 3.3.11).

Sachdev/Baribeau - Oberschwingungen

Da die 3. Harmonische entsprechend Gleichung (3.3.13) im Ansatz berücksichtigt wird, erfolgt bei dieser Störgröße eine exakte Impedanzbestimmung. Die Amplitude der Oberschwingung spielt dabei keine Rolle (Bilder 3.3.12 und 3.3.13).

Empfindlich reagiert der Algorithmus auf die nichtberücksichtigte 5. Harmonische. Wie Bild 3.3.14 zeigt, treten hierbei Über- und Unterfunktionsfehler $f_U = f_u = 15$ % auf. Es wäre selbstverständlich möglich, auch für diese Harmonischen ein ideales Verhalten zu erreichen, wenn man sie im Ausdruck berücksichtigt und die Zahl der Stützstellen entsprechend erhöht. Damit wächst allerdings der Rechenaufwand erheblich an.

Wird der Spannung gleichzeitig ein Anteil der 3. und 5. Harmonischen mit jeweils 10 % überlagert, so ergibt sich exakt das gleiche Auslösediagramm wie bei der zuvor betrachteten alleinigen Störung durch die 5. Harmonische (Bild 3.3.15). Somit findet keinerlei Beeinflussung zwischen berücksichtigten und nichtberücksichtigten Oberschwingungen statt.

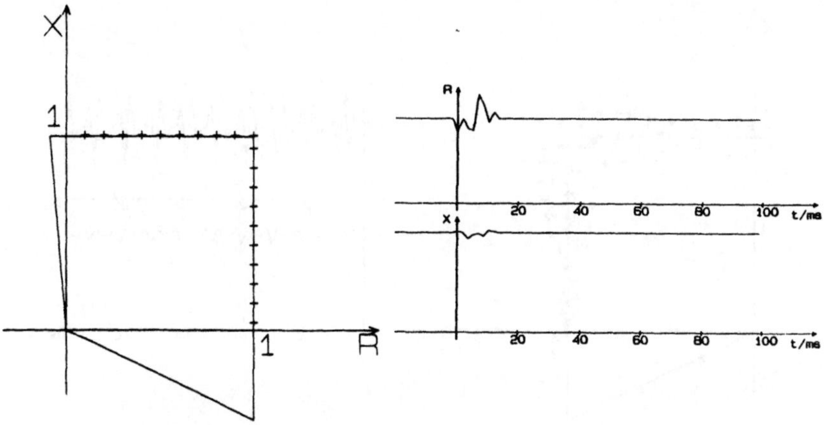

Bild 3.3.12: Algorithmus von Sachdev/Baribeau
oberschwingungsbehaftete Eingangssignale (3. Harmonische, 5 %)

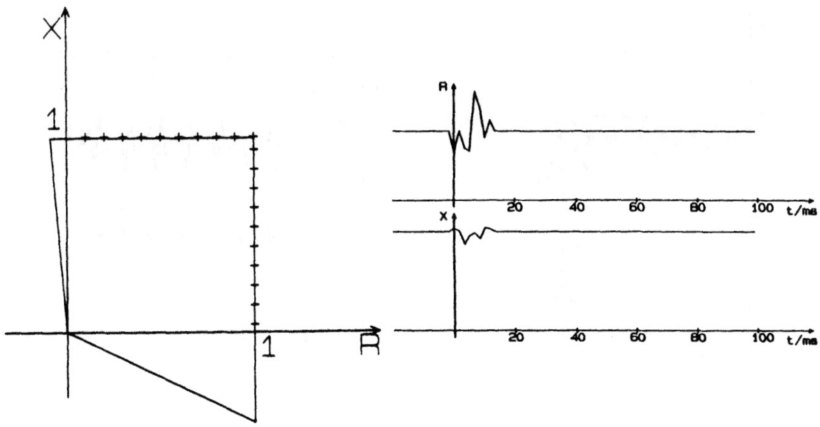

Bild 3.3.13: Algorithmus von Sachdev/Baribeau
oberschwingungsbehaftete Eingangssignale (3. Harmonische, 10 %)

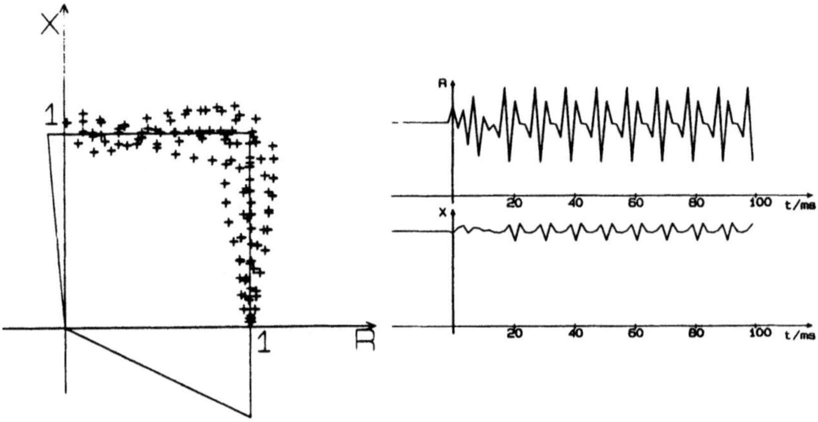

Bild 3.3.14: Algorithmus von Sachdev/Baribeau
oberschwingungsbehaftete Eingangssignale (5. Harmonische, 10 %)

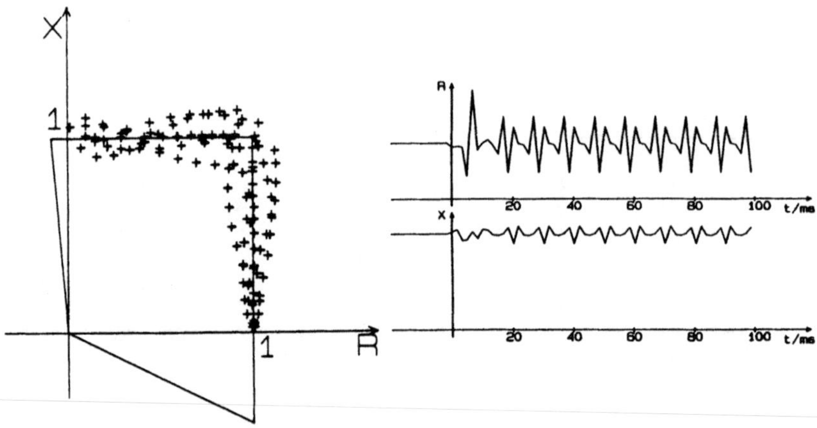

Bild 3.3.15: Algorithmus von Sachdev/Baribeau
oberschwingungsbehaftete Eingangssignale
(3. und 5. Harmonische, jeweils 10 %)

Sachdev/Baribeau - Gleichstromglieder

Wird der Kurzschlußzeitpunkt so gewählt, daß man ein maximales Gleichstromglied erhält, ergeben sich erwartungsgemäß geringe Fehler (Bild 3.3.16). Die trotzdem verbleibenden Fehler sind darin begründet, daß die Taylorreihe für das Gleichstromglied bereits nach dem zweiten Glied abgebrochen wird. Eine Berücksichtigung weiterer Taylorterme lohnt jedoch nicht, da die Fehler klein sind.

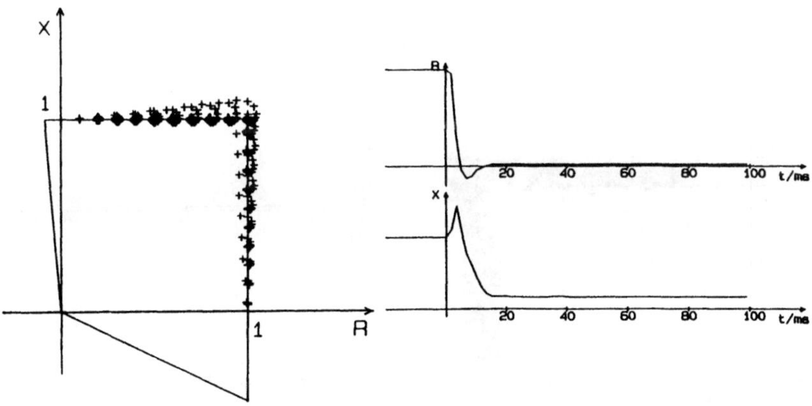

Bild 3.3.16: Algorithmus von Sachdev/Baribeau
Eingangssignale mit überlagertem Gleichstromglied

Sachdev/Baribeau - Lichtbogenspannungen und Leitungskapazitäten

Wie aus Bild 3.3.17 ersichtlich ist, streuen die Werte bei einem 20 %igen Lichtbogenanteil verhältnismäßig gering. Neben der Verschiebung aufgrund des rein ohmschen Anteils betragen die Streuungen ca. ± 10 %. Hierbei nimmt der Fehler mit größer werdendem Leitungswinkel ab.

Kabelkurzschlüsse (f_0 = 490 Hz) können bei einer Abtastrate h = 12 aufgrund der sich daraus ergebenden Grenzfrequenz von f_{gr} = 300 Hz nicht analysiert werden.

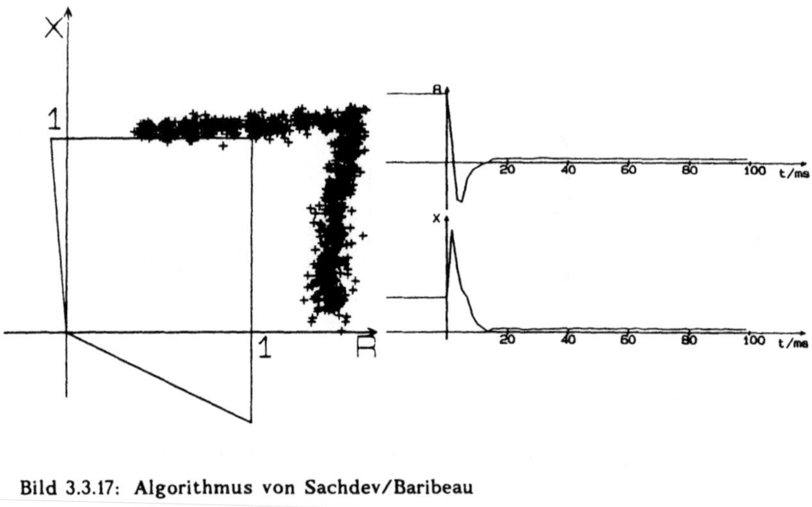

Bild 3.3.17: Algorithmus von Sachdev/Baribeau

Eingangssignale mit überlagerter Lichtbogenspannung

Sachdev/Baribeau - Frequenzschwankungen

Netzfrequenzschwankungen führen etwa zum gleichen Frequenzgang wie beim Algorithmus von Phadke/Ibrahim (Bild 3.3.18). Auch hier stellt sich ein mittlerer Fehler von ± 5 % für die Frequenzgrenzen von 47.5 Hz bzw. 52.5 Hz ein. In Abhängigkeit von der Datenfensterlage erreichen die Impedanzabweichungen bis zu ± 10 %.

Die Ausgleichsvorgänge nach Kurzschlußabschaltung führen beim Algorithmus von Sachdev/Baribeau zu geringen Impedanzstreuungen (Bild 3.3.19). Der Trajektorienverlauf der Impedanz stimmt mit dem des Algorithmus von Phadke/Ibrahim in etwa überein.

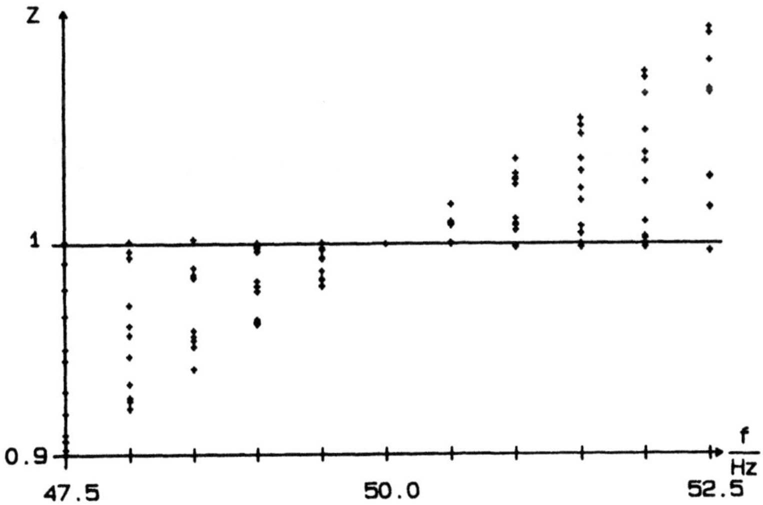

Bild 3.3.18: Algorithmus von Sachdev/Baribeau
Netzfrequenzschwankungen

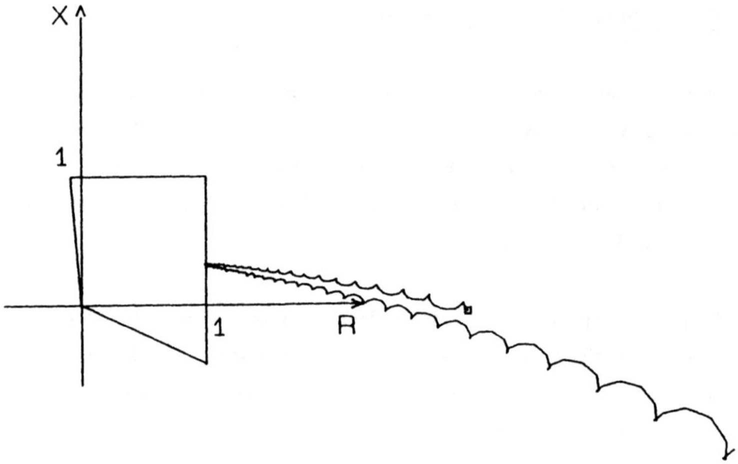

Bild 3.3.19: Algorithmus von Sachdev/Baribeau
Netzpendelungen

Sachdev/Baribeau - Wandlerverhalten

Geht der Stromwandler aufgrund des Gleichstromgliedes in Sättigung, so treten ein Überfunktionsfehler $f_{ü}$ = 50 % und ein Unterfunktionsfehler von sogar f_u = 250 % auf (Bild 3.3.20). Auch hier sind die nichtberücksichtigten Spektralanteile für die großen Impedanzfehler verantwortlich.

Da auch im Ansatz für die Spannung ein exponentiell abklingender Anteil berücksichtigt wurde, führen die Ausgleichsvorgänge bei kapazitiven Spannungswandlern zu einem relativ kleinen Unterfunktionsbereich (f_u = 8 %, Bild 3.3.21).

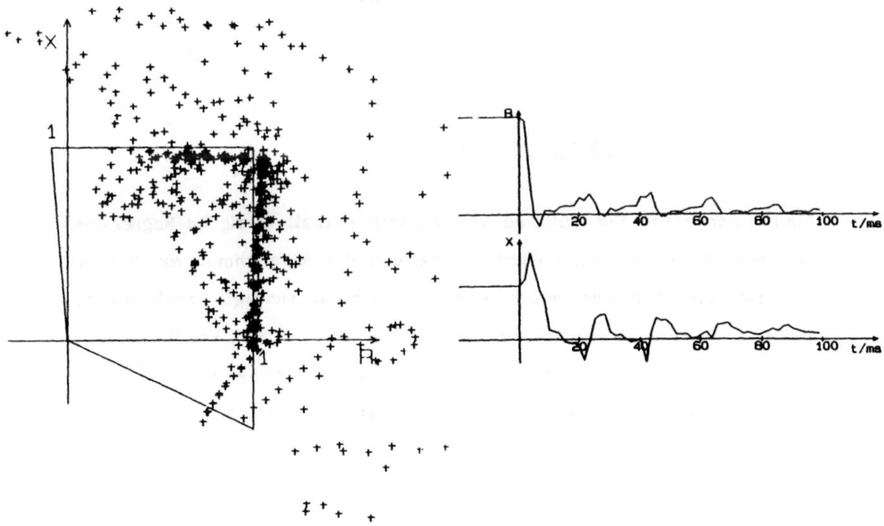

Bild 3.3.20: Algorithmus von Sachdev/Baribeau
Stromwandlersättigung

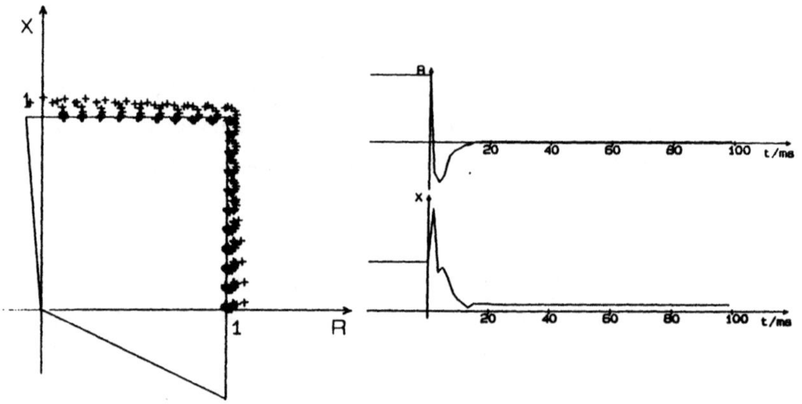

Bild 3.3.21: Algorithmus von Sachdev/Baribeau
Ausgleichsvorgänge bei kapazitiven Spannungswandlern

<u>**Sachdev/Baribeau – Zusammenfassung**</u>

Sind in Strom und Spannung nur Signalanteile enthalten, die im Regressionsfilteransatz berücksichtigt wurden, berechnet der Algorithmus von Sachdev/Baribeau die Impedanz relativ exakt. Nichtberücksichtigte Spektralanteile führen dagegen u. U. zu extrem großen Fehlern, wie z. B. bei Wandlersättigung. Somit weist dieser Algorithmus nur bezüglich der Gleichglieder ein besseres Verhalten auf als die zuvor betrachteten Fourieralgorithmen.

3.3.5 Algorithmus von Carr/Jackson

Zur Bestimmung der komplexen Grundschwingungszeiger von Strom und Spannung wird beim Algorithmus von Carr/Jackson die diskrete Kreuzkorrelation (DKK) angewandt /27/. Dabei werden die Abtastwerte der Spannung u_k mit einem Sinus und einem Cosinus korreliert. Der Grundschwingungsanteil im Strom liefert dann ein Gleichsignal, die übrigen Komponenten werden mehr oder weniger gut gedämpft. Für die von /27/ angegebenen vier Abtastwerte pro Periode gilt:

$$z_k = \sum_{n=1}^{4} u_{k+n-4} \cdot \cos\left(\frac{\pi\,(n+k)}{2}\right) \qquad (3.3.26)$$

$$y_k = \sum_{n=1}^{4} u_{k+n-4} \cdot \sin\left(\frac{\pi\,(n+k)}{2}\right) \qquad (3.3.27)$$

$$\underline{c}_k = z_k - j\,y_k \qquad (3.3.28)$$

Die Werte der Folge $\{z_k\}$ stellen dann den Realteil und die Werte von $\{y_k\}$ den Imaginärteil des Eingangssignals dar. Exemplarisch gilt für den Abtastzeitpunkt $k = 0$:

$$\begin{aligned} z_o &= \sum_{n=1}^{4} u_{n-4} \cdot \cos\left(\frac{\pi\,n}{2}\right) \\ &= u_{-3}\cos\left(\frac{\pi}{2}\right) + u_{-2}\cos(\pi) + u_{-1}\cos\left(\frac{3\pi}{2}\right) + u_o\cos(2\pi) \\ &= -\,u_{-2} + u_o \end{aligned} \qquad (3.3.29)$$

$$\begin{aligned} y_o &= \sum_{n=1}^{4} u_{n-4} \cdot \sin\left(\frac{\pi\,n}{2}\right) \\ &= u_{-3}\sin\left(\frac{\pi}{2}\right) + u_{-2}\sin(\pi) + u_{-1}\sin\left(\frac{3\pi}{2}\right) + u_o\sin(2\pi) \\ &= u_{-3} - u_{-1} \end{aligned} \qquad (3.3.30)$$

Entsprechend gilt für die Abtastzeitpunkte k = 1 ... 3:

$$\underline{U}_0 = z_0 - j y_0 = (-u_{-2} + u_0) - j(u_{-3} - u_{-1}) \tag{3.3.31a}$$

$$\underline{U}_1 = (-u_{-2} + u_0) - j(-u_{-1} + u_1) \tag{3.3.31b}$$

$$\underline{U}_2 = (u_0 - u_2) - j(-u_{-1} + u_1) \tag{3.3.31c}$$

$$\underline{U}_3 = (u_0 - u_2) - j(u_1 - u_3) \tag{3.3.31d}$$

Stimmen die Frequenzen des Eingangssignals und der Sinus- bzw. Cosinusfunktion nicht exakt überein, weist das Ausgangssignal ein überlagertes 'Brummen' auf, dessen Frequenz sich aus der Summe der beiden an der DKK beteiligten Signale ergibt. Daher wird zusätzlich eine gleitende Mittelwertbildung für zwei aufeinanderfolgende Ausgangswerte durchgeführt. Für die Abtastzeitpunkte k = -1 und k = 0 gilt (wiederum am Beispiel der Spannung):

$$\underline{U}'_0 = \frac{\underline{U}_1 + \underline{U}_2}{2} = \frac{1}{2}\Big((u_{-4} - 2u_{-2} + u_0) - j(2u_{-3} - 2u_{-1})\Big) \tag{3.3.32a}$$

Entsprechend folgt für die drei darauf folgenden Werte:

$$\underline{U}'_1 = \frac{1}{2}\Big((-2u_{-2} + 2u_0) - j(u_{-3} - 2u_{-1} + u_1)\Big) \tag{3.3.32b}$$

$$\underline{U}'_2 = \frac{1}{2}\Big((u_{-2} + 2u_0 - u_2) - j(-2u_{-1} - 2u_1)\Big) \tag{3.3.32c}$$

$$\underline{U}'_3 = \frac{1}{2}\Big((2u_0 - 2u_2) - j(-u_{-1} + 2u_1 - u_3)\Big) \tag{3.3.32d}$$

Die Bestimmung des komplexen Stromzeigers erfolgt analog der Vorgehensweise bei der Spannung.

Die Impedanzbestimmung erfolgt durch eine einfache Division der komplexen Zeiger von Strom und Spannung. Für den Zeitpunkt k = 0 gilt:

$$\underline{Z} = \frac{\underline{U}'_0}{\underline{I}'_0} = \frac{(u_{-4} - 2u_{-2} + u_0) - j(2u_{-3} - 2u_{-1})}{(i_{-4} - 2i_{-2} + i_0) - j(2i_{-3} - 2i_{-1})} \tag{3.3.33}$$

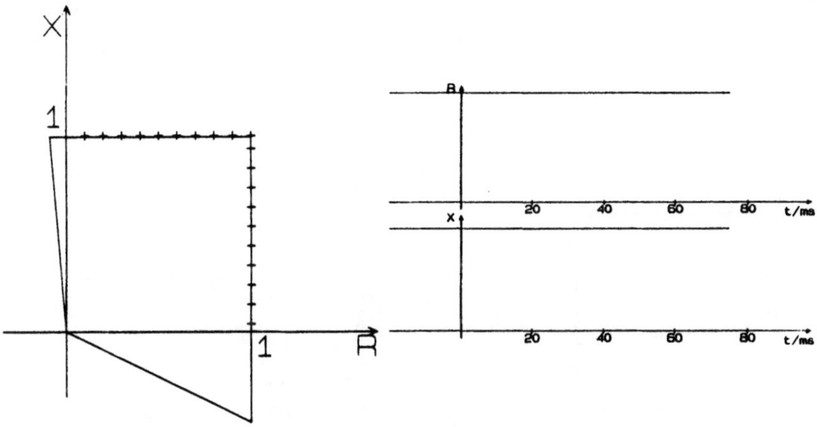

Bild 3.3.22: Algorithmus von Carr/Jackson
sinusförmige Eingangssignale

Wie alle bisher vorgestellten Filteralgorithmen berechnet auch der Algorithmus von Carr/Jackson bei rein sinusförmigen Eingangssignalen die Impedanz fehlerfrei (Bild 3.3.22).

Da sich bei der extrem niedrigen Abtastrate von h = 4 Werten pro Periode eine Grenzfrequenz von 100 Hz ergibt, können Betrachtungen der Oberschwingungsempfindlichkeit nicht sinnvoll durchgeführt werden.

Carr/Jackson - Gleichstromglieder

Gleichstromglieder führen zu gleichen Über- und Unterfunktionsfehlern $f_ü = f_u = 10\ \%$ (Bild 3.3.23). Dabei steigt der Fehler bis zu einem Leitungswinkel von $\varphi_L = 70^o$ an, zwischen 70° und 90° wird er wieder etwas kleiner. Bei dieser Betrachtungsweise ist zu berücksichtigen, daß der Algorithmus von Carr/Jackson eine mit b = 25 ms extrem große Datenfensterbreite aufweist.

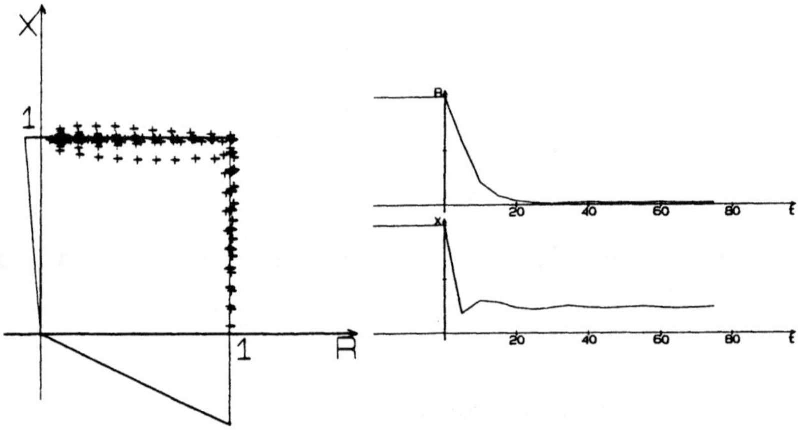

Bild 3.3.23: Algorithmus von Carr/Jackson

Eingangssignale mit überlagertem Gleichstromglied

Carr/Jackson – Lichtbogenspannungen und Kabelkapazitäten

Da aufgrund der extrem niedrigen Abtastrate von h = 4 Werten pro Netzperiode der vorgeschaltete analoge Tiefpaß eine Grenzfrequenz f_{gr} = 70 Hz hat, der Bandpaß einen sehr schmalbandigen Durchlaßbereich besitzt und darüber hinaus eine Zweipunkt-Mittelwertbildung durchgeführt wird, treten bei diesem Algorithmus die geringsten Impedanzstreuungen bei Lichtbogenfehlern auf (Bild 3.3.24). Die Abweichungen von der durch den ohmschen Anteil in R-Richtung verschobenen Kennlinie betragen nur ± 5 %.

Eine Betrachtung des Auslöseverhaltens bei Ausgleichsvorgängen aufgrund von Kabelkapazitäten ist wegen der niedrigen Grenzfrequenz wiederum nicht sinnvoll.

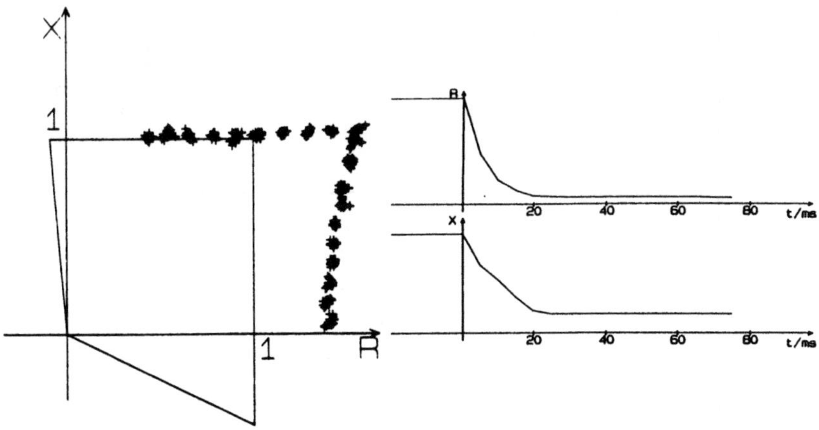

Bild 3.3.24: Algorithmus von Carr/Jackson

Eingangssignale mit überlagerter Lichtbogenspannung

Carr/Jackson – Frequenzschwankungen

Der Frequenzgang des Impedanzbetrages ist in Bild 3.3.25 im Bereich von 47.5 Hz bis 52.5 Hz dargestellt. Auch hier zeigt sich aufgrund der Frequenzabhängigkeit der Reaktanz im Mittel eine maximale Abweichung von ca. ± 5 %. Die Streuungen sind jedoch vernachlässigbar klein, d. h. die Datenfensterlage beeinflußt den Fehler kaum.

Betrachtet man die Impedanztrajektorie bei Netzpendelungen (Bild 3.3.26), so weist dieser Algorithmus von allen untersuchten Verfahren die geringste Störempfindlichkeit auf. Die nach der Kurzschlußabschaltung auftretenden Einschwingvorgänge werden durch den Frequenzgang sehr stark gedämpft. Eine bei allen anderen Algorithmen zu verzeichnende Welligkeit ist beim Algorithmus von Carr/Jackson überhaupt nicht zu beobachten. Der Grund hierfür ist in der hohen Dämpfung für Spektralanteile zu suchen, die eine Frequenz aufweisen, die kleiner als die Netzfrequenz ist.

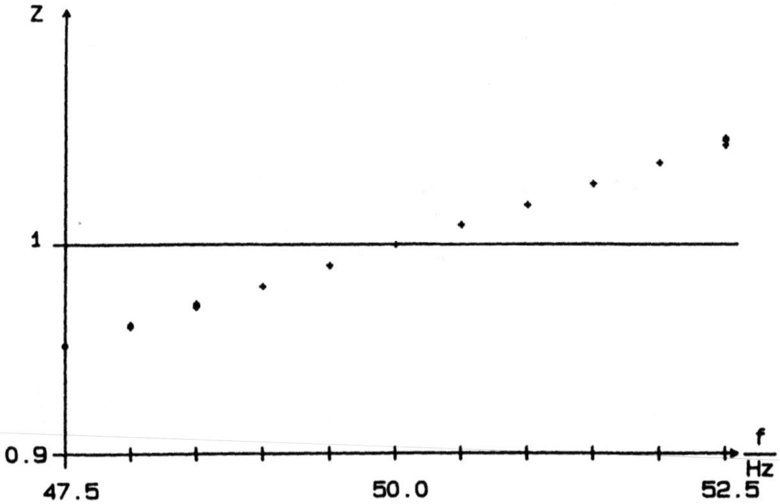

Bild 3.3.25: Algorithmus von Carr/Jackson
Netzfrequenzschwankungen

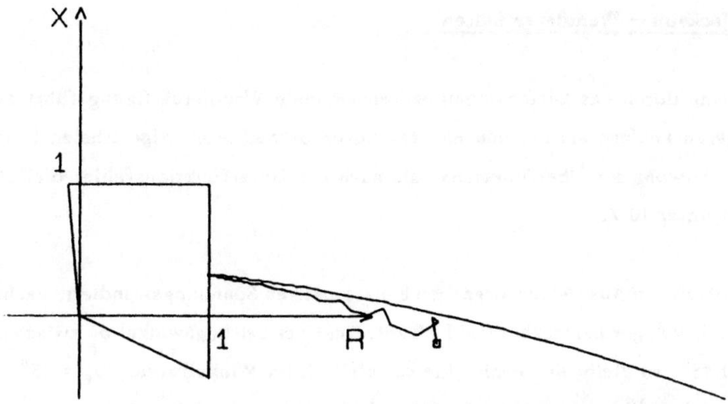

Bild 3.3.26: Algorithmus von Carr/Jackson
Netzpendelungen

Carr/Jackson – Wandlerverhalten

Auch eine durch das Gleichstromglied einsetzende Wandlersättigung führt zu geringeren Fehlern als bei den meisten zuvor betrachteten Algorithmen (Bild 3.3.27). Sowohl der Überfunktions- als auch der Unterfunktionsfehler bleiben hierbei unter 10 %.

Der Einfluß von Ausgleichsvorgängen bei kapazitiven Spannungswandlern macht sich noch weniger bemerkbar (Bild 3.3.28). Liegt der Leitungswinkel φ_L zwischen 0° und 45°, so bleibt der Fehler kleiner als 7 %, im Winkelbereich φ_L = 45°... 90° erreichen Über- und Unterfunktionsfehler sogar nur 5 %.

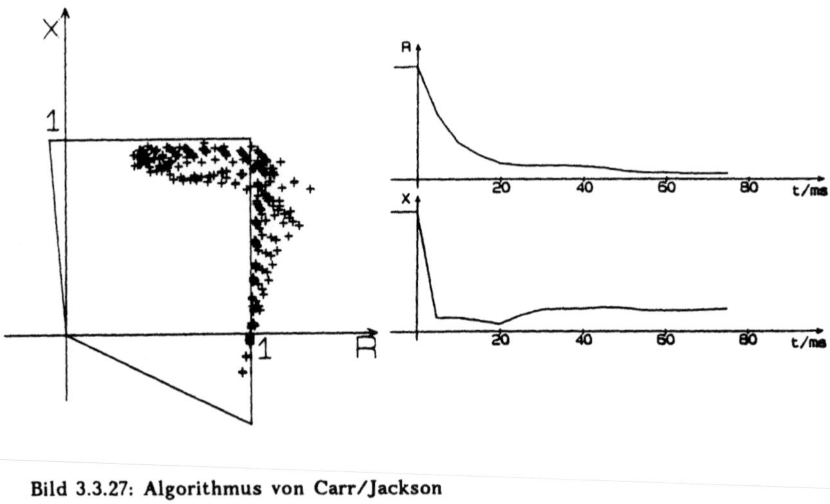

Bild 3.3.27: Algorithmus von Carr/Jackson
Stromwandlersättigung

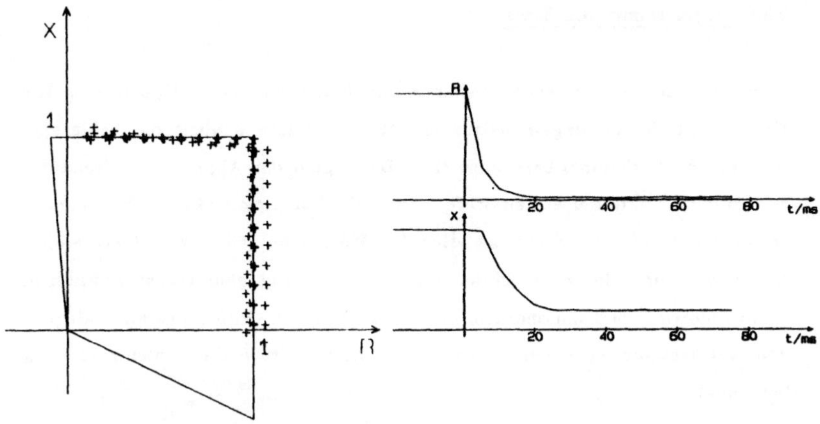

Bild 3.3.28: Algorithmus von Carr/Jackson

Ausgleichsvorgänge bei kapazitiven Spannungswandlern

Carr/Jackson – Zusammenfassung

Der Algorithmus von Carr/Jackson reagiert auf alle Störgrößen relativ fehlerrobust. Er weist jedoch mit 25 ms die größte Datenfensterbreite auf. Darüber hinaus erfordert die kleine Abtastrate von vier Werten pro Netzperiode Eingangsfilter mit sehr niediger Eckfrequenz, z. B. 70 Hz. Bei diesem Filter kommt es dementsprechend zu langsamen Einschwingvorgängen, aus denen zusätzliche Signalverfälschungen resultieren können.

3.3.6 Algorithmus von Kratz

Gegenüber den bisher beschriebenen Algorithmen wird beim Algorithmus von Kratz nicht die Leitungsimpedanz ermittelt, sondern explizit die Fehlerentfernung (Fehlerdistanz) berechnet /28/. Dabei geht der Algorithmus dreistufig vor (Bild 3.3.29). In der ersten Stufe werden die komplexen Grundschwingungszeiger von Strom und Spannung aller drei Phasen mit Hilfe von Regressionsfiltern bestimmt. In der anschließenden Stufe erfolgt eine Transformation in die symmetrischen Komponenten. Aus den komplexen Größen des Mit-, Gegen- und Nullsystems wird schließlich in der dritten Stufe die Fehlerentfernung berechnet.

Bild 3.3.29: Struktur des Algorithmus von Kratz

Wie schon beim Algorithmus von Sachdev/Baribeau wird auch bei den Regressionsfiltern zur Bestimmung der komplexen Grundschwingungszeiger von einer Überlagerung der Grundschwingung mit Oberschwingungen und exponentiell abklingendem Gleichanteil ausgegangen. Die Exponentialfunktion wird auch hier durch die ersten beiden Glieder der Taylorreihe approximiert, so daß bei der Berücksichtigung von m Oberschwingungen für den zeitlichen Stromverlauf der folgende Ausdruck gilt:

$$
\begin{aligned}
i(t) \approx\ & \hat{x}_0 \ (1 - \frac{t}{T_g}) \\
& + \hat{x}_1 \ \cos(\omega t + \alpha_1) \\
& + \hat{x}_2 \ \cos(\omega t + \alpha_2) \\
& \vdots \\
& + \hat{x}_m \ \cos(\omega t + \alpha_m)
\end{aligned} \qquad (3.3.34)
$$

Dabei ist T_g die Zeitkonstante des exponentiell abklingenden Gleichanteils.

Geht man von der kontinuierlichen zur diskreten Darstellung über und tastet man mit 2N Werten pro Periode ab, so ergibt sich Gleichung (3.3.35):

$$
\begin{aligned}
i(k) =\ & \hat{x}_0 \ (1 - \frac{1}{\omega_N T_g} \cdot k \frac{\pi}{N}) \\
& + \hat{x}_1 \ \cos(k \frac{\pi}{N} + \alpha_1) \\
& + \hat{x}_\mu \ \cos(\mu k \frac{\pi}{N} + \alpha_\mu) \\
& \vdots \\
& + \hat{x}_m \cos(m k \frac{\pi}{N} + \alpha_m)
\end{aligned} \qquad (3.3.35)
$$

mit $k = 0 \ldots n-1$

dabei ist k das Datenfenster.

Die Cosinus-Terme spaltet man zur einfacheren Darstellung auf.

$$c_0 = \hat{x}_0 \qquad (3.3.36a)$$

$$c_\mu = \hat{x}_\mu \cos \alpha_\mu \qquad \mu = 1, 3, 5, \ldots 2m-1 \qquad (3.3.36b)$$

$$c_\mu = - \hat{x}_{\mu-1} \cos \alpha_{\mu-1} \qquad \mu = 2, 4, 6, \ldots 2m \qquad (3.3.36c)$$

$$c_{2m+1} = - \frac{\hat{x}_0}{\omega_N T_g} \qquad (3.3.36d)$$

$$f_0 = 1 \tag{3.3.37a}$$

$$f_\mu = \cos(\mu k \frac{\pi}{N}) \qquad \mu = 1, 3, 5, \dots 2m-1 \tag{3.3.37b}$$

$$f_\mu = \sin((\mu-1) k \frac{\pi}{N}) \qquad \mu = 2, 4, 6, \dots 2m \tag{3.3.37c}$$

$$f_{2m-1} = k \frac{\pi}{N} \tag{3.3.37d}$$

Somit erhält man für den k-ten Abtastwert des Eingangssignals den einfach darzustellenden Ausdruck:

$$x(k) = i(k) = \sum_{\mu=0}^{2m+1} c_\mu \, f_\mu(k) + z(k) \tag{3.3.38}$$

z(k) ist dabei der Signalanteil, der nicht im Ansatz auftritt, nun aber hinzugefügt wird, um einen Störanteil und den Rest der Taylorreihe zu berücksichtigen.

Für das ideale Eingangssignal, das nur die Grundschwingung enthält, gilt:

$$\begin{aligned} i(t) &= \sqrt{2}\, \mathrm{Re}\{\underline{I}_1 \, e^{j\omega_N t}\} \\ &= \hat{x}_1 \cos(\omega_N t + \alpha_1) \\ &= \hat{x}_1 \cos(\alpha_1) \cos(\omega_N t) - \hat{x}_1 \sin(\alpha_1) \sin(\omega_N t) \end{aligned} \tag{3.3.39}$$

mit $\underline{I}_1 = \frac{\hat{x}_1}{\sqrt{2}} \Big(\cos(\alpha_1) + j \sin(\alpha_1) \Big)$

Aus dem Vergleich zwischen komplexer und reeller Darstellung ergibt sich:

$$c_1 = \hat{x}_1 \cos(\alpha_1) = \sqrt{2}\, \mathrm{Re}\{\underline{I}_1\} \tag{3.3.40}$$

$$c_2 = \hat{x}_1 \sin(\alpha_1) = \sqrt{2}\, \mathrm{Im}\{\underline{I}_1\} \tag{3.3.41}$$

Entsprechend gilt:

$$f_1 = \cos(k \frac{\pi}{N}) \tag{3.3.42}$$

$$f_2 = \sin(k \frac{\pi}{N}) \tag{3.3.43}$$

Um den komplexen Grundschwingungszeiger des idealen Eingangssignals i(t) zu erhalten, müssen von den Koeffizienten (3.3.36) und (3.3.37) lediglich c_1 und c_2 bestimmt werden.

Stehen mehr als 2m+1 Stützstellen zur Verfügung, kann man eine Ausgleichsrechnung durchführen. Dabei sind für alle h Stützstellen in Gleichung (3.3.35) die Faktoren c_μ so zu bestimmen, daß der Fehler minimal wird.

$$E^2 = \Big(\sum_{k=0}^{n-1} c(k) \Big)^2 = \sum_{k=0}^{n-1} \Big(x(k) - \sum_{\mu=0}^{2m-1} c_\mu f_\mu(k) \Big)^2 \qquad (3.3.44)$$

$$\rightarrow \quad \frac{\partial E^2}{\partial c_\nu} = -2 \sum_{k=0}^{n-1} \Big(f_\nu(k) \Big[x(k) - \sum_{\mu=0}^{2m-1} c_\mu f_\mu(k) \Big] \Big) \overset{!}{=} 0, \quad \nu = 0 \dots 2m{+}1 \qquad (3.3.45)$$

Für $\nu = 0$ folgt daraus:

$$\sum_{k=0}^{n-1} f_\nu(k)\; x(k) = \sum_{k=0}^{n-1} \Big(c_0 f_0(k) f_0(k) + c_1 f_0(k) f_1(k) + \dots + c_{2m+1} f_0(k) f_{2m+1}(k) \Big) \qquad (3.3.46)$$

Führt man diese Bestimmung für alle $\nu = 0 \dots 2m{+}1$ durch, so ergibt sich die Gleichung:

$$\begin{bmatrix} \Sigma f_0 f_0 & \dots & \Sigma f_\nu f_0 & \dots & \Sigma f_{2m+1} f_0 \\ \vdots & & \vdots & & \vdots \\ \Sigma f_0 f_0 & \dots & \Sigma f_\nu f_0 & \dots & \Sigma f_{2m+1} f_0 \\ \vdots & & \vdots & & \vdots \\ \Sigma f_0 f_{2m+1} & \dots & \Sigma f_\nu f_{2m+1} & \dots & \Sigma f_{2m+1} f_{2m+1} \end{bmatrix} \cdot \begin{bmatrix} c_0 \\ \vdots \\ c_\nu \\ \vdots \\ c_{2m+1} \end{bmatrix} = \begin{bmatrix} \Sigma f_0 x \\ \vdots \\ \Sigma f_\nu x \\ \vdots \\ \Sigma f_{2m+1} x \end{bmatrix} \qquad (3.3.47)$$

mit

$$\Sigma f_i f_j = \sum_{k=0}^{n-1} f_i(k)\; f_j(k)$$

$$\Sigma f_i x = \sum_{k=0}^{n-1} f_i(k)\; x(k)$$

Für die Vektoren und die Matrix werden die folgenden Abkürzungen eingeführt:

$$F = \begin{bmatrix} f_0(0) & \dots & f_\nu(0) & \dots & f_{2m+1}(0) \\ \vdots & & \vdots & & \vdots \\ f_0(k) & \dots & f_\nu(k) & \dots & f_{2m+1}(k) \\ \vdots & & \vdots & & \vdots \\ f_0(n-1) & \dots & f_\nu(n-1) & \dots & f_{2m+1}(n-1) \end{bmatrix}; \quad C = \begin{bmatrix} c_0 \\ \vdots \\ c_\nu \\ \vdots \\ c_{2m+1} \end{bmatrix}; \quad X = \begin{bmatrix} x(0) \\ \vdots \\ x(k) \\ \vdots \\ x(n-1) \end{bmatrix}$$

Daraus folgt:

$$\left(F^T F\right) C = F^T X$$

$$\rightarrow \quad C = \left(F^T F\right)^{-1} F^T X = H X \qquad (3.3.48)$$

$$\text{mit} \quad H = \left(F^T F\right)^{-1} F^T = \begin{bmatrix} h_{0,0} & \dots & h_{0,1} & \dots & h_{0,n-1} \\ \vdots & & \vdots & & \vdots \\ h_{\nu,1} & \dots & h_{\nu,1} & \dots & h_{\nu,n-1} \\ \vdots & & \vdots & & \vdots \\ h_{2m+1,0} & \dots & h_{2m+1,1} & \dots & h_{2m+1,n-1} \end{bmatrix}$$

Die Matrix H kann off line errechnet und dann dem implementierten Algorithmus vorgegeben werden. Da nur die Grundschwingungszeiger von Bedeutung sind, genügt es, das lineare Gleichungssystem teilweise zu lösen. Die Zeitfunktion x(k) bildet mit den konstanten Termen $h_{i,k}$ die sinusförmigen Faktoren c_1 und c_2.

$$c_1 = \sum_{k=0}^{n-1} h_{1,k} \; x(k) \qquad (3.3.49)$$

$$c_2 = \sum_{k=0}^{n-1} h_{2,k} \; x(k) \qquad (3.3.50)$$

Die Funktionswerte c_1 und c_2 nach Gleichungen (3.3.49) und (3.3.50) gelten für eine Berechnung über den Zeitraum k = 0 ... n-1. Erfolgt die Summierung von k = 1 bis k = n, so ergeben sich zwei neue Funktionswerte c_1 und c_2, die aufgrund der vorgegebenen Zeitfunktion x(k) sinusförmig schwanken. Ein komplexer Zeiger $\underline{I}_1' = c_1 + j\,c_2$ dreht sich dementsprechend mit ω_N. Bei der Impedanzberechnung werden Strom und Spannung dividiert $\underline{Z} = \underline{U}_1'/\underline{I}_1'$ und somit wird die Zeitabhängigkeit eliminiert. Werden jedoch die Zeiger $\underline{I}_1$ bzw. $\underline{U}_1$ in der komplexen Ebene benötigt, so sind $\underline{I}_1'$ und $\underline{U}_1'$ mit einem Drehzeiger $e^{-j\beta}$ zu multiplizieren.

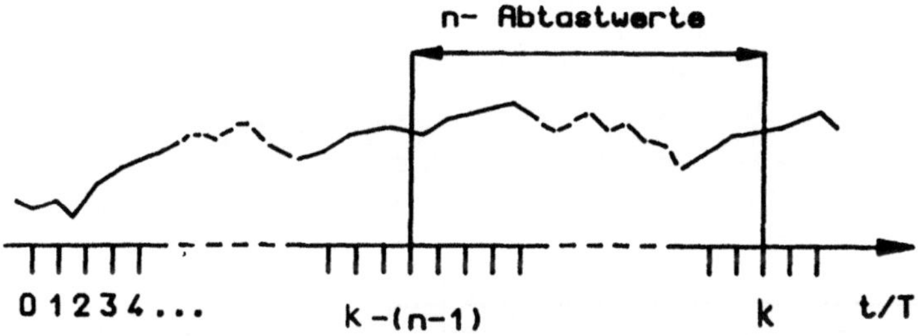

Bild 3.3.30: Verschiebung des Regressionbezugspunktes

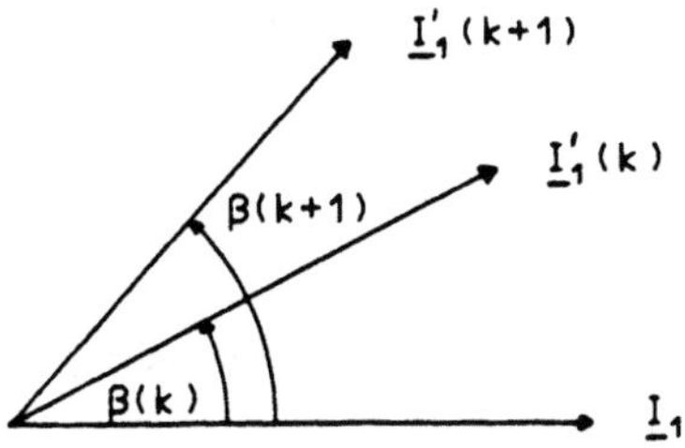

Bild 3.3.31: Drehung des Regressionkoordinatensystems

Hierbei gilt für den Phasenwinkel ß:

$$ß = (k - (n-1)) \frac{\pi}{N} \tag{3.3.51}$$

Nach Bild 3.3.31 gilt:

$$\begin{bmatrix} Re\{\underline{I}\} \\ Im\{\underline{I}\} \end{bmatrix} = \frac{1}{\sqrt{2}} \begin{bmatrix} \cos(\beta) & \sin(\beta) \\ -\sin(\beta) & \cos(\beta) \end{bmatrix} \cdot \begin{bmatrix} c_1 \\ c_2 \end{bmatrix} \tag{3.3.52}$$

Die Struktur des realisierten digitalen Filters ist in Bild 3.3.32 dargestellt.

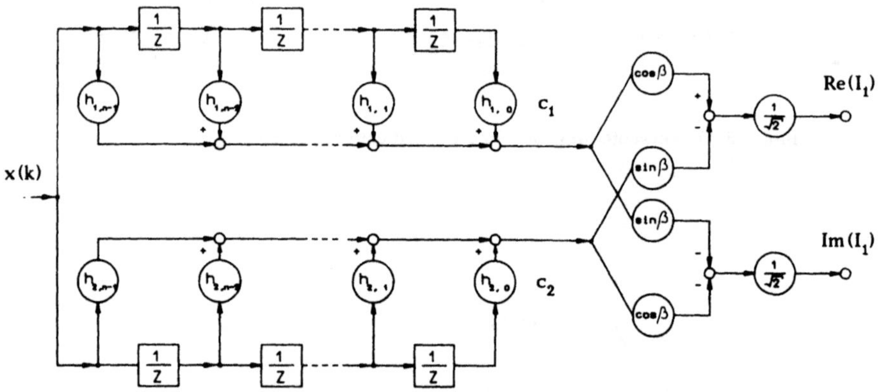

Bild 3.3.32: Struktur des Transversalfilters zur Bestimmung des Real- und Imaginärteils der Grundschwingungszeiger

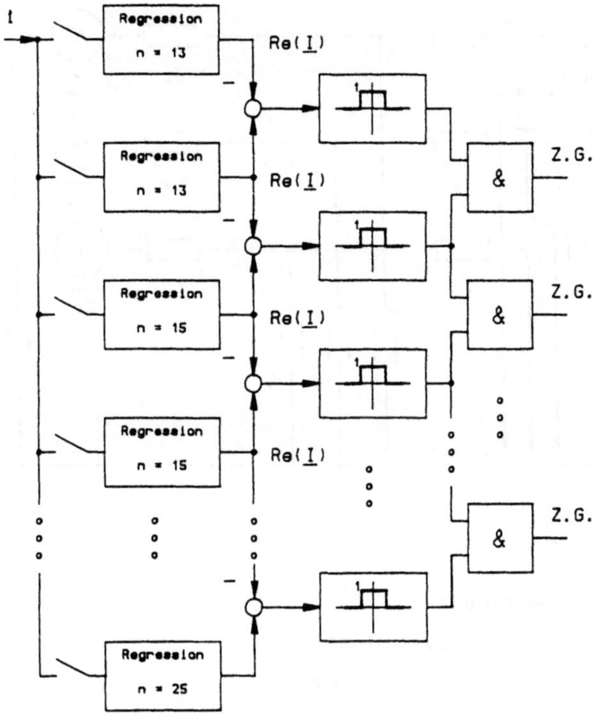

Bild 3.3.33: Parallelschaltung mehrerer Regressionsfilter

Um die Breite des Datenfensters und somit die Eigenzeit des Schutzes nicht zu groß werden zu lassen, können bei einer vorgegebenen Anzahl von Abtastwerten pro Periode nicht beliebig viele Oberschwingungen berücksichtigt werden. Daher arbeiten beim Algorithmus von Kratz verschiedene Regressionsfilter mit unterschiedlicher Datenfensterbreite parallel (Bild 3.3.33) Durch Umschalten zwischen den einzelnen Filterausgängen wird derjenige ausgewählt, der als stabil erkannt wird.

Für die Fehlerortsbestimmung benötigt der Algorithmus von Kratz die stabilen Grundschwingungszeiger von Strom und Spannung aller drei Phasen vor und nach Kurzschlußeintritt. Hierzu wird aus dem RST-Ersatzschaltbild (Bild 3.3.34) zunächst eine Transformation in die symmetrischen Komponenten durchgeführt (Bild 3.3.35), die entsprechend DIN 13 321 /29/ leistungsinvariant ist.

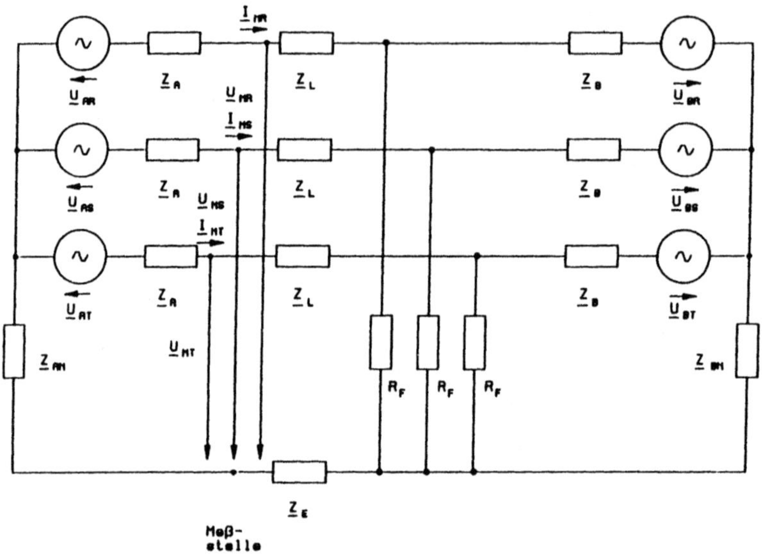

Bild 3.3.34: RST-Ersatzschaltbild

A: Vornetz, B: Nachnetz, M: Meßstelle

E: Erdung, F: Fehler, L: Leitung

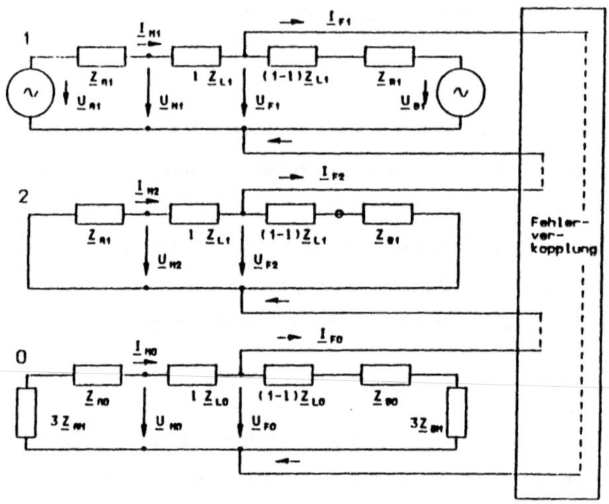

Bild 3.3.35: Ersatzschaltbild nach der Transformation in die symmetrischen Komponenten (0 = Nullsystem, 1 = Mitsystem, 2 = Gegensystem)

Im Anschluß wird eine Leistungsbilanz am Fehlerort durchgeführt. Für den im Kurzschlußfall fließenden Strom im Mitsystem gilt dabei folgende Gleichung:

$$\Delta \underline{I}_{M1} = \underline{I}_{M1}^{(F)} - \underline{I}_{M1} \tag{3.3.53}$$

mit $\underline{I}_{M1}^{(F)}$: Strom, der nach Fehlereintritt fließt

$\underline{I}_{M1}$: Strom, der vor Fehlereintritt fließt

$\Delta\underline{I}_{M1}$: Stromänderung, die durch den Fehler verursacht wird (Superpositionsprinzip)

Daraus ergibt sich der Fehlerstrom im Mitsystem $\underline{I}_{F1}$ als

$$\underline{I}_{F1} = \left(1 + \frac{l_F \underline{Z}_{L1} + \underline{Z}_{A1}}{(1 - l_F)\underline{Z}_{L1} + \underline{Z}_{B1}}\right) \Delta\underline{I}_{M1} = \left(1 + \underline{r}_1(l_F)\right) \Delta\underline{I}_{M1} \tag{3.3.54}$$

Entsprechend erhält man für das Gegensystem:

$$\underline{I}_{F2} = \left(1 + \underline{r}_1(l_F)\right) \Delta\underline{I}_{M2} \tag{3.3.55}$$

Für das Nullsystem gilt:

$$\underline{I}_{F0} = \left(1 + \frac{l_F \underline{Z}_{L0} + \underline{Z}_{A0} + 3\underline{Z}_{AM}}{(1 - l_F)\underline{Z}_{L0} + \underline{Z}_{B0} + 3\underline{Z}_{BM}}\right) \Delta\underline{I}_{M0} = \left(1 + \underline{r}_0(l_F)\right) \Delta\underline{I}_{M0} \tag{3.3.56}$$

Für die Spannungszeiger am Fehlerort erhält man:

$$\begin{bmatrix} \underline{U}_{F1} \\ \underline{U}_{F2} \\ \underline{U}_{F0} \end{bmatrix} = \begin{bmatrix} \underline{U}_{M1} \\ \underline{U}_{M2} \\ \underline{U}_{M0} \end{bmatrix} - l_F \cdot \begin{bmatrix} \underline{Z}_{L1}\,\underline{I}_{M1} \\ \underline{Z}_{L1}\,\underline{I}_{M2} \\ \underline{Z}_{L0}\,\underline{I}_{M0} \end{bmatrix} \tag{3.3.57}$$

Die Scheinleistung, die in die Fehlerkopplungsschaltung fließt, wird durch die folgende Gleichung beschrieben:

$$\underline{S}_F = \underline{U}_{F1}\,\underline{I}_{F1}^* + \underline{U}_{F2}\,\underline{I}_{F2}^* + \underline{U}_{F0}\,\underline{I}_{F0}^* \tag{3.3.58}$$

Aufgrund der Annahme, daß der Fehler näherungsweise als rein ohmsch angesetzt werden kann, gilt für die Blindleistung:

$$Q_F = \mathrm{Im}\{\underline{U}_{F1}\,\underline{I}_{F1}^* + \underline{U}_{F2}\,\underline{I}_{F2}^* + \underline{U}_{F0}\,\underline{I}_{F0}^*\} \overset{!}{=} 0 \tag{3.3.59}$$

Durch Einsetzen der Fehlerspannungen aus Gleichung (3.3.57) ergibt sich:

$$\begin{aligned} Q_F = \mathrm{Im}\{ & (\underline{U}_{M1} - l_F\,\underline{Z}_{L1}\,\underline{I}_{M1})\,\underline{I}_{F1}^* \\ & + (\underline{U}_{M2} - l_F\,\underline{Z}_{L1}\,\underline{I}_{M2})\,\underline{I}_{F2}^* \\ & + (\underline{U}_{M0} - l_F\,\underline{Z}_{L0}\,\underline{I}_{M0})\,\underline{I}_{F0}^*\} \overset{!}{=} 0 \end{aligned} \tag{3.3.60}$$

Durch Ausmultiplizieren kann die Fehlerentfernung eliminiert werden:

$$l_F = \frac{\mathrm{Im}\{\underline{U}_{F1}\,\underline{I}_{F1}^* + \underline{U}_{F2}\,\underline{I}_{F2}^* + \underline{U}_{F0}\,\underline{I}_{F0}^*\}}{\mathrm{Im}\{\underline{Z}_{L1}(\underline{I}_{M1}\underline{I}_{F1}^* + \underline{I}_{M2}\underline{I}_{F2}^*) + \underline{Z}_{L0}(\underline{I}_{M0}\underline{I}_{F0}^*)\}} \tag{3.3.61}$$

Da aber die Fehlerströme von der Fehlerentfernung abhängen, läßt sich Gleichung (3.3.61) nur iterativ lösen. Hierzu ist die Kenntnis der Impedanzen $\underline{Z}_A$ und $\underline{Z}_B$ notwendig. Die Impedanzen $\underline{Z}_A$ des Vornetzes A können aus den Strom- und Spannungsänderungen am Meßort berechnet werden.

$$\underline{Z}_{A1} = -\frac{\Delta\underline{U}_{M1}}{\Delta\underline{I}_{M1}} \tag{3.3.62}$$

$$\underline{Z}_{A0} + 3\,\underline{Z}_{AM} = -\frac{\Delta\underline{U}_{M0}}{\Delta\underline{I}_{M0}} \tag{3.3.63}$$

Die Impedanzen des Nachnetzes B können nicht aus den Meßwerten gewonnen werden. Sie sind nicht beobachtbar. Dies bedeutet, daß sie als Parameter vorgegeben werden müssen.

Um das Auslöseverhalten zu analysieren und die dabei auftretenden Fehler zu interpretieren, wird bei den folgenden Betrachtungen auf die Umschaltung zwischen verschiedenen Filtern verzichtet und nur ein Regressionsfilter eingesetzt. In diesem Filteransatz wurden die 2., 3. und 5. Harmonische sowie die Taylorreihe des Gleichgliedes bis zum dritten Glied berücksichtigt. Um darüber hinaus einen Vergleich mit den bisher betrachteten Algorithmen zu ermöglichen, wird die Fehlerentfernung, die der Algorithmus von Kratz liefert, mit Hilfe der vorgegebenen Leitungsbeläge in eine Impedanz umgerechnet und in der Impedanzebene dargestellt. Daraus resultiert der gleiche Effekt wie beim Größenvergleichsverfahren, d. h. die jeweils zu einer vorgegebenen Impedanz berechneten Werte liegen auf einer Geraden. Eine Winkelbildung ist nicht möglich, da nur die Länge bestimmt wird.

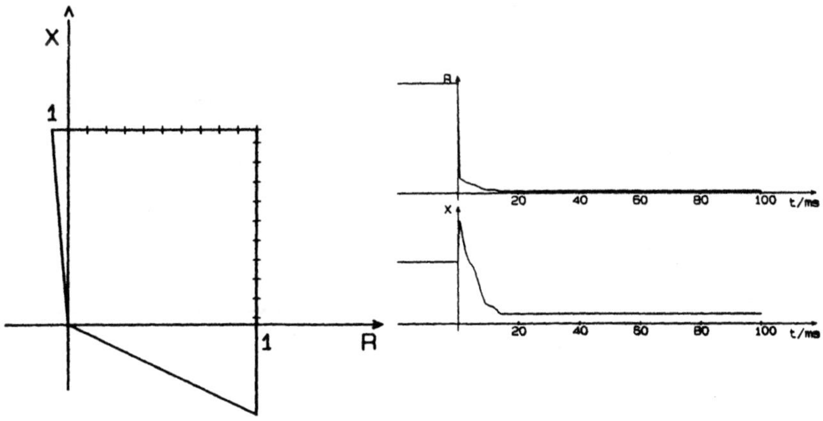

Bild 3.3.36: Algorithmus von Kratz
sinusförmige Eingangssignale

Haben die Strom- und Spannungsverläufe in allen drei Phasen einen sinusförmigen Verlauf, so wird die Leitungsimpedanz nahezu exakt bestimmt (Bild 3.3.36).

Kratz — Oberschwingungen

Ein 5 %iger Oberschwingungsanteil der 3. Harmonischen verändert das Auslöseverhalten nicht, da - wie beim Algorithmus von Sachdev/Baribeau - die Störung im Ansatz berücksichtigt ist (Bild 3.3.37). Entsprechendes gilt für die 5. Harmonische.

Da der Algorithmus auch die 2. Harmonische ausfiltert, wurde diese hier ebenfalls untersucht. Dabei ergeben sich keine Auslösefehler. Der Einfluß von nichtberücksichtigten Harmonischen wird nur deutlich, wenn in den Filtergleichungen die 2. Harmonische nicht enthalten ist. Dann ergeben sich zum Teil sehr große Fehler (Bild 3.3.38). Hierbei dominiert die Überfunktion. Sie erreicht für Leitungswinkel $\varphi_L = 0^\circ \dots 45^\circ$ f_u = 100 %, für größere Winkel werden die Ergebnisse günstiger (f_u = 35 %).

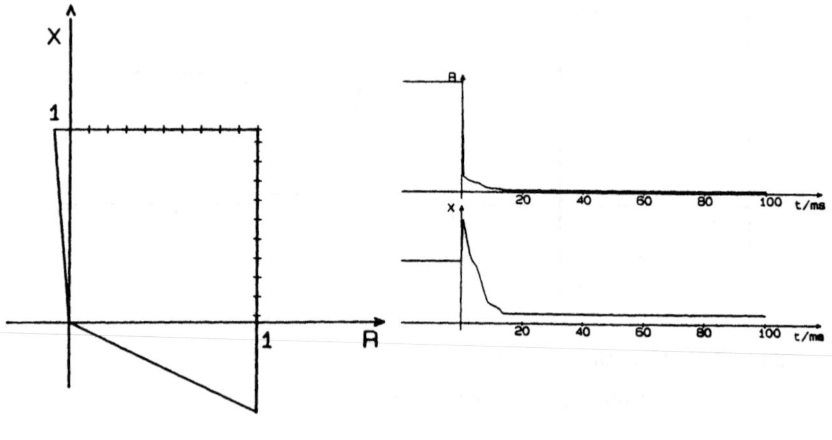

Bild 3.3.37: Algorithmus von Kratz
oberschwingungsbehaftete Eingangssignale (3. Harmonische, 10 %)

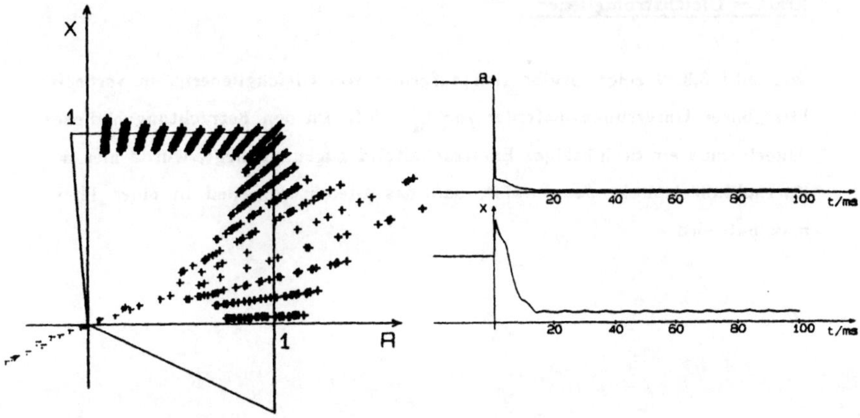

Bild 3.3.38: Algorithmus von Kratz

oberschwingungsbehaftete Eingangssignale (2. Harmonische, 10 %)

Kratz – Gleichstromglieder

Wie Bild 3.3.39 zeigt, ergibt sich aufgrund von Gleichgliedern ein vernachlässigbarer Unterfunktionsfehler von f_u = 5 %. Da den Betrachtungen dieses Algorithmus ein dreiphasiges Ersatzschaltbild zugrunde liegt, wurde hier der Kurzschlußzeitpunkt so gewählt, daß das Gleichstromglied in einer Phase maximal wird.

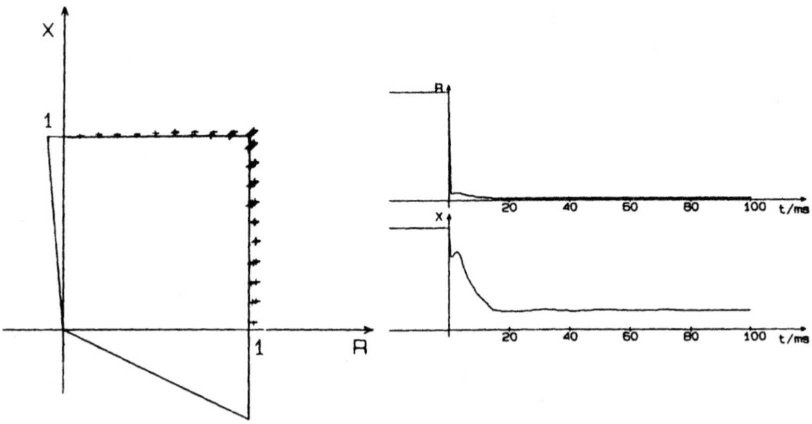

Bild 3.3.39: Algorithmus von Kratz

Eingangssignale mit überlagerten Gleichstromgliedern

Kratz – Lichtbogenspannungen und Kabelkapazitäten

Da die Lichtbogenspannung sehr viele im Filteransatz nichtberücksichtigte Spektralanteile aufweist, kommt es bei der Distanzbestimmung zu entsprechend großen Fehlern (Bild 3.3.40). Hierbei dominiert der Unterfunktionsfehler, der für Leitungswinkel φ_L = 45° ... 90° f_u = 25 % erreicht, für kleinere Leitungswinkel übersteigt er die 100 %-Grenze.

Die Ausgleichsvorgänge bei einem Kabelkurzschluß im Spannungsmaximum führen im wesentlichen zu einem Unterfunktionsfehler von f_u = 70 % (Bild 3.3.41), der Überfunktionsfehler ist mit $f_ü$ = 30 % weniger als halb so groß. Aufgrund der nachträglichen Umrechnung der Fehlerentfernung in eine Impedanz liegen alle Werte auf einer Geraden.

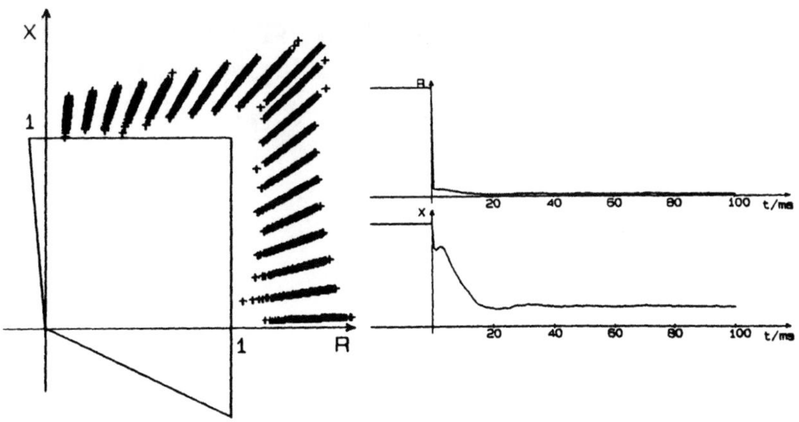

Bild 3.3.40: Algorithmus von Kratz

Eingangssignale mit überlagerter Lichtbogenspannung

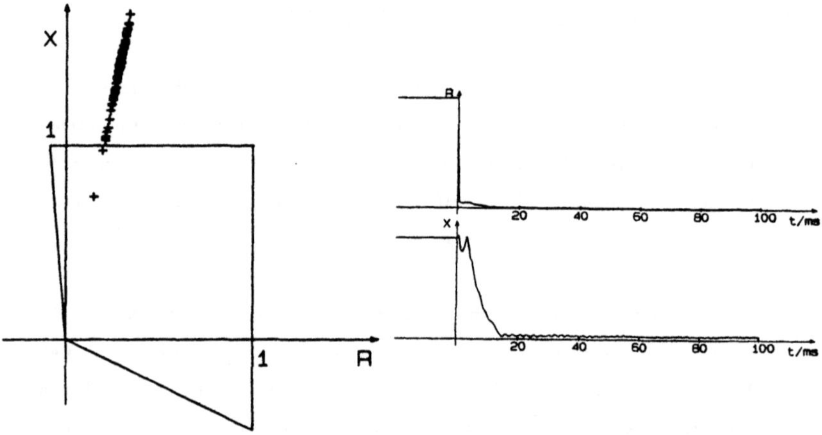

Bild 3.3.41: Algorithmus von Kratz

Kurzschluß auf einem 380 kV-Kabel

Kratz – Frequenzschwankungen

Der Frequenzgang des Impedanzbetrages bei Netzfrequenzschwankungen entspricht in etwa dem des Algorithmus von Carr/Jackson. Entsprechend der Frequenzabhängigkeit der Reaktanz ergeben sich an den Frequenzgrenzen (47.5 Hz bzw. 52.5 Hz) Abweichungen von ± 5 % (Bild 3.3.42). Zu Streuungen, die von der Datenfensterlage abhängen, kommt es ebenfalls nicht.

Der Impedanzverlauf bei Netzpendelungen wird bei diesem Algorithmus nicht dargestellt, da (wie schon beim Größenvergleichsverfahren) die berechneten Impedanzen durch die nachträgliche Umrechnung auf einer Geraden liegen und somit kein Vergleich mit den übrigen Algorithmen möglich ist.

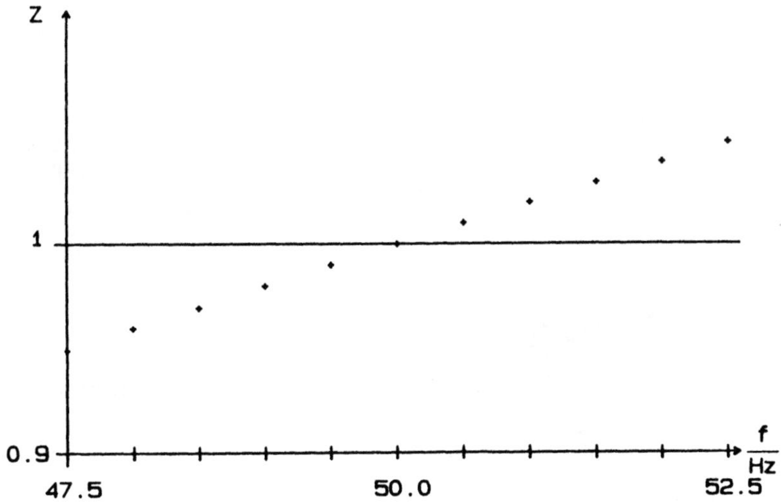

Bild 3.3.42: Algorithmus von Kratz
Netzfrequenzschwankungen

Kratz – Wandlerverhalten

Obwohl der bei Stromwandlersättigung dominierende Spektralanteil der 2. Harmonischen im Filteransatz berücksichtigt ist, tritt eine starke Überfunktion auf. Diese nimmt mit größer werdendem Leitungswinkel ab und beträgt für stark induktive Leitungen f_u= 25 % (Bild 3.3.43). Der Grund für diese Fehlberechnungen ist hier zum einen im exponentiellen Abklingen des Oberschwingungsanteils zu suchen, zum anderen werden durch die Wandlersättigung Amplitude und Phasenwinkel der Stromgrundschwingung verfälscht.

Im Gegensatz hierzu reagiert der Algorithmus auf Ausgleichsvorgänge bei kapazitiven Spannungswandlern relativ unempfindlich. Wie Bild 3.3.44 zeigt, übersteigt weder der Über- noch der Unterfunktionsfehler 5 %. Der Grund liegt in der Berücksichtigung von exponentiell abklingenden Gleichanteilen der Spannung im Filteransatz.

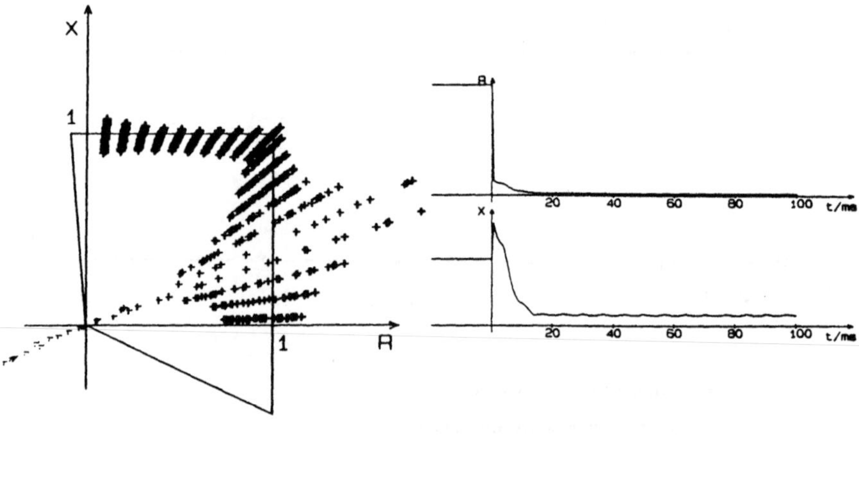

Bild 3.3.43: Algorithmus von Kratz
Stromwandlersättigung

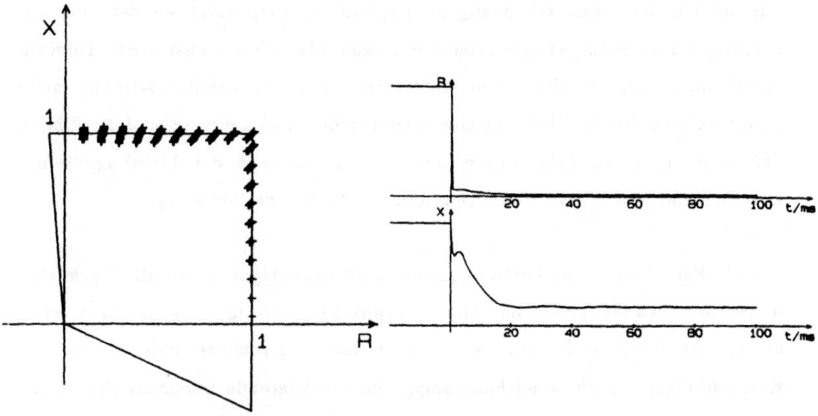

Bild 3.3.44: Algorithmus von Kratz
Ausgleichsvorgänge bei kapazitiven Spannungswandlern

Kratz – Zusammenfassung

Wie beim Algorithmus von Sachdev/Baribeau werden auch beim Algorithmus von Kratz Regressionsfilter zur Bestimmung der komplexen Grundschwingungszeiger von Strom und Spannung eingesetzt. Durch den Paralleleinsatz mehrerer Filter unterschiedlicher Filterlänge konnte bei einigen nichtidealen Eingangssignalen, wie z. B. Oberschwingungen und Netzfrequenzschwankungen, ein wesentlich besseres Auslöseverhalten erzielt werden. Als weiterer Unterschied zum Algorithmus von Sachdev/Baribeau wird nicht die Leitungsimpedanz als Quotient der Zeiger von Strom und Spannung berechnet, sondern es wird eine Leistungsbilanz an der Fehlerstelle durchgeführt, wobei der Fehler als rein ohmsch angenommen wird. Aus diesem Ansatz läßt sich eine Gleichung für die Fehlerentfernung herleiten, die iterativ lösbar ist. Der Vorteil dieser Vorgehensweise liegt in der Eliminierung des Fehlerwiderstandes bei der Bildung des Distanzentscheides.

Für die Lösung dieser Gleichung muß jedoch vorausgesetzt werden, daß die Strom- und Spannungszeiger aller drei Phasen bis auf eine bestimmte Toleranz stabil sind. Dies ist aber beim Auftreten von Stromwandlersättigung nicht gewährleistet. Der Einfluß von Lichtbogenspannungen kann sogar dazu führen, daß keine gültigen Zeiger berechnet werden (solange der Lichtbogenfehler ansteht) und somit kein Distanzentscheid gebildet werden kann.

Für die Berechnung der Fehlerimpedanz muß dem Algorithmus die Nachnetzimpedanz bekannt sein, die durch Fernparametrierung vorgegeben werden könnte. Bei Schutzstaffelstufen ist jedoch damit zu rechnen, daß während der Kurzschlußzeit durch Schalthandlungen die resultierende Impedanz des Nachnetzes geändert wird. Dies führt zu einem falschen Auslöseverhalten.

3.3.7 Algorithmus von Girgis

Beim Algorithmus von Girgis /30/ werden für die Berechnung der Real- und Imaginärteile von Strom und Spannnung Kalman-Filter unterschiedlicher Ordnung eingesetzt. Hierbei wird für den zeitlichen Verlauf des Stromes folgender Ansatz gemacht:

$$i(t) = x1 \cos(\omega_n t) - x2 \sin(\omega_N t) + x3 \tag{3.3.64}$$

mit $x1 = \sqrt{2}\ \mathrm{Re}\{\underline{I}\}$

$x2 = \sqrt{2}\ \mathrm{Im}\{\underline{I}\}$

x3: exponentiell abklingender Gleichstromanteil

Berücksichtigt man zusätzlich ein Meßrauschen, so erhält man für einen Abtastwert des Stromes zum 'Zeitpunkt $(k+1)\Delta t$' (Meßgleichung):

$$i_{k+1} = \begin{bmatrix} \cos(\omega_N(k+1)\Delta t) & -\sin(\omega_N(k+1)\Delta t) & 1 \end{bmatrix} \cdot \begin{bmatrix} x1_{k+1} \\ x2_{k+1} \\ x3_{k+1} \end{bmatrix} + v_{k+1}$$

$$i_{k+1} = C_{k+1}\, X_{k+1} + v_{k+1} \tag{3.3.65}$$

mit v_{k+1}: Meßrauschen

In Gleichung (3.3.65) sind $x1_{k+1}$ und $x2_{k+1}$ die zu schätzenden konstanten Parameter; $x3_{k+1}$ ist eine Zeitfunktion, die nicht weiter ausgewertet wird. Daraus folgt für die Zustandsgleichung:

$$\begin{bmatrix} x1_{k+1} \\ x2_{k+1} \\ x3_{k+1} \end{bmatrix} = \begin{bmatrix} 1 & 0 & 0 \\ 0 & 1 & 0 \\ 0 & 0 & e^{-\beta\Delta t} \end{bmatrix} \cdot \begin{bmatrix} x1_k \\ x2_k \\ x3_k \end{bmatrix} + \begin{bmatrix} 0 \\ 0 \\ w_k \end{bmatrix}$$

$$X_{k+1} = A\, X_k + W_k \tag{3.3.66}$$

mit w_k: Systemrauschen

Dabei ist w_k ein Rauschen, das zusätzlich zu dem Meßrauschen v_k speziell auf das Gleichstromglied wirkt und ebenfalls exponentiell abklingt.

Für das durch die Gleichungen (3.3.65) und (3.3.66) beschriebene Modell lassen sich aus den Abtastwerten des Stromes i_k die Schätzwerte $\hat{X}_k$ der Zustandsgrößen X_k berechnen. Hierzu wird ein Kalman-Filter eingesetzt. Die Herleitungen in /31/ gelten für das System

$$X_{k+1} = A\,X_k + W_k \tag{3.3.67}$$

$$Y_{k+1} = C_{k+1}\,X_{k+1} + V_{k+1} \tag{3.3.68}$$

Die Zustandsgleichung stimmt hierbei mit Gleichung (3.3.66) überein, der Vektor Y_{k+1} ist im vorliegenden Beispiel der Skalar i_{k+1} aus Gl. (3.3.65). Für das Filter in allgemeiner Darstellung ergibt sich:

$$\hat{P}_{k+1} = A\,\hat{P}_k\,A^T + Q_{k+1} \tag{3.3.69}$$

$$K_{k+1} = \hat{P}_{k+1}\,C_{k+1}^T\left(C_{k+1}\,\hat{P}_{k+1}\,C_{k+1}^T + R_{k+1}\right)^{-1} \tag{3.3.70}$$

$$\hat{X}_{k+1} = A\,\hat{X}_k + K_{k+1}\left(Y_{k+1} - C_{k+1}\,A\,\hat{X}_k\right) \tag{3.3.71}$$

$$P_{k+1} = \hat{P}_{k+1} - K_{k+1}\,C_{k+1}\,\hat{P}_{k+1} \tag{3.3.72}$$

mit
- $\hat{P}_{k+1}$: Schätzwert der Fehlermatrix
- P_k: Fehlermatrix
- Q_{k+1}: Kovarianzmatrix des Systemrauschens
- K_{k+1}: Kalman-Verstärkungsfaktor
- C_{k+1}: Meßparameter-Matrix
- R_{k+1}: Kovarianzmatrix des Meßrauschens
- X_{k+1}: Schätzwert des Zustandsgrößen-Vektors
- Y_{k+1}: Meßwertvektor

Diese allgemein gültigen Gleichungen lassen sich nach Girgis /30/ auf das durch Gleichung (3.3.65) und (3.3.66) beschriebene Modell des Stromes anwenden. Die für den Algorithmus von Girgis charakteristische Gleichung (3.3.71) ist in Bild 3.3.45 dargestellt.

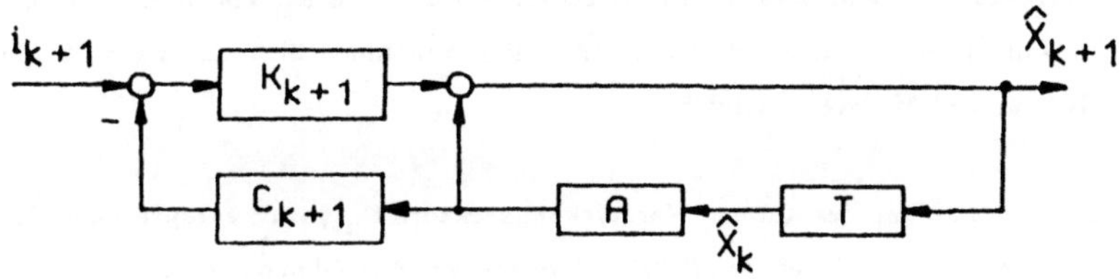

Bild 3.3.45: Struktur des Kalman-Filters für den Algorithmus von Girgis
T: Totzeitglied Δt

In Bild 3.3.45 treten folgende Größen auf:

$$A = \begin{bmatrix} 1 & 0 & 0 \\ 0 & 1 & 0 \\ 0 & 0 & e^{-\beta\Delta t} \end{bmatrix} = \begin{bmatrix} 1 & 0 & 0 \\ 0 & 1 & 0 \\ 0 & 0 & 0.96 \end{bmatrix} : \text{ Systemmatrix}$$

mit $\beta = 1/8.5$ ms und $\Delta t = 0.33$ ms;

$$C_k^T = \begin{bmatrix} \cos(\omega_N k \Delta t) \\ \sin(\omega_N k \Delta t) \\ 1 \end{bmatrix} : \text{ Meßparameter;}$$

$$\hat{X}_k = \begin{bmatrix} \sqrt{2}\ \mathrm{Re}\{\underline{I}\} \\ \sqrt{2}\ \mathrm{Im}\{\underline{I}\} \\ i_{gk} \end{bmatrix} : \text{ Schätzwert der Zustandsgrößen}$$

Zur Erklärung des Kalman-Filters wird von einer exakten Messung ausgegangen. Dann ist der Ausgang des Blockes mit dem Kalman-Verstärkungsvektor K_{k+1} Null, so daß sich das Signal $\hat{X}_{k+1}$ über das Totzeitglied selbst hält. Die Matrix A ist bei konstant zu schätzenden Parametern die Einheitsmatrix. Über den Vektor C_{k+1} wird in jedem Abtastschritt ein Schätzwert $\hat{i}_{k+1}$ berechnet, der bei genauer Messung mit dem Meßwert i_{k+1} übereinstimmt. Bei Meßfehlern bildet sich eine Differenz, die über den Kalman-Verstärkungsvektor K_{k+1} zur Korrektur des Schätzwertes führt. Dieser Vektor wird aus einem Algorithmus gewonnen, in den außer dem Systemmodell Annahmen über das Rauschen im System und Meßsignal eingehen.

Zur Bestimmung des Kalman-Verstärkungsvektors K_{k+1} wird entsprechend den im folgenden beschriebenen Schritten verfahren. Aus Gleichung (3.3.70) ist ein Schätzwert $\hat{P}_{k+1}$ für die Fehlermatrix P_k zu bestimmen, der ein Maß für die Genauigkeit der Meßwerte i_k darstellt.

$$\hat{P}_{k+1} = A\,\hat{P}_k\,A^T + Q_{k+1} \qquad (3.3.73)$$

Da im ersten Schritt kein Wert für P_k vorliegt, muß $\hat{P}_0$ als Startwert vorgegeben werden. Es wird angesetzt:

$$\hat{P}_0 = \sigma_{w0}^2 \begin{bmatrix} 1 & 0 & 0 \\ 0 & 1 & 0 \\ 0 & 0 & 1 \end{bmatrix} = \begin{bmatrix} 7.56 & 0 & 0 \\ 0 & 7.56 & 0 \\ 0 & 0 & 7.56 \end{bmatrix}$$

mit σ_{w0}^2: Standardabweichung des Systemrauschens

Die Standardabweichung σ_{w0}^2 muß hierbei durch Simulationsläufe bestimmt werden und ist von der Fehlerentfernung abhängig. Im vorliegenden Beispiel ergibt sich ein Wert von $\sigma_{w0}^2 = 7.56$.

In allen weiteren Abtastschritten wird die Kovarianzmatrix des Systemrauschens Q_k jeweils neu bestimmt. Die Nichtdiagonalelemente sind hierbei Null, da weißes Rauschen angesetzt wird. Desweiteren ergibt sich nur ein von Null verschiedenes Diagonalelement.

$$Q_k = \sigma_{wk}^2 \begin{bmatrix} 0 & 0 & 0 \\ 0 & 0 & 0 \\ 0 & 0 & 1 \end{bmatrix} : \text{ Kovarianzmatrix des Systemrauschens}$$

Die Störanteile nach Kurzschlußeintritt werden als exponentiell abklingend angesetzt.

$$\sigma_{wk}^2 = \frac{1}{4}\, \sigma_{w0}^2\, e^{-k\Delta t/T_1} \tag{3.3.74}$$

mit $T_1 = \dfrac{L_L}{2\,(R_L + R_F)} = 8.5 \text{ ms}$

Da die Matrizen A und Q_k in Gleichung (3.3.73) Diagonalmatrizen sind, ist der Ansatz von $\hat{P}_0$ als Diagonalmatrix gerechtfertigt.

Neben dem Systemrauschen wird in Gleichung (3.3.70) ein Meßrauschen v_k angesetzt, für das die gleichen Bedingungen wie für das Systemrauschen gelten. Da der Meßwertvektor im hier betrachteten Fall nur aus dem skalaren Abtastwert des Stromes besteht und sich somit die Meßparameter-Matrix auf einen Zeilenvektor reduziert, geht auch die Kovarianzmatrix des Meßrauschens in einen skalaren Wert über.

$$R_k = \frac{1}{4}\, \sigma_{v0}^2\, e^{-k\Delta t/T_1} \tag{3.3.75}$$

mit $\sigma_{v0}^2 = 0.03$

Das Meßrauschen und die Fehlermatrix gehen nach Gleichung (3.3.70) direkt in die Bestimmung des Kalman-Verstärkungsvektors ein.

$$K_k = \hat{P}_k\, C_k^T \left(C\, \hat{P}_k\, C_k^T + R_k \right)^{-1} \tag{3.3.76}$$

Da der Klammerausdruck in Gleichung (3.3.76) aus den bereits genannten Gründen ebenfalls nur ein Skalar ist, reduziert sich die Matrixinversion auf eine einfache Division.

Damit stehen alle Größen zur Berechnung der in Bild 3.3.45 dargestellten Kalman-Gleichung (3.3.71) fest. Für den Schätzwert des Zustandsvektors erhält man:

$$\hat{X}_{k+1} = A\,\hat{X}_k + K_{k+1}\left(i_{k+1} - C_{k+1}\,A\,\hat{X}_k\right) \tag{3.3.77}$$

Zur Vorbereitung des nächsten Zeitschrittes muß jetzt noch die aktuelle Fehlermatrix P_{k+1} aus Gleichung (3.3.72) berechnet werden.

$$P_{k+1} = \hat{P}_{k+1} - K_{k+1}\,C_{k+1}\,\hat{P}_{k+1} \tag{3.3.78}$$

Für das Spannungsfilter wird analog zum Strom vorgegangen, ohne jedoch den exponentiell abklingenden Gleichanteil zu berücksichtigen. Somit ergibt sich hier ein Kalman-Filter 2. Ordnung. Die Standardabweichung für das Systemrauschen nimmt dabei einen Wert von $\sigma_{w0}^2 = 16$ an, für das exponentielle Abklingen der Störanteile wird die gleiche Zeitkonstante wie für den Strom angesetzt.

Aus den Schätzwerten für die Real- und Imaginärteile von Strom und Spannung können analog zu den Gleichungen (3.3.4) und (3.3.5) der Widerstand R und die Reaktanz X berechnet werden:

$$R = \frac{\mathrm{Re}\{\underline{U}\}\cdot\mathrm{Re}\{\underline{I}\} + \mathrm{Im}\{\underline{U}\}\cdot\mathrm{Im}\{\underline{I}\}}{\left(\mathrm{Re}\{\underline{I}\}\right)^2 + \left(\mathrm{Im}\{\underline{I}\}\right)^2} \tag{3.3.79}$$

$$X = \frac{\mathrm{Im}\{\underline{U}\}\cdot\mathrm{Re}\{\underline{I}\} - \mathrm{Re}\{\underline{U}\}\cdot\mathrm{Im}\{\underline{I}\}}{\left(\mathrm{Re}\{\underline{I}\}\right)^2 + \left(\mathrm{Im}\{\underline{I}\}\right)^2} \tag{3.3.80}$$

Die Abtastrate des Algorithmus von Girgis wird nach /30/ mit h = 60 Werten pro Netzperiode angesetzt.

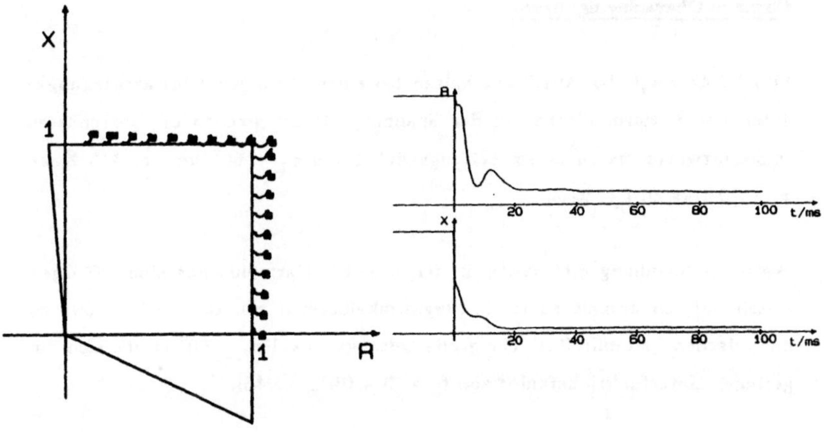

Bild 3.3.46: Algorithmus von Girgis
sinusförmige Eingangssignale

Bereits bei rein sinusförmigen Eingangssignalen treten Fehler von maximal f_u = 8 % auf (Bild 3.3.46). Der Grund hierfür liegt in der nur langsam abklingenden Welligkeit beim Einschwingen des Stromfilters nach Kurzschlußeintritt.

Girgis – Oberschwingungen

Bild 3.3.47 zeigt das Auslöseverhalten bei einem 10 %igen Oberschwingungsanteil der 3. Harmonischen in der Spannung. Dabei streuen die berechneten Impedanzwerte bis zu einem Leitungswinkel von $\varphi_L = 60^\circ$ um ca. ± 5 %, ab $\varphi_L = 70^\circ$ bis zu f_u= 10 %.

Weist die Spannung gleichzeitig in der 3. und 5. Harmonischen einen 10 %igen Anteil auf, so kommt es im Leitungswinkelbereich von $\varphi_L = 0^\circ \ldots 60^\circ$ zu numerischen Instabilitäten. Für große Leitungswinkel $\varphi_L > 60^\circ$ ergibt sich ein geringer Unterfunktionsfehler von f_u = 10 % (Bild 3.3.48).

Insgesamt reagiert der Algorithmus auf Oberschwingungen empfindlich, wobei es - wie gesehen - zu numerischen Instabilitäten kommen kann.

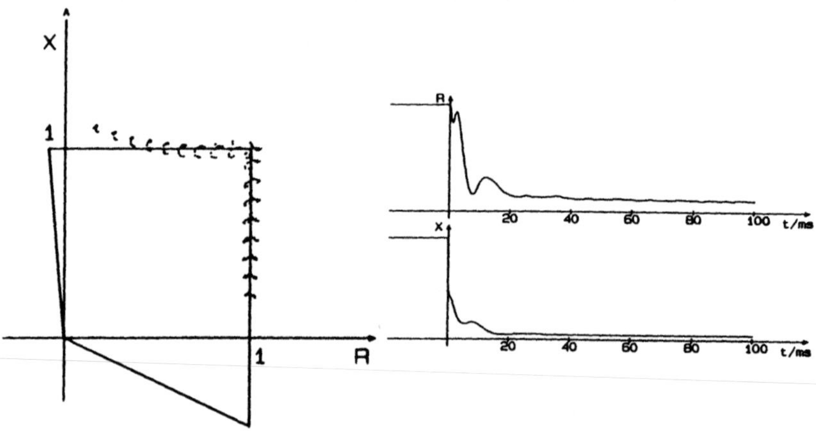

Bild 3.3.47: Algorithmus von Girgis
oberschwingungsbehaftete Eingangssignale
(3. Harmonische, 10 %)

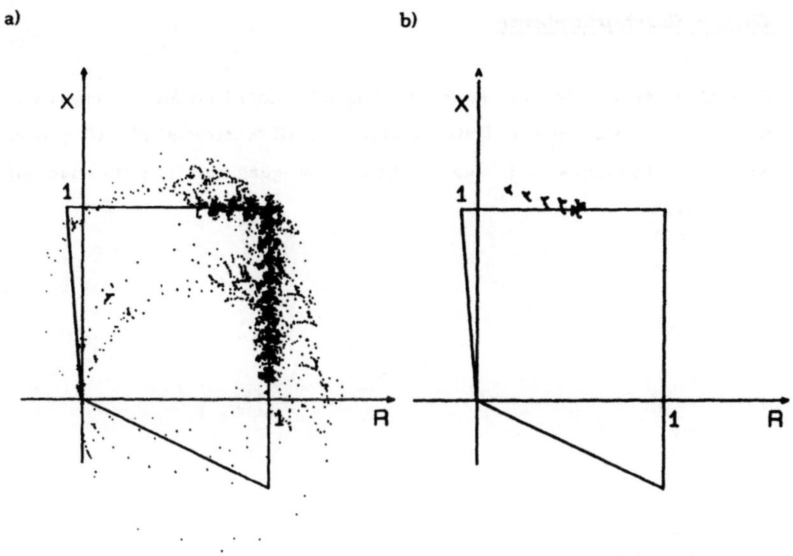

Bild 3.3.48: Algorithmus von Girgis
oberschwingungsbehaftete Eingangssignale
(3. und 5. Harmonische, jeweils 10 %)
a) $\varphi_L = 0° \ldots 60°$
b) $\varphi_L = 60° \ldots 90°$

Girgis – Gleichstromglieder

Obwohl im Ansatz ein exponentiell abklingender Anteil im Strom vorgesehen ist, tritt mit wachsender Zeitkonstante des Gleichstromglieds (≙ größer werdendem Leitungswinkel) eine zunehmende Neigung zur Unterfunktion auf (Bild 3.3.49).

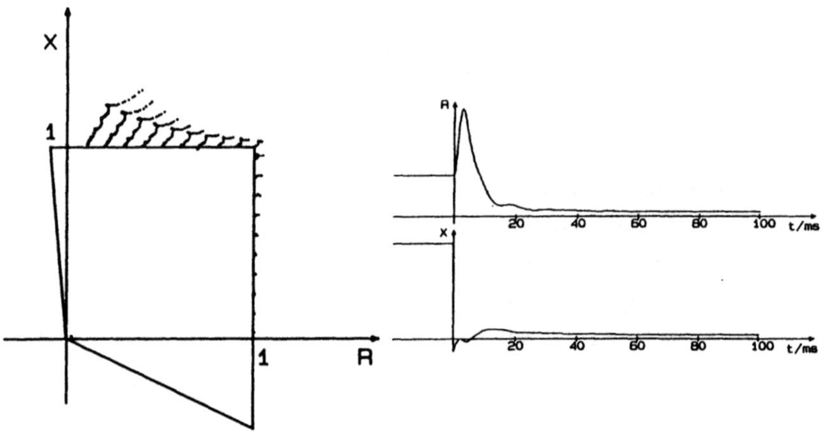

Bild 3.3.49: Algorithmus von Girgis
Eingangssignale mit überlagertem Gleichstromglied

Girgis – Lichtbogenspannung und Kabelkapazitäten

Entsprechend dem Auslöseverhalten bei mehreren Oberschwingungsanteilen zeigen sich bei einer überlagerten Lichtbogenspannung für Leitungswinkel von $\varphi_L = 0° \dots 60°$ wiederum numerische Instabilitäten und demzufolge große Fehler (Bild 3.3.50). Dagegen sind die Fehler im Leitungswinkelbereich von $\varphi_L = 60° \dots 80°$ relativ klein, denn die Kalman-Filter zeichnen sich gerade durch die Unterdrückung von Rauschanteilen aus.

Wie in Bild 3.3.51 gezeigt wird, tritt aufgrund der Ausgleichsvorgänge bei einem Kabelkurzschluß ein reiner Unterfunktionsfehler auf, der bei f_u = 20 % liegt.

a) b)

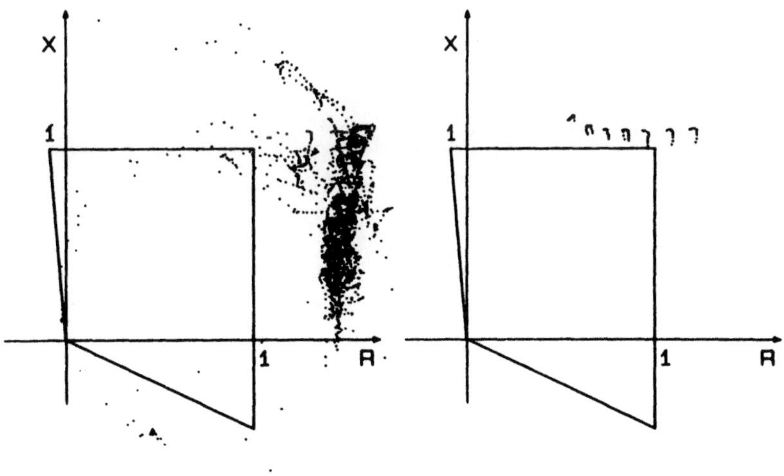

Bild 3.3.50: Algorithmus von Girgis

Eingangssignale mit überlagerter Lichtbogenspannung

a) $\varphi_L = 0° \dots 60°$

b) $\varphi_L = 60° \dots 90°$

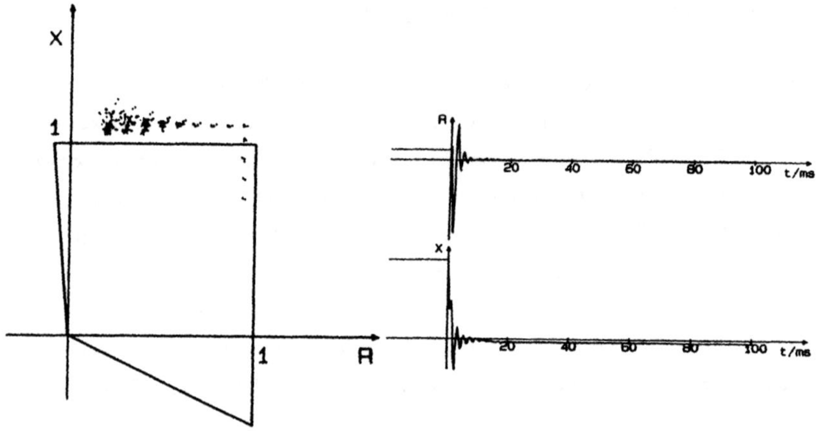

Bild 3.3.51: Algorithmus von Girgis

Kurzschluß auf einem 380 kV-Kabel

Girgis — Frequenzschwankungen

Da der Algorithmus von Girgis - wie alle Filteralgorithmen - über die Real- und Imaginärteile von Strom und Spannung den Widerstand und die Reaktanz bestimmt, führt auch hier eine Frequenzabweichung von 5 % im Mittel wiederum zu einem 5 %igen Impedanzbetragsfehler. In Abhängigkeit von dem Datenfenster streuen auch hier wieder die Werte, wobei der maximale Fehler mit ca. 8 % (Bild 3.3.52) etwas kleiner als bei den Filteralgorithmen von Phadke/Ibrahim und Sachdev/Baribeau ist.

Die in Bild 3.3.53 dargestellte Trajektorie der Impedanz zeigt, daß der Algorithmus von Girgis auf die direkt nach der Kurzschlußabschaltung auftretenden Ausgleichsvorgänge sehr empfindlich reagiert. Auch die Welligkeit im weiteren Trajektorienverlauf ist von den bisher betrachteten Algorithmen am größten.

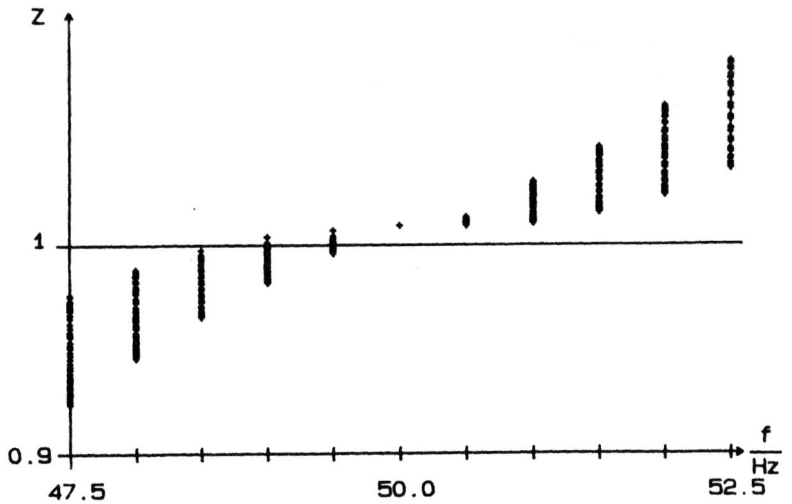

Bild 3.3.52: Algorithmus von Girgis
Netzfrequenzschwankungen

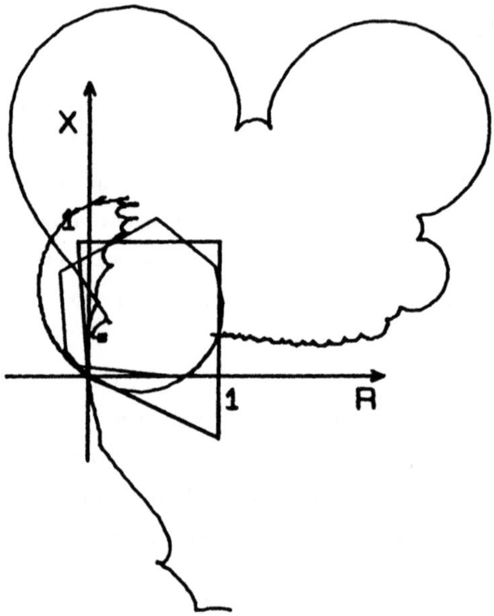

Bild 3.3.53: Algorithmus von Girgis
Netzpendelungen

Girgis – Wandlerverhalten

Tritt aufgrund des Gleichstromgliedes Wandlersättigung auf, so kommt es zu einem Unterfunktionsfehler von f_u = 40 %, der Überfunktionsfehler erreicht f_u = 10 % (Bild 3.3.54).

Wie Bild 3.3.55 zeigt, führen auch die Ausgleichsvorgänge bei kapazitiven Spannungswandlern zu einer wesentlich größeren Unterfunktion als bei anderen Algorithmen.

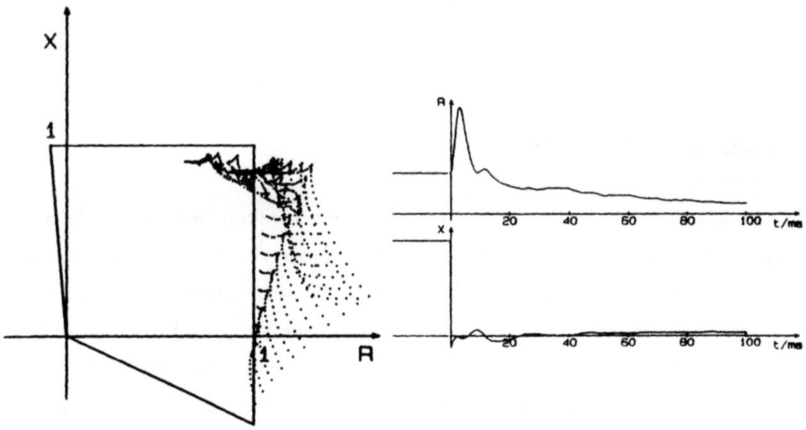

Bild 3.3.54: Algorithmus von Girgis
Stromwandlersättigung

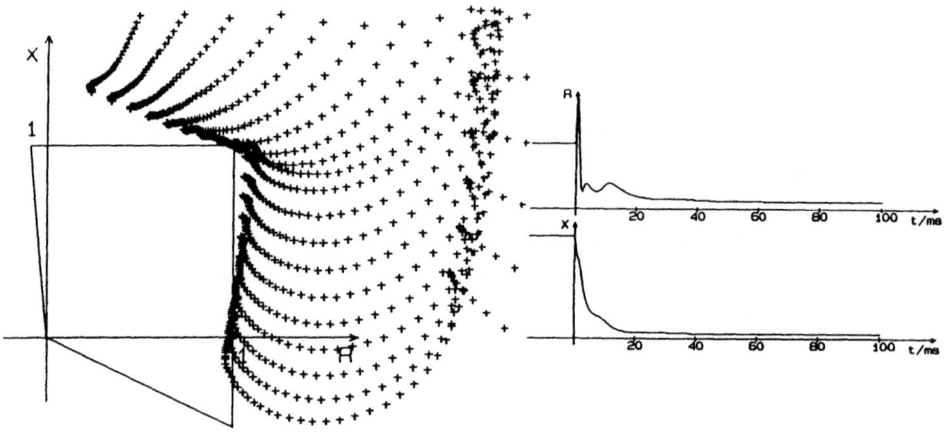

Bild 3.3.55: Alogrithmus von Girgis

Ausgleichsvorgänge bei kapazitiven Spannungswandlern

Girgis - Zusammenfassung

Gegenüber den bisher betrachteten Algorithmen benötigt der Kalman-Filteralgorithmus von Girgis sehr viel mehr Informationen über das zu beobachtende System. Während die Impedanz für das Einstellen der Staffelstufen bei den anderen Algorithmen notwendig ist, müssen für die Kalman-Filter zusätzliche Angaben über die Standard-Abweichungen der erwarteten Meßwerte von Strom und Spannung im Kurzschlußfall gemacht werden. Da die exponentiell abklingenden Störungen zu zeitveränderlichen Varianzen führen, benötigt der Algorithmus eine Anregung zur Triggerung auf den Fehlerbeginn. In den Veröffentlichungen zu dem Algorithmus wird bereits darauf hingewiesen, daß für das betrachtete Modellnetz mehrere Simulationsläufe erforderlich waren, um 'sinnvolle Werte' für die Varianzen zu finden. Diese gelten dann für eine Fehlerentfernung.

Die Kalmanfilterung ist ein Verfahren zur Schätzung von Signalen, die aus Systemen mit variablen, langsam veränderlichen Signal- oder Störparametern entstanden. Im Falle des Netzschutzes springen die Parameter bei Fehlereintritt stark, sind dann aber während der Kurzschlußzeit, d. h. während der Meßzeit, konstant. Für diesen speziellen Fall läßt sich nach /32/ das Kalmanfilter bei konstantem Rauschen auf eine einfache Regressionsanalyse (Least-Square-Schätzer) reduzieren, wie sie bei /28/ vorgestellt wurde.

Obwohl wegen der vielen Variationsmöglichkeiten eine generelle Aussage über die Verwendbarkeit des Algorithmus gewagt erscheint, kann doch festgestellt werden, daß bessere Ergebnisse als von gewöhnlichen Regressionsalgorithmen nicht erreichbar scheinen.

4 Verbesserungsmöglichkeiten

Die Diskussion der in Kapitel 3 vorgestellten Algorithmen wurde jeweils nur für eine Abtastrate und eine Fensterbreite durchgeführt. Bei den Verfahren mit Ausgleichsvorgängen liegt den Betrachtungen nur ein Überbestimmtheitsgrad zugrunde. Damit ist eine übersichtliche Darstellung aller Verfahren möglich. Die Stärken und Schwächen treten deutlich hervor. Durch andere Voraussetzungen kann jedoch das Verhalten der Algorithmen stark beeinflußt werden, so daß nach der Auswahl eines speziellen Verfahrens vor dem Einsatz in Netzschutzeinrichtungen noch eine Optimierung auf den Anwendungsfall ratsam ist.

Wie das Auslöseverhalten einiger in Kapitel 3 vorgestellter Algorithmen verbessert werden kann, soll an folgenden Beispielen erläutert werden:

- Bornard/Bastide,
- McInnes/Morrison,
- Phadke/Ibrahim,
- Girgis,
- Kratz.

Wie in Kapitel 3.2.3 beschrieben, resultiert beim **Algorithmus von Bornard/ Bastide** aus der Differenzenbildung zur Approximation der Differentiation ein Winkelfehler von einem halben Abtastintervall. Dies entspricht bei einer Abtastrate von 24 Werten pro Periode einem Winkel von 7.5^{o}. Daher muß im Anschluß an die Fehlerausgleichsrechnung eine Winkelkorrektur durchgeführt werden, die jedoch nur für rein sinusförmige Eingangssignale Gültigkeit besitzt. Wird die Differenzenbildung ähnlich der A4-Methode von Lobos über zwei Abtastintervalle durchgeführt, so kann jeder Differenz direkt ein Abtastwert von Strom und Spannung zugeordnet werden. Exemplarisch ergibt sich für den Abtastzeitpunkt t_2:

$$u_2 + e_2 = R\, i_2 + L \frac{i_3 - i_1}{2\,\Delta t} \tag{4.1}$$

Berechnet man die Differenzen zu den Zeitpunkten t_n vorab, so erhält man als Gleichungssystem:

$$\begin{bmatrix} u_2 \\ \vdots \\ u_n \end{bmatrix} + \begin{bmatrix} e_2 \\ \vdots \\ e_n \end{bmatrix} = \begin{bmatrix} i_2 & \dot{i}_2 \\ \vdots & \vdots \\ i_n & \dot{i}_n \end{bmatrix} \cdot \begin{bmatrix} R \\ \\ L \end{bmatrix} \tag{4.2}$$

Aus diesem Gleichungssystem können die gesuchten Leitungsparameter R und L direkt nach dem Verfahren der kleinsten Fehlerquadrate berechnet werden. Dies erspart den Weg über die Zwischenvariablen a_1 und a_2 aus den Gleichungen (3.2.3a) und (3.2.3b).

Neben den Vorteilen bei der Berechnung resultiert aus dieser Vorgehensweise eine geringere Empfindlichkeit auf nichtideale Eingangssignale, die jedoch nicht signifikant ist, so daß auf die Darstellung von Ergebnissen verzichtet werden soll.

Entsprechend den Beschreibungen in Kapitel 3.2.4 verfügt der **Algorithmus von McInnes/Morrison** über ein Datenfenster von n = 11 Abtastwerten, so daß sich bei der vorgeschlagenen Abtastrate von h = 20 Werten pro Netzperiode eine Datenfensterbreite b = 11 ms ergibt. Die beiden zur Bestimmung der Leitungsparameter R und L notwendigen Integrationsintervalle liegen dabei unmittelbar hintereinander: Intervall I1 = $[t_1, t_6]$, Intervall I2 = $[t_6, t_{11}]$. Soll die Reaktionszeit des Algorithmus verkürzt werden, kann man die Integrationen teilweise überlappen, z. B. I1 = $[t_1, t_6]$, I2 = $[t_3, t_8]$.

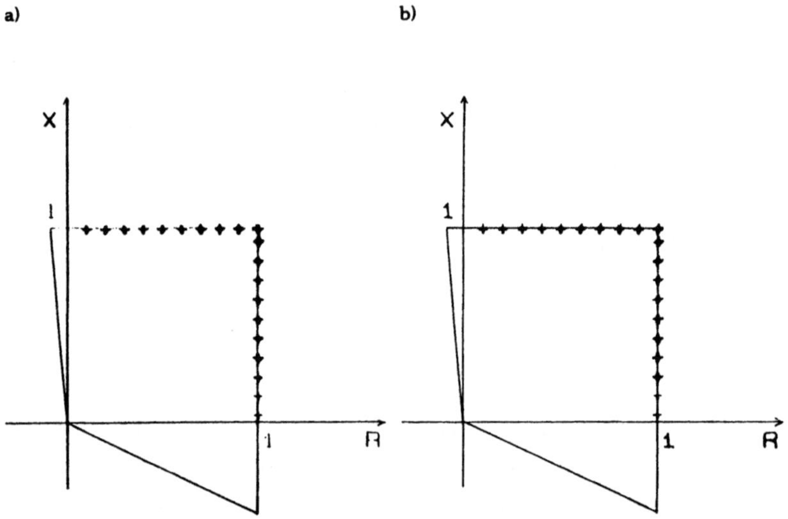

Abb. 4.1: Algorithmus von McInnnes/Morrison
oberschwingungsbehaftete Eingangssignale (3. Harmonische, 10 %)
a) Datenfensterbreite = 11 ms , b) Datenfensterbreite = 8 ms

In Bild 4.1 ist der Einfluß der 3. Harmonischen mit 10 % bei normaler und verkürzter Datenfensterbreite dargestellt. Eine erhöhte Oberschwingungsempfindlichkeit ist aufgrund des kürzeren Datenfensters nicht festzustellen.

Während der **Fourieralgorithmus von Phadke/Ibrahim** (siehe Kapitel 3.3.1) auf Oberschwingungen relativ unempfindlich reagiert, ist sein Auslöseverhalten bezüglich exponentiell abklingender Gleichanteile verbesserungsbedürftig. Es bieten sich zwei Möglichkeiten an:

- Vorschalten eines analogen Transaktors,

- numerische Differentiation der Eingangssignale vor der diskreten Fourieranalyse.

Da der analoge Transaktor neben einem gerätetechnischen Mehraufwand noch Einschwingvorgänge mit sich bringen kann, stellt die numerische Differentiation die einfachere Lösung dar. Hierbei wird ähnlich der A3-Methode mittels Differenzenbildung über zwei benachbarte Abtastwerte die Ableitung der Eingangssignale approximiert. Es gilt:

$$\dot{x}(i) \approx \frac{x(k+1) - x(k)}{\Delta t} \tag{4.3}$$

In Bild 4.2 ist das Auslöseverhalten ohne und mit numerischer Differentiation der Eingangssginale dargestellt.

a) b)

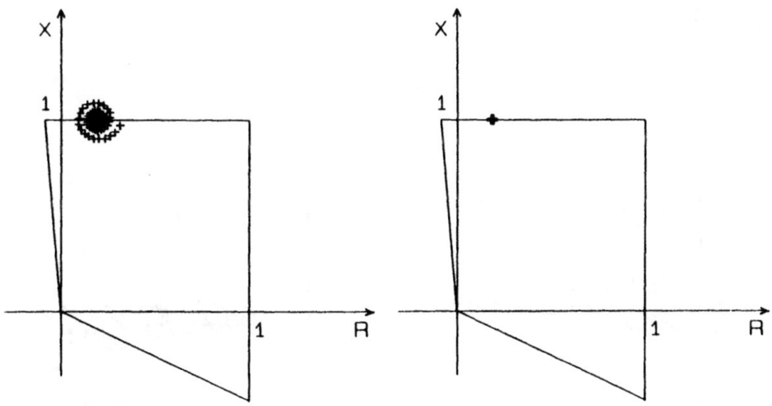

Bild 4.2: Algorithmus von Phadke/Ibrahim

Eingangssignale mit überlagerten Gleichstromgliedern

a) ohne numerische Differentiation

b) mit numerischer Differentiation

Obwohl in Kapitel 3.3.7 darauf hingewiesen wurde, daß der **Kalman-Algorithmus von Girgis** für Distanzschutzzwecke wahrscheinlich ungeeignet ist, soll dennoch an dieser Stelle eine Möglichkeit beschrieben werden, die Störgrößenempfindlichkeit zu reduzieren und die numerischen Instabilitäten weitgehend auszuschließen. Wie die Untersuchungen gezeigt haben, werden die größten Fehler durch das Stromfilter hervorgerufen. Setzt man für die Bestimmung des komplexen Grundschwingungszeigers von Strom und Spannung ein Kalman-Filter 2. Ordnung ein, so treten nur noch für Kabelkurzschlüsse numerische Instabilitäten auf. Des weiteren wird die Über- und Unterfunktion bei allen Störgrößen mit Ausnahme von Gleichstromgliedern kleiner. Die erhöhte Empfindlichkeit auf Gleichstromglieder kann durch das bereits erwähnte Vorschalten eines Transaktors oder erneut durch numerische Differentiation gedämpft werden. In Bild 4.3 ist das Auslöseverhalten bei überlagerten Gleichstromgliedern ohne und mit vorgeschalteter numerischer Differentiation gegenübergestellt.

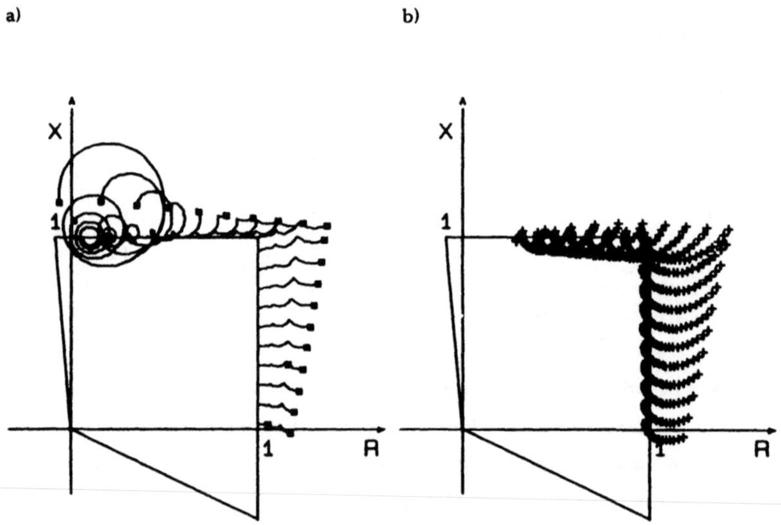

Bild 4.3: Auslöseverhalten des modifzierten Algorithmus von Girgis
Eingangssignale mit überlagertem Gleichstromglied
a) ohne vorgeschaltete numerische Differentiation
b) mit vorgeschalteter numerischer Differentiation

Werden beim **Algorithmus von Kratz** entsprechend viele Regressionsfilter mit einer entsprechend hohen Filterlänge parallel eingesetzt (siehe Kapitel 3.3.6), so haben ganzzahlige Oberschwingungen auf das Auslöseverhalten praktisch keinen Einfluß mehr. Nichtganzzahlige und somit auch nichtberücksichtigte Spektralanteile führen jedoch zu stark schwankenden Grundschwingungszeigern, so daß z. B. bei Lichtbogenkurzschlüssen die Gefahr besteht, keine ruhenden Zeiger zu erhalten und somit keine Distanzbestimmung durchführen zu können. Abhilfe kann hier z. B. der zusätzliche, parallele Einsatz eines Filters wie das von Carr/Jackson bringen, das auch bei Lichtbogenkurzschlüssen eine entsprechende Fehlerrobustheit aufweist. Dabei bleibt der Vorzug des Konzeptes von Kratz gewahrt, bei annähernd unverfälschten Eingangssignalen entsprechend kurze Reaktionszeiten erzielen zu können.

Da viele Fehler periodisch mit der Netzfrequenz schwingen, bietet sich eine Glättung der Ausgangssignale an. Dies ist jedoch mit Zeitverzögerung verbunden. Das Signal des Ausgangs ist außerdem ein deutliches Indiz für die Stabilität eines Algorithmus und kann als Kriterium dafür benutzt werden, ob das Signal zur Auslösung geeignet ist.

5 Auswahlkriterien

Wie die Analyse des Auslöseverhaltens der unterschiedlichen Distanzschutzalgorithmen gezeigt hat, arbeitet kein Algorithmus bei allen in die Betrachtungen mit einbezogenen, nichtidealen Eingangssignalen hinreichend fehlerrobust. Dabei scheiden die Sinusalgorithmen aufgrund der großen Störempfindlichkeit bei fast allen Signalverfälschungen, besonders für den Schutz von Hochspannungsnetzen, von vornherein aus. Eine Ausnahme bildet das Größenvergleichsverfahren, das etwas unempfindlicher arbeitet als die übrigen Algorithmen dieser Gruppe. Dafür berechnet dieser Algorithmus nur den Impedanzbetrag. Es ist somit ein zusätzliches Verfahren notwendig, welches eine Phasenbestimmung durchführt, um einen Richtungsentscheid zu bilden oder nichtkreisförmige Auslösekennlinien zu realisieren. Damit sind für den Distanzschutz nur zwei Funktionsprinzipien sinnvoll anwendbar:

- Impedanzbestimmung durch numerisches Lösen von Differentialgleichungen,

- Impedanzbestimmung durch Ermittlung der komplexen Grundschwingungszeiger mittels digitaler Filterung.

Aber auch die Algorithmen dieser beiden Gruppen sind bei einigen nichtidealen Eingangssignalen zum Teil nicht zufriedenstellend.

Für Algorithmen, die durch Lösung der Differentialgleichung die Impedanz bestimmen, lassen sich beliebig komplexe Modelle der Netze ansetzen, die zu Systemen entsprechend hoher Ordnung führen. Allerdings setzt die Beobachtbarkeit von einem Meßpunkt aus Kenntnisse über das Netz voraus, die zu Einschränkungen in der Anwendbarkeit führen. Darüber hinaus ergibt sich ein erheblicher Rechenaufwand zur Lösung der angesetzten Gleichungssysteme. Mit der genaueren Modellierung steigt im allgemeinen auch die Empfindlichkeit gegenüber Effekten, die im Modell vernachlässigt werden.

Diese Aussagen treffen ebenso für entsprechend aufwendige Filteralgorithmen zu. Auch hier wird eine genaue Kenntnis der Netzstruktur vorausgesetzt. Ferner muß ein hoher Rechenaufwand in Kauf genommen werden.

Schließlich bieten sich dem Entwickler von digitalen Distanzschutzeinrichtungen nur drei Möglichkeiten:

1. Einschränkung auf spezielle Netztypen und Störsignale
2. Wahl eines zweistufigen Verfahrens
3. Parallel arbeitende Algorithmen

Zu 1) Soll die zu entwickelnde Schutzeinrichtung in einem bestimmten Netztyp eingesetzt werden, für den quantitative Aussagen über die zu erwartenden Störsignale vorliegen, so kann - abgestimmt auf diese Signale - ein Algorithmus ausgewählt werden, der dann nur gegen einen Teil aller möglichen Nichtidealitäten fehlerrobust ist. Für eine Auswahl kann hier Tabelle S.1 dienen, in der das Auslöseverhalten der Distanzschutzalgorithmen in bezug auf nichtideale Eingangssignale übersichtlich zusammengefaßt ist.

Zu 2) Algorithmen, die gegenüber Oberschwingungen empfindlich sind, können sehr gut durch vorgeschaltete digitale Filter verbessert werden. Auch sind Filterschaltungen in der Entwicklung /32/, die die Wandlersättigung kompensieren. Gegen stochastische Störgrößen kann man breitere Datenfenster mit mehr Abtastpunkten und anschließender Glättung vorsehen.

Die Möglichkeiten, durch derartige Kombinationen einen fehlerrobusten Distanzschutz zu schaffen, sind so vielfältig, daß die systematische Untersuchung aller denkbaren Kombinationen unmöglich ist.

Zu 3) Die dritte Möglichkeit besteht in dem parallelen Einsatz mehrerer Distanzschutzalgorithmen. Dies kann z. B. nach der in Bild S.1 dargestellten Struktur erfolgen/33/.

Eingangs-signale	Sinusalgorithmen					DGL-Algorithmen						Filteralgorithmen						
	Gilbert Shovlin (S.60)	T2-Methode (S.61)	Mann Morrison (S.71)	Gilcrest Rockefeller (S.83)	Größenvergleich (S.94)	A3-Methode (S.106)	A4-Methode (S.117)	Barnard Bastide (S.127)	McInnes Morrison (S.142)	Ranjbar Cory (S.164)	Smolinski (S.167)	Phadke Ibrahim (S.179)	Slemon Robertson (S.189)	Horton (S.190)	Carr Jackson (S.206)	Sachdev Baribeau (S.193)	Kratz (S.214)	Girgis (S.236)
sinusförmig	++	++	+	+	+	++	++	++	++	++	--	++	++	++	++	++	++	0
Ober-schwingungen	--	--	--	--	-	0	-	+	0	++	++	++	++	++	/	-	+	--
Gleichstrom-glieder	-	--	--	-	-	+	+	+	++	++	--	-	-	-	-	0	+	--
Lichtbogen	--	--	--	--	+	--	--	0	-	--	--	+	+	-	+	0	--	--
Leitungs-kapazitäten	/	/	/	/	-	/	/	--	+	0	++	0	0	0	/	/	--	-
Frequenz-schwankungen	+	-	-	-	0	++	+	+	++	++	++	-	-	-	0	-	0	-
Pendelungen	0	0	0	+	/	0	0	+	0	0	/	+	+	+	++	+	/	--
Wandler-sättigung	--	--	--	--	0	-	--	--	--	--	--	-	-	-	0	--	0	--
kapazitive Spannungs-wandler	-	--	--	-	--	--	--	0	--	--	/	-	-	-	0	0	0	--
Abtastrate	8	8	12	12	20	8	8	24	20	60	60	20	20	16	4	12	32	60
Datenfensterbreite (ms)	7.5	5	3.33	5	20	7.5	10	15	11	13	2	20	20	20	25	15	14-20	0.3

Tabelle 5.1: Qualitative Bewertung der Distanzschutzalgorithmen nach der Auslösegenauigkeit

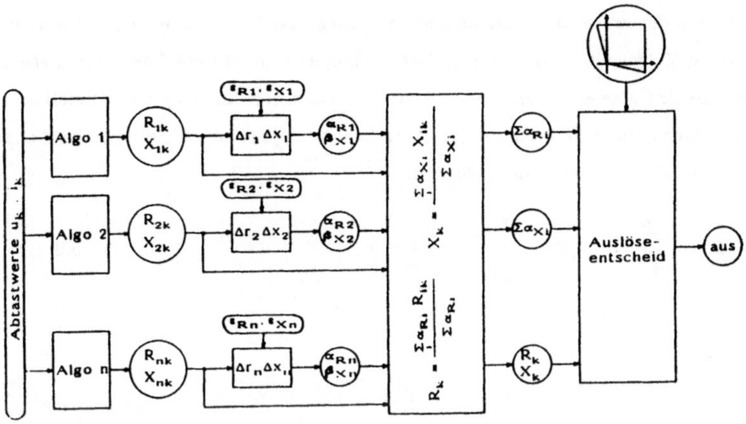

Bild 5.1: Paralleler Einsatz mehrerer Algorithmen zur Erzielung eines fehlerrobusteren Auslöseverhaltens

Hier werden die digitalisierten Abtastwerte von Strom und Spannung den Algorithmen 1 ... n gleichzeitig zugeführt, die unabhängig voneinander jeweils eine Impedanz berechnen ($R_1 + jX_1$, ... $R_n + jX_n$) und die Differenz von zwei aufeinander folgenden Werten bilden $\Delta R_1, \Delta X_1$; ... $\Delta R_n, \Delta X_n$. Liegen zwei bzw. drei dieser Impedanzdifferenzen unter einem Grenzwert, so gilt das Ergebnis als stabil und wird freigegeben.

$$\Delta R_1^2 + \Delta X_1^2 = \varepsilon_1^2 < \varepsilon_g^2 \qquad (5.1)$$

Bei den parallelen Algorithmen 1 ... n liefert einer als erster eine stabile Impedanzmessung. Diese wird dann dem Auslösekriterium zugeführt, das eine beliebige Funktion $X_S(R_S)$ sein kann oder ein einfaches Polygon darstellt.

$$S_a = X < X_S \wedge R < R_S \qquad (5.2)$$

Somit kann ein Auslöseentscheid S_a getroffen werden.

Nachdem der erste Algorithmus eine Impedanz stabil gefunden hat, werden eine gewisse Zeit später auch die anderen Algorithmen stabile Lösungen liefern. Nun besteht eine Konkurrenzsituation. Man kann den Ausgang des schnellsten beibehalten, auf einen anderen, der als besonders genau gilt, umschalten oder eine Mittelwertbildung durchführen.

$$R^2 = \sum_{i=1}^{n} (\alpha_i R_i)^2 \tag{5.3}$$

$$X^2 = \sum_{i=1}^{n} (\beta_i X_i)^2 \tag{5.4}$$

Die Gewichtungsfaktoren α_i und β_i sind noch festzulegen. Sinnvoll erscheint es, die Stabilität des Signals als Grundlage zu verwenden, z.B.

$$\alpha_i = \frac{1}{\varepsilon_{gi}} \tag{5.5}$$

Diese Faktoren, sowie die Grenzimpedanz ε_g werden bestimmt durch

- den Typ des Algorithmus,
- die Größe der erwarteten Signalverfälschung,
- die Auslösesicherheit.

Auslösesicherheit bedeutet hier die Fähigkeit einer Schutzeinrichtung, bei allen Fehlern, wenn auch teilweise verzögert, auszuschalten. Um sie sicherzustellen, darf die Grenzimpedanz ε_g nicht zu klein gewählt werden.

Ein Vorteil dieses 'konkurrierenden' Algorithmus ist darin zu sehen, daß beim Einsatz eines sehr schnellen Verfahrens (z. B. Datenfensterbreite b = 5 ms) schon nach dem Bruchteil einer Netzperiode die Bildung eines Aussignals möglich ist, wenn die Eingangssignale nicht stark verfälscht wurden.

Der parallele Einsatz der Algorithmen von Bornard/Bastide, Smolinski (zur Verbesserung des Auslöseverhaltens bei Kabelkurzschlüssen) und Phadke/ Ibrahim konnte bereits mit Erfolg getestet werden.

6 Zusammenfassung

In der Literatur sind viele Distanzschutzalgorithmen zu finden, die aus den Abtastwerten von Strom und Spannung nach unterschiedlichen Methoden die Impedanz bestimmen. Aufgrund ihrer Funktionsprinzipien lassen sie sich in drei Gruppen unterteilen:

- Sinusalgorithmen,
- Algorithmen, die Differentialgleichungen lösen,
- Filteralgorithmen.

Da die Sinusalgorithmen für die Impedanzbestimmung von stationären Strom- und Spannungsgleichungen ausgehen, zeigen sie bei jeder Art von Signalverfälschungen eine relativ große Über- bzw. Unterfunktion. Sie scheiden somit insbesondere für den Einsatz in Hochspannungsnetzen aus.

Bei den Algorithmen, die Differentialgleichungen lösen, zeichnet sich der Algorithmus von Bornard/Bastide durch einen guten Kompromiß zwischen Datenfensterbreite, Rechenaufwand und Fehlerrobustheit aus. Lediglich Kabelkurzschlüsse und Wandlersättigung führen zu größeren Fehlern.

Bei den Filteralgorithmen weisen die Verfahren von Phadke/Ibrahim und Carr/ Jackson eine relativ hohe Fehlerrobustheit auf. Der zuerst genannte verfügt dabei über die kleinere Datenfensterbreite. Der zweite ist dafür einfacher und weniger empfindlich gegenüber Kabelkurzschlüssen.

Die Möglichkeit einer einfachen Kombination der beiden Methoden zur Impedanzbestimmung (Differentialgleichung lösen, Filterung) ist nicht gegeben. Ein Algorithmus, der bei allen in die Betrachtungen einbezogenen Kriterien fehlerrobust arbeitet, ist in keiner der drei Gruppen zu finden.

Die Möglichkeiten, durch Veränderung von Parametern, durch Filterung der Eingangssignale und durch Verknüpfung der Ausgangsimpedanzen ein gewünschtes Signalverhalten zu erzeugen, sind vielfältig. Als Grundlage für derartige Modifikationen können die dargestellten Untersuchungen dienen. Es ist nicht zu erwarten, daß neben den beschriebenen Verfahren grundsätzlich weitere Möglichkeiten bestehen, durch Abtastung von Strom und Spannung an einem Meßort den Fehler zu lokalisieren.

7 Anhang

7.1 Herleitung der Methode von Gilbert/Shovlin

Gemäß Kapitel 3.1.1 gilt für R und X:

$$R = \frac{u_2 i_2 - 0.5\,(u_3 i_1 + u_1 i_3)}{i_2^2 - i_1 i_3} \tag{7.1.1}$$

$$X = \frac{u_2 i_3 - u_3 i_2}{i_2^2 - i_1 i_3} \sin(\Delta) \tag{7.1.2}$$

Für die einzelnen Abtastwerte gelten folgende Zusammenhänge:

$$i_1 = \hat{i}\ \sin(\omega t_3 - 2\Delta) \tag{7.1.3 a}$$

$$i_2 = \hat{i}\ \sin(\omega t_3 - \Delta) \tag{7.1.3 b}$$

$$i_3 = \hat{i}\ \sin(\omega t_3) \tag{7.1.3 c}$$

$$u_1 = \hat{u}\ \sin(\omega t_3 + \varphi - 2\Delta) \tag{7.1.4 a}$$

$$u_2 = \hat{u}\ \sin(\omega t_3 + \varphi - \Delta) \tag{7.1.4 b}$$

$$u_3 = \hat{u}\ \sin(\omega t_3 + \varphi) \tag{7.1.4 c}$$

mit $\Delta = \omega \cdot \Delta t$ und t_3 als Bezugszeitpunkt.

In der Herleitung wird zur Vereinfachung der Schreibweise folgende Abkürzung eingeführt: $t_3 = t$.

Desweiteren finden folgende Additionstheoreme Verwendung:

$$\sin^2(x) = 0.5 \cdot \left[1 - \cos(2 \cdot x)\right] \tag{7.1.5}$$

$$\sin(x) \cdot \sin(y) = 0.5 \cdot \left[\cos(x-y) - \cos(x+y)\right] \tag{7.1.6}$$

$$\sin(x) \cdot \cos(y) = 0.5 \cdot \left[\sin(x-y) + \sin(x+y)\right] \tag{7.1.7}$$

$$\sin(x \pm y) = \sin(x)\cos(y) \pm \cos(x)\sin(y) \tag{7.1.8}$$

Behauptung: $i_2^2 - i_1 i_3 = \hat{i}^2 \sin^2(\Delta)$ (7.1.9)

Beweis: $$i_2^2 - i_1 i_3 = \left[\hat{i} \sin(\omega t - \Delta)\right]^2 - \hat{i} \sin(\omega t - 2\Delta) \cdot \hat{i} \sin(\omega t)$$
$$= \hat{i}^2 \left[\sin^2(\omega t - \Delta) - \sin(\omega t - 2\Delta) \quad \sin(\omega t)\right]$$
$$= \hat{i}^2 \cdot 0.5 \cdot \left[1 - \cos(2\omega t - 2\Delta) - \cos(2\Delta) + \cos(2\omega t - 2\Delta)\right]$$
$$= \hat{i}^2 \cdot 0.5 \cdot \left[1 - \cos(2\Delta)\right]$$
$$= \hat{i}^2 \sin^2(\Delta)$$

Behauptung: $2 u_2 i_2 - u_3 i_1 - u_1 i_3 = 2\, \hat{u}\, \hat{i} \cos(\varphi) \sin(\Delta)$ (7.1.10)

Beweis : $2 u_2 i_2 - u_3 i_1 - u_1 i_3 =$
$$= \hat{u}\hat{i} \cdot \Big[2 \sin(\omega t + \varphi - \Delta) \cdot \sin(\omega t - \Delta) - \sin(\omega t + \varphi) \cdot \sin(\omega t - 2\Delta) - \sin(\omega t + \varphi - 2\Delta) \cdot \sin(\omega t) \Big]$$
$$= \hat{u}\hat{i} \cdot \Big[2\big(\sin(\omega t - \Delta) \cos(\varphi) + \cos(\omega t - \Delta) \sin(\varphi) \big) \cdot \sin(\omega t - \Delta) - \big(\sin(\omega t) \cos(\varphi) + \cos(\omega t) \sin(\varphi) \big) \cdot \sin(\omega t - 2\Delta) - \big(\sin(\omega t - 2\Delta) \cos(\varphi) + \cos(\omega t - 2\Delta) \sin(\varphi) \big) \cdot \sin(\omega t) \Big]$$
$$= \hat{u}\hat{i} \cdot \Big[2 \sin^2(\omega t - \Delta) \cos(\varphi) + 2 \cos(\omega t - \Delta) \sin(\omega t - \Delta) \sin(\varphi) - \sin(\omega t) \sin(\omega t - 2\Delta) \cos(\varphi) + \cos(\omega t) \sin(\omega t - 2\Delta) \sin(\varphi) - \sin(\omega t - 2\Delta) \sin(\omega t) \cos(\varphi) + \cos(\omega t - 2\Delta) \sin(\omega t) \sin(\varphi) \Big]$$
$$= \hat{u}\hat{i} \cdot \Big[2 \sin^2(\omega t - \Delta) \cos(\varphi) - 2 \sin(\omega t) \sin(\omega t - 2\Delta) \cos(\varphi) + 2 \sin(\omega t - \Delta) \cos(\omega t - \Delta) \sin(\varphi) - \big(\sin(\omega t) \cos(\omega t - 2\Delta) + \cos(\omega t) \sin(\omega t - 2\Delta) \big) \cdot \sin(\varphi) \Big]$$
$$= \hat{u}\hat{i} \cdot \Big[2 \sin^2(\omega t - \Delta) \cos(\varphi) - 2 \sin(\omega t) \sin(\omega t - 2\Delta) \cos(\varphi) + \big(\sin(0) + \sin(2\omega t - 2\Delta) \big) \cdot \sin(\varphi) - \sin(2\omega t - 2\Delta) \cdot \sin(\varphi) \Big]$$
$$= \hat{u}\hat{i} \cdot 2 \cos(\varphi) \cdot \left[\sin^2(\omega t - \Delta) - \sin(\omega t) \sin(\omega t - 2\Delta) \right]$$
$$= \hat{u}\hat{i} \cdot 2 \cos(\varphi) \cdot 0.5 \cdot \left[1 - \cos(2\omega t - 2\Delta) - \cos(2\Delta) + \cos(2\omega t - 2\Delta) \right]$$
$$= \hat{u}\hat{i} \cdot 2 \cos(\varphi) \cdot 0.5 \cdot \left[1 - \cos(2\Delta) \right]$$
$$= 2\, \hat{u}\, \hat{i} \cos(\varphi) \sin^2(\Delta)$$

Behauptung: $u_2 i_3 - u_3 i_2 = \hat{u}\,\hat{\imath}\,\sin(\varphi)\sin(\Delta)$ (7.1.11)

Beweis: $u_2 i_3 - u_3 i_2 =$

$$= \hat{u}\,\hat{\imath}\left[\sin(\omega t + \varphi - \Delta)\sin(\omega t) - \sin(\omega t + \varphi)\sin(\omega t - \Delta)\right]$$

$$= \hat{u}\,\hat{\imath}\Big[\big(\sin(\omega t - \Delta)\cos(\varphi) + \cos(\omega t - \Delta)\sin(\varphi)\big)\cdot\sin(\omega t) - \big(\sin(\omega t)\cos(\varphi) + \cos(\omega t)\sin(\varphi)\big)\cdot\sin(\omega t - \Delta)\Big]$$

$$= \hat{u}\,\hat{\imath}\Big[\sin(\omega t)\sin(\omega t - \Delta)\cos(\varphi) + \sin(\omega t)\cos(\omega t - \Delta)\sin(\varphi) - \sin(\omega t)\sin(\omega t - \Delta)\cos(\varphi) - \sin(\omega t - \Delta)\cos(\omega t)\sin(\varphi)\Big]$$

$$= \hat{u}\,\hat{\imath}\,\sin(\varphi)\left[\sin(\omega t)\cos(\omega t - \Delta) - \cos(\omega t)\sin(\omega t - \Delta)\right]$$

$$= \hat{u}\,\hat{\imath}\,\sin(\varphi)\sin(\Delta)$$

Die entsprechend den Behauptungen nachgewiesenen Gleichungen (7.1.9) - (7.1.11) können nun in die Gleichungen (7.1.1) und (7.1.2) eingesetzt werden. Daraus folgt:

$$R = \frac{u_2 i_2 - 0.5\,(u_3 i_1 + u_1 i_3)}{i_2^2 - i_1 i_3}$$

$$= \frac{\hat{u}\,\hat{\imath}\,\cos(\varphi)\sin^2(\Delta)}{\hat{\imath}^2 \sin^2(\Delta)}$$

$$= \frac{\hat{u}}{\hat{\imath}}\cos(\varphi)$$

$$= |\underline{Z}|\cos(\varphi) \qquad (7.1.12)$$

$$X = \frac{u_2 i_3 - u_3 i_2}{i_2^2 - i_1 i_3}\sin(\Delta)$$

$$= \frac{\hat{u}\,\hat{\imath}\,\sin(\varphi)\sin(\Delta)\sin(\Delta)}{\hat{\imath}^2 \sin^2(\Delta)}$$

$$= \frac{\hat{u}}{\hat{\imath}}\sin(\varphi)$$

$$= |\underline{Z}|\sin(\varphi) \qquad (7.1.13)$$

7.2 Herleitung der T2 - Methode von Lobos

Nach Kap. 3.1.2 gelten für die Abtastwerte von Strom und Spannung (mit $t = t_1$ als Bezugszeitpunkt) folgende Zusammenhänge:

$$i_1 = \hat{i}\,\sin(\omega t) \qquad (7.2.1)$$

$$i_2 = \hat{i}\,\sin(\omega t + \Delta) \qquad (7.2.2)$$

$$u_1 = R\,i_1 + L\frac{di_1}{dt} = R\,\hat{i}\,\sin(\omega t) + X\,\hat{i}\,\cos(\omega t) \qquad (7.2.3)$$

$$u_2 = R\,i_2 + L\frac{di_1}{dt} = R\,\hat{i}\,\sin(\omega t + \Delta) + X\,\hat{i}\,\cos(\omega t + \Delta) \qquad (7.2.4)$$

Aus Gl. (7.2.2) folgt:

$$i_2 = \hat{i}\,\sin(\omega t)\cos(\Delta) + \hat{i}\,\cos(\omega t)\sin(\Delta) \qquad (7.2.5)$$

Durch Umformen von Gl. (7.2.5) erhält man:

$$\hat{i}\,\cos(\omega t) = \frac{1}{\sin(\Delta)}\left[i_2 - \hat{i}\,\sin(\omega t)\cos(\Delta)\right]$$

$$= \frac{1}{\sin(\Delta)}\left[i_2 - i_1\cos(\Delta)\right] \qquad (7.2.6)$$

Das Einsetzen von Gl. (7.2.6) in Gl. (7.2.3) liefert:

$$u_1 = R\,i_1 + \frac{X}{\sin(\Delta)}\left[i_2 - i_1\cos(\Delta)\right] \qquad (7.2.7)$$

$$\frac{u_1}{i_1} = R + \frac{X}{\sin(\Delta)}\left[\frac{i_2}{i_1} - \cos(\Delta)\right] \qquad (7.2.8)$$

Analog der Vorgehensweise bei u_1 gilt:

$$u_2 = R\,i_2 + X\,\hat{\imath}\left[\cos(\omega t)\cos(\Delta) - \sin(\omega t)\sin(\Delta)\right]$$

$$= R\,i_2 + X\left[\hat{\imath}\cos(\omega t)\cos(\Delta) - \hat{\imath}\sin(\omega t)\sin(\Delta)\right]$$

$$= R\,i_2 + X\left[\frac{\cos(\Delta)}{\sin(\Delta)}\Big(i_2 - i_1\cos(\Delta)\Big) - i_1\sin(\Delta)\right] \qquad (7.2.9)$$

Die Division von Gleichung (7.2.9) durch i_2 liefert:

$$\frac{u_2}{i_2} = R + X\left[\frac{\cos(\Delta)}{\sin(\Delta)}\Big(1 - \frac{i_1}{i_2}\cos(\Delta)\Big) - \frac{i_1}{i_2}\sin(\Delta)\right]$$

$$= R + \frac{X}{\sin(\Delta)}\left[\cos(\Delta) - \frac{i_1}{i_2}\cos^2(\Delta) - \frac{i_1}{i_2}\sin^2(\Delta)\right]$$

$$= R + \frac{X}{\sin(\Delta)}\left[\cos(\Delta) - \frac{i_1}{i_2}\right] \qquad (7.2.10)$$

Subtrahiert man (7.2.8) von (7.2.10), so folgt:

$$\frac{u_2}{i_2} - \frac{u_1}{i_1} = \frac{X}{\sin(\Delta)}\left[\cos(\Delta) - \frac{i_1}{i_2} + \cos(\Delta) - \frac{i_2}{i_1}\right] \qquad (7.2.11)$$

Das Separieren von X liefert schließlich:

$$X = \frac{\frac{u_2}{i_2} - \frac{u_1}{i_1}}{\left[\cos(\Delta) - \frac{i_1}{i_2}\right] + \left[\cos(\Delta) - \frac{i_2}{i_1}\right]}\sin(\Delta)$$

$$= \frac{u_2 i_1 - u_1 i_2}{i_2\left[i_1\cos(\Delta) - i_2\right] + i_1\left[i_2\cos(\Delta) - i_1\right]}\sin(\Delta) \qquad (7.2.12)$$

Aus Gleichung (7.2.8) folgt für R:

$$R = \frac{u_1}{i_1} - \frac{X}{\sin(\Delta)} \left[\frac{i_2}{i_1} - \cos(\Delta)\right]$$

$$= \frac{u_1}{i_1} - \frac{u_2 i_1 - u_1 i_2}{A} \left[\frac{i_2}{i_1} - \cos(\Delta)\right]$$

mit $A = i_2 \left[i_1 \cos(\Delta) - i_2\right] + i_1 \left[i_2 \cos(\Delta) - i_1\right]$

Ausmultiplizieren und anschließendes Zusammenfassen liefern:

$$R \cdot A = \left[\frac{u_1}{i_1} \cdot A - (u_2 i_1 - u_1 i_2) \cdot \left(\frac{i_2}{i_1} - \cos(\Delta)\right)\right.$$

$$= \frac{u_1}{i_1} i_2 \left[i_1 \cos(\Delta) - i_2\right] + u_1 \left[i_2 \cos(\Delta) - i_1\right]$$

$$- u_2 i_2 + u_2 i_1 \cos(\Delta) + \frac{u_2 i_2^2}{i_1} - u_1 i_2 \cos(\Delta)$$

$$= u_1 i_2 \cos(\Delta) - \frac{u_2 i_2^2}{i_1} + u_1 i_2 \cos(\Delta) - u_1 i_1$$

$$- u_2 i_2 + u_2 i_1 \cos(\Delta) + \frac{u_2 i_2^2}{i_1} - u_1 i_2 \cos(\Delta)$$

$$= u_1 i_2 \cos(\Delta) - u_1 i_1 - u_2 i_2 + u_2 i_1 \cos(\Delta)$$

$$= u_2 \left[i_1 \cos(\Delta) - i_2\right] + u_1 \left[i_2 \cos(\Delta) - i_1\right]$$

$$R = \frac{u_2 \left[i_1 \cos(\Delta) - i_2\right] + u_1 \left[i_2 \cos(\Delta) - i_1\right]}{i_2 \left[i_1 \cos(\Delta) - i_2\right] + i_1 \left[i_2 \cos(\Delta) - i_1\right]} \qquad (7.2.13)$$

8 Literaturverzeichnis

/1/ Müller, L.:
Selektivschutz elektrischer Anlagen.
VWEW Frankfurt, 1971

/2/ Rijanto, H.:
Verhalten statischer Distanzschutzeinrichtungen mit polygonaler Auslösekennlinie bei Stromwandlersättigung durch symmetrische Kurzschlußströme.
Elektrizitätswirtschaft, Heft 21, 1979, S. 832 - 837

/3/ Eisenbeiß, G.:
Prüfeinrichtung zur Untersuchung von Distanzschutzgeräten bei nichtidealen Eingangssignalen.
Fortschritt - Berichte VDI, Reihe 6: Energieerzeugung, Nr. 227

/4/ Funk, G.; Kopp, H.:
Oberschwingungen in einem Regionalnetz.
Elektrotechnische Zeitschrift, Bd. 108 (1987), Heft 6/7, S. 238 - 246

/5/ Warrington, A. R. van C.:
Protective relays. Their theory and practice.
Chapman & Hall Ltd., 1977, vol. 1,2

/6/ Funk, G.:
Der Kurzschluß im Drehstromnetz.
Oldenbourg-Verlag, 1962

/7/ Hantel, T.:
Frequenzabhängige Ersatzschaltungen der Betriebsmittel von Hochspannungsnetzen.
Dissertation, Universität Hannover, 1985

/8/ Jahresbericht der Deutschen Verbundgesellschaft.
Heidelberg, 1980

/9/ Boecke, U.:
Untersuchung schneller Distanzschutzeinrichtungen, insbesondere auf Fehlauslösungen bei transienten Vorgängen.
Dissertation, Technische Hochschule Aachen, 1968

/10/ Happolt, H.; Oeding, D.:
Elektrische Kraftwerke und Netze.
Springer - Verlag, 1978

/11/ Zollver, T.:
Simulation eines induktiven Strom- und kapazitiven Spannungswandlers und Untersuchung der Auswirkung der Stromwandlersättigung auf das Auslöseverhalten elektronischer Schnelldistanzrelais.
Studienarbeit, Universität Kaiserslautern, Lehrstuh f. elektr. Energieversorgung, 1986

/12/ Gilbert, J.; Shovlin, R.:
High-speed transmission line fault impedance calculation using a dedicated minicomputer.
IEEE Transactions on PAS, vol. PAS-94, no. 3, 1975, pp. 872 - 883

/13/ Koglin, H.- J.; Lobos, T.:
Distanzschutz mit Mikrorechnern.
etzArchiv, Bd. 3, 1981, Heft 6

/14/ Mann, B.; Morrison, I.:
Digital calculation of impedance for transmission line protection.
IEEE Transactions on PAS, vol. PAS-90, no. 1, 1971, pp. 270 - 279

/15/ Gilcrest, G.; Rockefeller, G.; Udren, E.:
High-speed distance relaying using a digital computer.
Part I - system description
IEEE Transactions on PAS, vol. PAS-94, 1972, pp. 1235 - 1243

/16/ Bornard, P.; Bastide, J.:
A prototype of multiprocessor based distance relay.
IEEE Transactions on PAS, vol. PAS-101, 1982, pp. 491-498

/17/ McInnes, A.; Morrison, I.:
Real time calculation of resistance and reactance for transmission line protection by digital computers.
Electrical Engineering Transactions, Institute of Engineers of Australia, 1971, pp. 16 - 23

/18/ Ranjbar, A.; Cory, B.:
An improved method for digital protection of high voltage transmission lines.
IEEE Transactions on PAS, vol. PAS-94, 1975, pp. 544 - 550

/19/ Smolinski, W.:
An algorithm for digital impedance calculation using a single PI-section transmission line model.
IEEE Transactions on PAS, vol. PAS-98, 1979, pp. 1546 - 1551

/20/ Phadke, A.; Hlibka, T.; Ibrahim, M.:
A digital computer system for EHV substations: Analysis and field tests.
IEEE Transactions on PAS, vol. PAS-95, 1976, pp. 291 - 301

/21/ Slemon, G.; Robertson, S.; Ramamoorty, M.:
High-speed protection of power systems based on improved power systems model.
Cigre 1968, Paper no. 31-09

/22/ Horton, J.:
The use of Walsh functions for high-speed digital relaying.
IEEE PES Summer meeting, San Francisco, CA,USA, July 20-25, 1975
pp 1 - 9

/23/ Harmuth, H. F.:
Transmission of Information by Orthogonal Funktions.
Springer - Verlag, 1972, 2nd edition

/24/ Blachman, N. M.:
Sinusoid vs Walsh Functions.
Proc. IEEE, vol. 62, 346-354, 1974

/25/ Fakruddin, D.B.; Parthasarathy, K.; Jenkins, L.; Hogg, B.W.:
Applications of Haar functions for transmission line and transformer differential protection.
Electrical Power and Energy Systems, vol. 6, no. 3, July 1984, pp 169 - 180

/26/ Sachdev, M.; Baribeau, M.:
A new algorithm for digital impedance relays.
IEEE Transactions on PAS, vol. PAS-98, 1979, pp. 2232 - 2238

/27/ Carr, J.; Jackson, R.:
Frequency domain analysis applied to digital transmission line protection.
IEEE Transactions on PAS, vol. PAS-94, 1975, pp. 1157 - 1166

/28/ Kratz, G.:
Beitrag zum Einsatz von Mikrorechnern für Meß-, Schutz- und Regelaufgaben in der Elektrischen Energieversorgung.
Dissertation, Technische Universität Carlo-Wilhelmina zu Braunschweig, Fakultät f. Maschinenbau und Elektrotechnik, 1986

/29/ DIN 13321:
Komponenten in Drehstromnetzen. Begriffe, Größen, Formelzeichen.
Berlin: Beuth - Vertrieb GmbH 1980

/30/ Girgis, A.:
A new Kalman filtering based digital distance relay.
IEEE Transactions on PAS, vol. PAS-101, 1982, pp. 3471

/31/ Bozic, S.:
Digital and Kalman filtering.
Edward Arnold Ltd., 1979

/32/ Jakoby, W.:
Rekursive Parameteridentifikationsalgorithmen für stochastische nichtlineare Systeme.
VDI Reihe 8, Nr. 139, 1987

/33/ Conrad, Th.; Oeding, D.:
A method to correct the distorted secondary currents of current transformers.
Ninth Power System Computation Conference, Lissabon, 1987, pp. 311-315

9 Sachverzeichnis

GPSR Compliance

The European Union's (EU) General Product Safety Regulation (GPSR) is a set of rules that requires consumer products to be safe and our obligations to ensure this.

If you have any concerns about our products, you can contact us on ProductSafety@springernature.com

In case Publisher is established outside the EU, the EU authorized representative is:

Springer Nature Customer Service Center GmbH
Europaplatz 3
69115 Heidelberg, Germany

Batch number: 10577876

Printed by Printforce, the Netherlands